STC 单片机原理及接口技术

刘 毅 主编

中国农业大学出版社
· 北京 ·

内容简介

国产 STC12C5Axx 系列单片机是具有高速、低功耗、超强抗干扰的新一代 8051 单片机，指令代码完全兼容传统 51 系列单片机，速度要比其快 8～12 倍，且内部集成 MAX810 专用复位电路、2 路 PWM、8 路高速 10 位 A/D 转换器、1280 B RAM、最多 60 kB 程序存储空间等。本书主要介绍 STC 单片机的硬件结构、汇编语言指令系统、单片机 C 语言、实用电路设计，以及单片机开发与程序设计实验，此外还介绍了 STC8H8K64U 单片机、基于傅里叶变换的有效值测量等。

本书可以作为各类工科院校、职业技术院校的电子信息类、自动化类、电气类、计算机类及机械电子类专业单片机课程教材，也可供单片机应用设计工程人员参考。

图书在版编目(CIP)数据

STC 单片机原理及接口技术 / 刘毅主编. --北京：中国农业大学出版社，2024.10.
ISBN 978-7-5655-3299-3

Ⅰ. TP368.1

中国国家版本馆 CIP 数据核字第 2024R0P094 号

书　名　STC 单片机原理及接口技术
STC Danpianji Yuanli ji Jiekou Jishu
作　者　刘　毅　主编

策划编辑　张秀环　**责任编辑**　潘博闻
封面设计　李尘工作室
出版发行　中国农业大学出版社
社　址　北京市海淀区圆明园西路 2 号　**邮政编码**　100193
电　话　发行部 010-62733489，1190　读者服务部 010-62732336
编辑部 010-62732617，2618　出　版　部 010-62733440
网　址　http://www.caupress.cn　**E-mail**　cbsszs@cau.edu.cn
经　销　新华书店
印　刷　北京溢漾印刷有限公司
版　次　2025 年 4 月第 1 版　2025 年 4 月第 1 次印刷
规　格　185 mm×260 mm　16 开本　21.75 印张　538 千字
定　价　66.00 元

图书如有质量问题本社发行部负责调换

编审人员

主　编　刘　毅（天津城建大学）

副主编　鲁维佳（天津城建大学）

孙红跃（天津城建大学）

马红梅（中国农业大学烟台研究院）

编　者（按姓氏拼音排序）

曹洪奎（辽宁工业大学）

金　艳（天津市机电工艺技师学院）

刘　毅（天津城建大学）

鲁维佳（天津城建大学）

马红梅（中国农业大学烟台研究院）

孙红跃（天津城建大学）

孙莹光（天津城建大学）

主　审　刘树东（天津城建大学）

姚永平（深圳国芯人工智能有限公司）

前 言

党的二十大报告提出：实施科教兴国战略，强化现代化建设人才支撑。单片机是创造新质生产力的重要工具之一。在当前的电子信息技术时代，单片机以其高效、稳定、小巧的特性，在工业自动化、智能仪表、消费电子等领域得到了广泛的应用。STC 单片机作为国内单片机市场的佼佼者，其强大的功能和广泛的应用领域，吸引了越来越多的开发者与工程师的关注。因此，我们编写了这本《STC 单片机原理及接口技术》，旨在帮助读者深入了解 STC 单片机的原理与接口技术，掌握其应用技巧，进而能够更好地应用于实际项目。

本书系统介绍了 STC 单片机的基本原理，包括其硬件结构、指令系统、中断系统、定时器/计数器等内容，以及 STC 单片机的接口技术，包括外部并行扩展设计、常用串行总线等，并提出了译码法＋线选法的外部扩展电路设计方法，这些接口技术是实现单片机与外部设备连接的关键，通过掌握这些技术，读者可以轻松地实现单片机与外部设备的通信与控制。通过对这些基础知识的讲解，读者可以对 STC 单片机有一个全面的认识，为后续的学习和实践打下坚实的基础。

此外，本书结合实际案例，详细分析了 STC 单片机在各个领域的应用，还介绍了基于傅里叶变换的有效值测量。这些案例不仅有助于读者深入理解 STC 单片机的原理与接口技术，还可以为读者在实际项目中提供有益的参考和启示。

本书内容全面、结构清晰、实例丰富，既适合初学者入门，也适合有一定基础的读者深入学习和提高。在编写过程中，我们力求语言通俗易懂，注重理论与实践相结合，使读者能够轻松掌握 STC 单片机的原理和应用。

本书由刘毅担任主编，完成了第 8、11 章的编写以及全书统稿，副主编由鲁维佳（第 3、9 章）、孙红跃（第 1、7 章）和马红梅（第 10 章）担任，参加编写工作的还有曹洪奎（第 5 章）、孙莹光（第 2、4 章）、金艳（第 6 章）。本书由天津城建大学计算机与信息工程学院刘树东教授和 STC 创始人、深圳国芯人工智能有限公司研发总监姚永平先生担任主审，沈阳工程学院鲁宝春教授、辽宁工业大学任国臣副教授在本书的编写过程中提出了许多宝贵建议，在此一并表示衷心的感谢。

特别感谢天津城建大学土木工程学院张海教授、国际教育学院王潇教授、中国农业大学梅树立教授在本书编写过程中给予的大力支持和帮助。

希望本书能够成为读者学习 STC 单片机技术的良师益友，为读者在嵌入式系统开发和应用领域取得更好的成绩提供有力的帮助。

由于编者的水平和教学经验所限，书中难免会有错漏和不当之处，敬请读者批评指正。

编者

2024 年 4 月

目录

contents

第1章　单片机概述

1.1　单片机概念

微型计算机简称“微型机”“微机”等，由于其具备人脑的某些功能，所以也称为“微电脑”。微型计算机是由大规模集成电路组成的、体积较小的电子计算机。典型的微型计算机包括运算器、控制器、存储器、输入/输出接口 4 个组成部分。如果把运算器与控制器封装在一小块芯片上，则称该芯片为微处理器(micro processing unit，MPU)或中央处理器(central processing unit，CPU)。如果将它与大规模集成电路制成的存储器、输入/输出接口电路在印制电路板上用总线连接起来，就构成了微型计算机。其特点是体积小、灵活性强、价格便宜、使用方便。

单片微型计算机(single chip microcomputer)就是把微型计算机集成在一个芯片上，简称单片机。单片机是典型的嵌入式微控制器(microcontroller unit)，所以常用英文字母的缩写 MCU 表示单片机。单片机是一块芯片上的微型计算机，是一种集成电路芯片，是采用超大规模集成电路技术把具有数据处理能力的中央处理器 CPU 和随机存储器(random access memory，RAM)、只读存储器(read-only memory，ROM)及其他 I/O(input/output，输入/输出)通信口集成在一块芯片上，构成一个小而完善的微型计算机系统。

为了突出单片机在嵌入式系统中的主导地位，许多半导体公司在单片机内部还集成了许多外围功能电路和外设接口，如中断、定时/计数、串行通信、模/数转换(analog-to-digital converter，ADC)、脉冲宽度调试(pulse width modulation，PWM)等单元。这些单元突出了单片机的控制特件，使得单片机的功能越来越强大，应用越来越广泛。

单片机最早被用在工业控制领域。Intel 公司于 1971 年生产出第一片单片机 Intel-4004，开创了电子应用的智能化新时代。单片机以其高性价比和灵活性，始终保持其在嵌入式系统中的领先地位。在 PC(personal computer)以 286、386、486、Pentium 高速更新换代的同时，单片机却始终保持着其旺盛的生命力，例如，80C51 系列单片机已有多年的生命期，如今仍保持着上升的趋势。

单片机相当于一个微型计算机(最小系统)，与计算机相比只是缺少了外围设备。它具有体积小、质量轻、价格便宜等特点，为学习、应用和开发提供了便利条件。尽管单片机主要是为控制目的而设计的，但它仍然具备微型计算机的全部特征，因此，单片机的功能部件和工作原理与微型计算机基本相同，我们可以通过参照微型计算机的基本组成和工作原理来认识、学习单片机。

微型计算机的基本结构如图 1.1 所示，微型计算机由运算器、控制器、存储器、输入设备和输出设备 5 部分组成。虽然微型计算机技术得到了最充分的发展，但是微型计算机在体系结构上仍属于经典的计算机结构。这种结构是由计算机的开拓者数学家约翰·冯·诺依曼最先提出的，所以称为冯·诺依曼计算机体系结构。迄今为止，计算机的发展已经经历了电子管计算机、晶体管计算机、集成电路计算机、大规模集成电路计算机、超大规模集成电路计算机等数代，仍未冲出冯·诺依曼体系，当前市场上常见的大多数型号的单片机也还遵循着冯·诺依曼体系的设计思路。

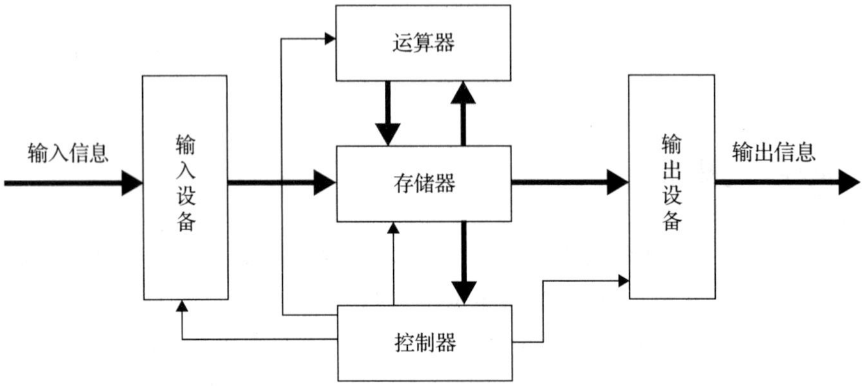

图 1.1　微型计算机的基本结构

要使微型计算机按照需要解决某个具体问题，并不是把这个问题直接交给微型计算机去解决，而是要用微型计算机可以“理解”的语言，如汇编语言、C 语言、Pascal、BASIC 等，编写出一系列解决这个问题的步骤，并输入计算机中，命令它按照这些步骤顺序执行，从而使问题得以解决。编写解决问题的步骤，就是人们常说的编写程序（也称程序设计或软件开发），计算机严格按照程序对各种数据或输入信息进行自动加工处理。

微型计算机各部分的作用和微型计算机的工作原理为：预先把程序和数据用输入设备送入微型计算机内部的存储器，处理完成后还要把结果用输出设备输送出来，由运算器完成程序中规定的各种算术和逻辑运算操作，而为了使微型计算机的各部件有条不紊地工作，必须由控制器理解程序的意图，并指挥各部件协调完成规定的任务。

1.2　单片机分类

单片机的分类目前尚无统一标准，通常根据应用领域、总线类型进行分类。

（1）工控型/家电型　工控型的单片机主要是面向测控，要求寻址范围大、运算能力强。家电型的单片机要求体积小、价格低、外围器件少、使用方便。

（2）总线型/非总线型　总线型单片机是指单片机设有并行总线，用以扩展并行外围器件。非总线型单片机是指单片机通过串行口与外围器件连接，或直接把外围器件、外设接口集成在片内。

（3）通用型/专用型　通用型单片机应用范围宽，如 Intel 公司的 MCS-51 系列产品 8051、80C51 等通过不同的外围扩展就可以用在不同的设备中。专用型单片机是专门为某一产品设计生产的，如电子体温计、计费电度表等。

1.3 常用单片机系列及其特点

1.3.1 51系列单片机

51系列一般理解是一个大类单片机的名字，泛指所有拥有51内核的单片机。

51系列单片机是应用最广泛的8位单片机，也是初学者们最容易上手学习的单片机，最早由Intel公司推出，由于其典型的结构和完善的总线专用寄存器的集中管理，众多的逻辑位操作功能以及面向控制的丰富的指令系统，堪称一代“经典”，为以后的其他单片机的发展奠定了基础。51系列单片机主要特性如下：

(1)内部的硬件到软件有一套完整的按位操作系统，称作位处理器，处理对象不是字或字节而是位。不但能对片内某些特殊功能寄存器的某位进行处理，如传送、置位、清0、测试等，还能进行位的逻辑运算，其功能十分完备，使用起来得心应手。

(2)在片内RAM区间特别开辟了一个双重功能的地址区间，使用极为灵活，这一功能给使用者提供了极大的便利。

(3)具备乘法和除法指令，这给编程也带来便利。很多8位单片机都不具备乘法功能，作乘法时还得编上一段子程序调用，十分不便。

(4)虽然I/O引脚使用简单，但高电平时无输出能力，这也是51系列单片机给用户带来的不便之处。

目前，51系列单片机在教学场合和对性能要求不高的场合仍然被大量采用，使用最多的有8051和80C51等。

1.3.2 PIC系列单片机

PIC系列单片机是美国微芯科技公司(MICROSHIP)的产品，是当前市场份额增长较快的单片机之一。PIC系列单片机又分为：基本级系列，如PIC16C5X，适用于各种对成本要求严格的家电产品；中级系列，如PIC12C6XX，该级产品其性能很高，如内部带有A/D变换器、E^2PROM数据存储器、比较器输出、PWM输出、I^2C和SPI等接口，PIC中级系列产品适用于各种高、中和低档的电子产品的设计；高级系列，如PIC17CXX，具有丰富的I/O控制功能，并可外接扩展EPROM和RAM，适用于高、中档的电子设备。CPU采用RISC(reduced instruction set CPU)结构，分别有33条、35条、58条指令，属于精简指令集。

PIC系列单片机采用Harvard双总线结构，运行速度快，它能使程序存储器的访问和数据存储器的访问并行处理，这种指令流水线结构在一个周期内完成两部分工作，一是执行指令，二是从程序存储器取出下一条指令，这样每条指令实际只需一个周期，这也是高效率运行的原因之一。PIC单片机的特点如下：

(1)低工作电压、低功耗、驱动能力强。PIC系列单片机的I/O口是双向的，其输出电路为CMOS互补推挽输出电路。I/O脚增加了用于设置输入或输出状态的方向寄存器，从而解决了51系列I/O脚为高电平时同为输入和输出的状态。

(2)当置位1时为输入状态，不管该脚呈高电平或低电平，对外均呈高阻状态；置位0时为输出状态，不管该脚呈高电平或低电平，对外均呈低阻状态。有相当的驱动能力，低电平吸入电流可达 25 mA,高电平输出电流可达 20 mA。相对于 51 系列而言,这是一个很大的优点。

(3)可以直接驱动数码管显示且外电路简单。它的 A/D 为 10 位,能满足精度要求。具有在线调试及编程(ISP)功能。

(4)专用寄存器(SFR)不集中,而是分散在 4 个地址区间内。只有 5 个专用寄存器 PCL、STATUS、FSR、PCLATH、INTCON 在 4 个存储体内同时出现,但是在编程过程中,需要用到专用寄存器,要反复地选择对应的存储体,即对状态寄存器 STATUS 的第 6 位(RP1)和第 5 位(RP0)置位或清 0。

(5)数据的传送和逻辑运算基本上须通过工作寄存器 W(相当于 51 系列的累加器 A)来进行,而 51 系列的还可以通过寄存器相互之间直接传送,因而 PIC 单片机的瓶颈现象比 51 系列还要严重,编程中的朋友对此应该深有体会。

PIC 单片机被广泛应用于电脑的外设、家电控制、信息通信、智能仪器、汽车电子、金融电子等各个领域,使用最多的器件有 PIC16F873 和 PIC16F877。

1.3.3 AVR 系列单片机

AVR 单片机是 1997 年由 ATMEL 公司研发的增强型内置 Flash 的 RISC 精简指令集高速 8 位单片机。AVR 系列单片机以 ATMEL 公司的 ATmega16 为代表。AVR 单片机可以广泛应用于计算机外部设备、工业实时控制、仪器仪表、通信设备、家用电器等各个领域。

AVR 单片机显著的特点为高性能、高速度、低功耗。它取消机器周期,以时钟周期为指令周期,实行流水作业。AVR 单片机指令以字为单位,且大部分指令都为单周期指令。单周期可执行本指令功能,同时完成下一条指令的读取。通常时钟频率用 4～8 MHz,故最短指令执行时间为 125～250 ns。

AVR 单片机主要特性如下:

(1)AVR 系列没有类似累加器 A 的结构,它主要是通过 R16～R31 寄存器来实现 A 的功能。在 AVR 中,没有像 51 系列那样的数据指针 DPTR,而是由 X(由 R26、R27 组成)、Y(由 R28、R29 组成)、Z(由 R30、R31 组成)3 个 16 位的寄存器来完成数据指针的功能(相当于有 3 组 DPTR),而且还能作后增量或先减量等的运行。在 51 系列中,所有的逻辑运算都必须在 A 中进行,而 AVR 却可以在任意 2 个寄存器之间进行,省去了在 A 中的来回折腾,这些都比 51 系列优越一些。

(2)AVR 的专用寄存器集中在 00～3F 地址区间,无须像 PIC 那样先进行选存储体的过程,使用起来比 PIC 方便。AVR 的片内 RAM 的地址区间为 0～00DF(AT90S2313) 和 0060～025F(AT90S8515、AT90S8535),它们占用的是数据空间的地址,这些片内 RAM 仅仅是用来存储数据的,通常不具备通用寄存器的功能。另外,通用寄存器一共 32 个(R0～R31),前 16 个寄存器(R0～R15)都不能直接与立即数打交道,因而通用性有所下降。当程序复杂时,通用寄存器 R0～R31 就显得不够用;而 51 系列的通用寄存器多达 128 个(为 AVR 的 4 倍),编程时就不会有这种感觉。

(3)AVR 的 I/O 引脚与 PIC 类似,它也有用来控制输入或输出的方向寄存器,在输出状态下,高电平输出电流在 10 mA 左右,低电平吸入电流为 20 mA。

(4)AVR 单片机没有位操作,都是以字节形式来控制和判断相关寄存器位的。

(5)C 语言与 51 系列的 C 语言在写法上存在一定的差异。

AVR单片机使用最多的器件有ATUC64L3U、ATxmega64A1U和AT90S8515。

1.3.4 MSP430系列单片机

MSP430系列单片机是美国德州仪器(TI)于1996年开始推向市场的一种16位超低功耗、具有精简指令集(RISC)的混合信号处理器(mixed signal processor)。

MSP430系列单片机具有处理能力强、运算速度快、超低功耗、片内资源丰富等特点。该系列单片机多应用于需要电池供电的便携式仪器仪表。

由于MSP430系列单片机针对实际应用需求,把许多模拟电路、数字电路和微处理器集成在一个芯片上,以提供"单片"解决方案。其的迅速发展和应用范围的不断扩大,主要归功于以下特点:

(1)处理能力强大,采用了精简指令集(RISC)结构,具有丰富的寻址方式(7种源操作数寻址、4种目的操作数寻址)、简洁的27条内核指令以及大量的模拟指令;具备大量的寄存器以及片内数据存储器都可参加多种运算;还有高效的查表处理指令。

(2)在运算速度方面,能在8 MHz晶体的驱动下,实现125 ns的指令周期。16位的数据宽度、125 ns的指令周期以及多功能的硬件乘法器相配合,还可以实现数字信号处理的某些算法(如FFT等)。

(3)在功耗方面,MSP430单片机之所以有超低的功耗,是因为其在降低芯片的电源电压及灵活而可控的运行时钟方面都有其独到之处。电源采用的是1.8～3.6 V电压。在1 MHz的时钟条件下运行时,芯片的电流为200～400 μA,时钟关断模式的最低功耗下电流只有0.1 μA。

(4)指令占用空间较大。因为是16位单片机,程序以字为单位,有的指令需要占用6个字节。虽然程序看起来简洁,但与PIC系列单片机相比较,实际占用存储空间较大。

MSP430系列单片机在低功耗及超低功耗的工业场合应用得比较多,使用比较多的器件主要有MSP430F系列、MSP430G2系列、MSP430L09系列。

1.3.5 STM32系列单片机

STM32系列单片机是专为要求高性能、低成本、低功耗的嵌入式应用设计的ARM Cortex®-M0、M0+、M3、M4和M7内核,按内核架构分为不同产品。

在STM32F105和STM32F107互连型系列微控制器之前,意法半导体已经推出STM32基本型系列、增强型系列、USB基本型系列、互补型系列;新系列产品沿用增强型系列的72 MHz处理频率。内存包括64～256 kB Flash存储器和20～64 kB嵌入式SRAM存储器。新系列采用LQFP64、LQFP100和LFBGA100 3种封装,不同的封装保持引脚排列一致性,结合STM32平台的设计理念,开发人员通过选择产品可重新优化功能、存储器、性能和引脚数量,以最小的硬件变化来满足个性化的应用需求。

新系列微控制器还沿续了STM32产品家族的低电压和节能两大优点。2.0～3.6 V的工作电压范围兼容主流的电池技术,如锂电池和镍氢电池,封装还设有一个电池工作模式专用引脚Vbat。以72 MHz频率从闪存执行代码,仅消耗27 mA电流。低功耗模式共有4种,可将电流消耗降至2 μA。从低功耗模式快速启动也同样节省电能;启动电路使用STM32内部生成的8 MHz信号,将微控制器从停止模式唤醒用时小于6 μs。

同时,STM32 系列单片机还具有一流的外设:1 μs 的双 12 位 ADC,4 MB/s 的 UART,18 MB/s 的 SPI 等,在功耗和集成度方面具有不俗的表现,当然和 MSP430 的功耗比起来是稍微逊色一些,但这并不影响工程师们对它的热捧程度。STM32 系列单片机由于其简单的结构和易用的工具再配合其强大的功能在行业中占据一定地位,其强大的功能特性主要表现在:

(1)内核　ARM32 位 Cortex-M3 CPU,最高工作频率 72 MHz,可以实现单周期乘法和硬件除法。

(2)存储器　片上集成 32～512 kB 的 Flash 存储器,6～64 kB 的 SRAM 存储器。

(3)时钟、复位和电源管理　2.0～3.6 V 的电源供电和 I/O 接口的驱动电压,POR、PDR 和可编程的电压探测器(PVD),4～16 MHz 的晶振,内嵌出厂前调校的 8 MHz RC 振荡电路,内部 40 kHz 的 RC 振荡电路,用于 CPU 时钟的 PLL,带校准用于 RTC 的 32 kHz 的晶振。

(4)调试模式　串行调试(SWD)和 JTAG 接口,最多 112 个快速 I/O 端口,最多 11 个定时器,最多 13 个通信接口。

STM32 系列单片机使用广泛的器件主要有 STM32F103 系列、STM32 L1 系列和 STM32W 系列。

1.3.6　Freescale 系列单片机

Freescale 系列单片机采用哈佛结构和流水线指令结构,在许多领域内都表现出低成本、高性能的特点,它的体系结构为产品的开发节省了大量时间。此外 Freescale 系列单片机提供了多种集成模块和总线接口,可以在不同的系统中更灵活地发挥。Freescale 系列单片机主要特性如下:

(1)全系列　从低端到高端,从 8 位到 32 位全系列应有尽有,其推出的 8 位/32 位管脚兼容的 QE128,可以从 8 位直接移植到 32 位,弥补单片机业界 8 位/32 位兼容架构中缺失的一环。

(2)多种系统时钟模块　3 种模块,7 种工作模式。多种时钟源输入选项,不同的 MCU 具有不同的时钟产生机制,可以是 RC 振荡器、外部时钟或晶振,也可以是内部时钟,多数 CPU 同时具有上述 3 种模块。可以运行在 FEI、FEE、FBI、FBILP、FBE、FBELP、STOP 这 7 种工作模式。

(3)多种通信模块接口　Freescale 系列单片机几乎在内部集成各种通信接口模块,包括串行通信接口模块(SCI)、I^2C 总线模块,串行外围接口模块(SPI)、MSCAN08 控制器模块,通用串行总线模块(USB/PS2)。

(4)具有更多的可选模块　具有 LCD 驱动模块,带有温度传感器模块,具有超高频发送模块,含有同步处理器模块,含有同步处理器的 MCU 还具有屏幕显示模块(OSD),还有少数的 MCU 具有响铃检测模块(RING)和双音多频/音调发生器 DMG 模块。

(5)可靠性高,抗干扰性强,具有多种引脚数和封装选择。

(6)低功耗　Freescale 系列单片机具有全静态的“等待”和“停止”2 种模式,从总体上降低功耗。新近推出的几款的超低功耗已经与 MSP430 的不相上下。

Freescale 系列单片机使用最多的器件是 MC9S12G 系列。

1.3.7 TMS 系列单片机

TMS 系列单片机是由 TI 推出的 8 位 CMOS 单片机，具有多种存储模式、多种外围接口模式，适用于复杂的实时控制场合。TMS370C 系列单片机提供了先进的外围功能模块及各种芯片的内存配置，以及具有高性价比的实时系统控制。

TMS 系列单片机同时采用高性能硅栅 CMOS EPROM 和 E^2PROM 技术、低工作功耗 CMOS 技术、宽工作温度范围、噪声抑制，再加上高性能和丰富的片上外设功能，使 TMS370C 系列单片机在汽车电子、工业电机控制、电脑、通信和消费类领域具有一定的应用。

目前市场上的单片机种类繁多，品种齐全，功能各异。用户可以根据功能需要选择合适的单片机器件。如果没有特别要求，51 系列还是首选；如果要追求超高性价比，STM32 系列将会是理想选择；如果渴望超低功耗，MSP430 系列肯定会令人满意；另外，随着国内芯片业的不断发展与成熟，国产的宏晶 STC 单片机也日趋完善，性能也可圈可点，选择 STC 系列单片机肯定会给人惊喜。

1.4 STC12 系列单片机简介

STC12 系列单片机是目前可与国际知名品牌相媲美的国产单片机之一。STC12 系列单片机是由宏晶科技（北京）有限公司生产的单时钟/机器周期（1 T）的，高速、低功耗、超强抗干扰的新一代 8051 单片机，指令代码完全兼容传统 8051 单片机，但速度是传统 8051 单片机的 8～12 倍。STC12 系列单片机内部集成 MAX810 专用复位电路、2 路 PWM、8 路高速 10 位 A/D 转换器（25 万次/s），针对电机控制，适用于强干扰场合。STC12 系列单片机中应用最为广泛的一款单片机是 STC12C5A60S2，本书将以 STC12C5A60S2 单片机为代表，介绍 STC12 系列单片机的功能、结构和应用。

1.4.1 STC12C5A60S2 单片机功能

增强型 8051CPU，1 T，单时钟/机器周期，指令代码完全兼容传统 8051 单片机。

工作电压：3.3～5.5 V。

工作频率范围：0～35 MHz，相当于传统 8051 的 0～420 MHz。

用户应用程序空间：8 kB/16 kB/20 kB/32 kB/40 kB/48 kB/52 kB/60 kB/62 kB。

片上集成 1280 字节 RAM。

通用 I/O 口（36/40/44 个），复位后为准双向口/弱上拉（传统 8051 传统 I/O 口）。通用 I/O 口可设置成 4 种模式：准双向口/弱上拉，推挽/强上拉，仅为输入/高阻，开漏。每个 I/O 口驱动能力均可达到 20 mA，但整个芯片最大驱动能力不超过 120 mA。

ISP（在系统可编程）/IAP（在应用可编程），不需要专用编程器和专用仿真器。可通过串口（P3.0/P3.1）直接下载用户程序，程序下载速度快，数秒即可完成。

有 E^2PROM 功能（STC12C5A62S2/AD/PWM 无内部 E^2PROM）。

内部集成 MAX810 专用复位电路（外部晶体为 12 MHz 以下时，复位脚可直接以 1 kΩ 电阻到地）。

外部掉电检测电路：在 P4.6 口有一个低压门槛比较器，5 V 单片机为 1.32 V，误差为

±5%，3.3 V单片机为1.30 V，误差为±3%。

时钟源：外部高精度晶体/时钟，内部R/C振荡器(温漂为±5%～±10%)。用户在下载用户程序时，可选择是使用内部R/C振荡器还是外部晶体/时钟。常温下内部R/C振荡器频率为：5.0 V单片机为11～15.5 MHz，3.3 V单片机为8～12 MHz。精度要求不高时，可选择使用内部时钟，但因为有制造误差和温漂，所以应以实际测试为准。

一共有4个16位定时器，2个与传统8051兼容的定时器/计数器，16位定时器T0和T1，没有定时器2，但有独立波特率发生器做串行通信的波特率发生器，再加上2路PCA模块可再实现2个16位定时器。

2个时钟输出口，可由T0的溢出在P3.4/T0输出时钟，可由T1的溢出在P3.5/T1输出时钟。

外部中断I/O口7路，传统的下降沿中断或低电平触发中断，并新增支持上升沿中断的PCA模块，Power Down模式可由外部中断唤醒：INT0/P3.2，INT1/P3.3，T0/P3.4，T1/P3.5，RxD/P3.0，CCP0/P1.3(也可通过寄存器设置到P4.2)，CCP1/P1.4(也可通过寄存器设置到P4.3)。

PWM(2路)/PCA(可编程计数器阵列，2路)：可用来当2路D/A使用；也可用来再实现2个定时器；还可用来再实现2个外部中断(上升沿中断/下降沿中断均可分别或同时支持)。

A/D转换，10位精度ADC，共8路，转换速度可达25万次/s，通用全双工异步串行口(UART)。由于STC12系列是高速的8051，可再用定时器或PCA软件实现多串口。

STC12C5A60S2单片机有双串口(只有后缀有S2标志的才有双串口)：RxD2/P1.2(可通过寄存器设置到P4.2)，TxD2/P1.3(可通过寄存器设置到P4.3)。

工作温度范围：−40～85 ℃(工业级)/0～75 ℃(商业级)。

封装：PDIP-40，LQFP-44，LQFP-48，当I/O口不够时，可用2～3根普通I/O口线外接74HC164/165/595(均可级联)来扩展I/O口，还可用A/D做按键扫描来节省I/O口，还增加了串口。

1.4.2 STC12C5A60S2单片机特点

STC12C5A60S2单片机与普通51单片机相比有以下特点：

同样晶振的情况下，速度是普通51单片机的8～12倍。

有8路10位A/D转换。

多了2个定时器，带PWM功能。

有SPI接口。

有E^2PROM。

有1 kB内部RAM。

有WATCH_DOG。

增加1个串口。

I/O口可以定义，有4种状态。

中断优先级有4种状态可定义。

1.5 其他嵌入式微处理器简介

嵌入式微处理器是嵌入式系统的核心，是控制、辅助系统运行的硬件单元。范围极其广泛，从最初的4位处理器，目前仍在大规模应用的8位单片机，到最新的受到更多青睐的32位、64位嵌入式CPU。嵌入式微处理器与普通台式计算机的微处理器在设计上的基本原理是相似的，但是其工作稳定性更高，功耗较小，对环境（如温度、湿度、电磁场、振动等）的适应能力强，体积更小，且集成的功能较多。在桌面计算机领域，对处理器进行比较时的主要指标就是计算速度，从33 MHz主频的386计算机到现在3 GHz主频的Pentium 4处理器，速度的提升是用户最主要关心的变化，但在嵌入式领域，情况则完全不同。

1.5.1 嵌入式微处理器简介

目前世界上具有嵌入式功能特点的处理器已经超过1 000种，流行体系结构包括MCU、MPU等30多个系列。鉴于嵌入式系统广阔的发展前景，很多半导体制造商都大规模生产嵌入式处理器，并且公司自主设计处理器也已经成了未来嵌入式领域的一大趋势，其中从单片机、DSP到FPGA有着各式各样的品种，速度越来越快，性能越来越强，价格也越来越低。目前嵌入式微处理器的寻址空间可以从64 kB到16 MB，处理速度最快可以达到2 000 M指令数/s，封装从8个引脚到144个引脚不等。

选择嵌入式微处理器时必须根据设计的需求，在性能、功耗、功能、尺寸和封装形式、片上系统（SoC）集成度、成本、商业考虑等诸多因素之中进行折中考虑，择优选择。

1.5.2 嵌入式微处理器发展历程

嵌入式微处理器诞生于20世纪70年代末，其间经历了SCM、MCU、网络化、软件硬化4大发展阶段。

（1）SCM阶段　即单片微型计算机（single chip microcomputer）阶段，主要是单片微型计算机的体系结构探索阶段。Zilog公司Z80等系列单片机的“单片机模式”获得成功，走出了SCM与通用计算机完全不同的发展道路。

（2）MCU阶段　即嵌入式微控制器（microcontroller unit，单片机）大发展阶段，主要的技术方向是：为满足嵌入式系统应用不断扩展的需要，在芯片上集成了更多种类的外围电路与接口电路，凸显其微型化和智能化的实时控制功能。80C51微控制器是这类产品的典型代表型号。

（3）网络化阶段　随着互联网的高速发展，各个系统，不论是手持式还是固定式的嵌入式电子产品都希望能连接互联网。因此，网络模块集成于芯片上就成为了一个重要模块。

（4）软件硬化阶段　市场对CPU芯片产品的使用面越来越广，对产品速度、性能等方面的要求越来越高，同时要求产品开发的时间越来越短，而软件功能和系统却越来越复杂，要求实时处理的多媒体等大型文件的处理要求越来越多（如MP3、MP4播放器，GPS导航仪等），以及基于手持式数字电视飞速发展的需要，有的还需要实时在线快速改变逻辑功能，尤其是对低功耗的需要越来越严，仅仅采用软件的方式已远远不能满足这些市场发展的实际需要。同时，半导体设计和加工技术的飞速发展以及设计水平的自动化程度的提高，极大地降低了嵌入式微处理器芯片的设计难度，这为软件硬化的普及发展带来了极大的促进作用。

1.5.3 嵌入式微处理器分类

根据其现状，嵌入式微处理器可以分成下面几类。

1. 嵌入式微处理器

嵌入式微处理器（micro processor unit，MPU）是由通用计算机中的 CPU 演变而来的。它的特点是具有 32 位以上的处理器，具有较高的性能，当然价格也相应较高。但与计算机 CPU 不同的是，在实际嵌入式应用中，其只保留和嵌入式应用紧密相关的功能硬件，去除其他的冗余功能部分，这样就能以最低的功耗和资源实现嵌入式应用的特殊要求。和工业控制计算机相比，嵌入式微处理器具有体积小、质量轻、成本低、可靠性高的优点。MPU 用于中高端嵌入式系统，为通用嵌入式处理器。

目前主要的嵌入式处理器类型有 Am186/88、386EX、SC-400、PowerPC、68000、MIPS、ARM/StrongARM 系列等。其中 ARM/StrongARM 是专为手持设备开发的嵌入式微处理器，属于中档的价位。

2. 嵌入式微控制器

嵌入式微控制器（microcontroller unit，MCU）的典型代表是单片机，从 20 世纪 70 年代末单片机出现到今天，虽然已经经过了近 50 年的历史，但这种 8 位的电子器件目前在嵌入式设备中仍然有着极其广泛的应用。嵌入式微控制器主要用于控制领域，典型代表是 8051 系列，PIC 系列的 4 位、8 位及 16 位单片机。

单片机芯片内部集成 ROM、RAM、总线、总线逻辑、定时/计数器、看门狗、I/O、串行口、脉宽调制输出、A/D、D/A 等各种适宜控制用的功能模块和外设。

3. 嵌入式 DSP 处理器

嵌入式 DSP 处理器（embedded digital signal processor，EDSP）是专门用于信号处理方面的处理器，其在系统结构和指令算法方面进行了特殊设计，如采用哈佛体系结构，硬件乘法器、硬件乘累加器，具有很高的编译效率和指令的执行速度。在数字滤波、FFT、谱分析等各种仪器上 DSP 获得了大规模的应用。

DSP 的理论算法在 20 世纪 70 年代就已经出现，但是由于专门的 DSP 处理器还未出现，所以这种理论算法只能通过 MPU 等由分立元件实现。MPU 较低的处理速度无法满足 DSP 的算法要求，其应用领域局限于一些尖端的高科技领域。随着大规模集成电路技术发展，1982 年首枚 DSP 芯片诞生。其运算速度比 MPU 快几十倍，在语音合成和编码解码器中得到了广泛应用。20 世纪 80 年代中期，随着 CMOS 技术的进步与发展，第二代基于 CMOS 工艺的 DSP 芯片应运而生，其存储容量和运算速度都得到成倍提高，成为语音处理、图像硬件处理技术的基础。20 世纪 80 年代后期，DSP 的运算速度进一步提高，应用领域也从上述范围扩大到了通信和计算机方面。20 世纪 90 年代后，DSP 发展到了第五代产品，集成度更高，使用范围也更加广阔。

DSP 主要用于音视频处理的嵌入式系统。DSP 芯片商有德州仪器（TI）、摩托罗拉（Motorloa）、朗讯（Lucent）等。

4. 片上系统

片上系统(system on chip,SoC)追求产品系统最大包容的集成器件,是目前嵌入式应用领域的热门话题之一。SoC 最大的特点是成功实现了软硬件无缝结合,直接在处理器片内嵌入操作系统的代码模块。而且 SoC 具有极高的综合性,在一个硅片内部运用 VHDL 等硬件描述语言,实现一个复杂的系统。用户不需要再像传统的系统设计一样绘制庞大复杂的电路板,一点点地连接焊制,只需要使用精确的语言,综合时序设计,直接在器件库中调用各种通用处理器的标准,然后通过仿真之后就可以直接交付芯片厂商进行生产。由于绝大部分系统构件都在系统内部,整个系统特别简洁,不仅减小了系统的体积和功耗,而且提高了系统的可靠性和设计生产效率。

SoC 产品往往是专用的,比较典型的产品是飞利浦(Philips)的 SmarXA。少数通用系列如西门子(Siemens)的 TriCore,摩托罗拉(Motorola)的 M-Core,部分 ARM 系列,埃施朗(Echelon)和摩托罗拉(Motorola)联合研制的 Neuron 芯片等。

SoC 芯片也将在声音、图像、影视、网络及系统逻辑等应用领域中发挥重要作用。

5. 嵌入式系统

从软件方面划分,主要可以依据操作系统的类型。目前嵌入式系统的软件主要有 3 种操作系统:多道批处理操作系统、实时系统和分时系统。其中实时系统又分为硬实时系统和软实时系统。

多道批处理操作系统一般用于计算中心比较大的计算机系统,由于其硬件设施比较全,价格高,所以此操作系统十分注意 CPU 及其他设备的充分利用,追求高的吞吐量,不具备实时性。

实时系统是为执行特定功能而设计的,可以严格按时序执行功能。其最大的特征就是程序的执行具有确定性。在实时系统中,如果系统在指定的时间内未能实现某个确定的任务,会导致系统的全面失败,则系统被称为硬实时系统。而在软实时系统中,虽然响应时间同样重要,但是超时却不会导致致命错误。一个硬实时系统往往在硬件上需要添加专门用于时间和优先级管理的控制芯片,而软实时系统则主要在软件方面通过编程实现时限的管理。比如 Windows CE 是一个多任务分时系统,而 Ucos-II 则是典型的实时操作系统。

国内嵌入式系统微处理器技术也在不断发展与成熟。中国龙芯、珠海矩力、欧比特等品牌的 SoC 在相关领域已经取得一定的成就。另外,上海交通大学和上海高清的 HD2802A、HD2201A 数字高清晰度电视系列芯片也越来越受用户的肯定与认可。

1.6 单片机的应用领域

单片机渗透到我们生活的各个领域,几乎很难找到哪个领域没有单片机的踪迹。导弹的导航装置,飞机上各种仪表的控制,计算机的网络通信与数据传输,工业自动化过程的实时控制和数据处理,广泛使用的各种智能 IC 卡,民用豪华轿车的安全保障系统,录像机、摄像机、全自动洗衣机的控制,以及程控玩具、电子宠物等,这些都离不开单片机。更不用说自动控制领域的机器人、智能仪表、医疗器械以及各种智能机械了。因此,单片机的学习、开发与应用将造就一批计算机应用与智能化控制的科学家、工程师。

单片机广泛应用于仪器仪表、家用电器、医用设备、航空航天、专用设备的智能化管理及过程控制等领域，大致可分如下几个范畴：

1. 智能仪器仪表

单片机具有体积小、功耗低、控制功能强、扩展灵活、微型化和使用方便等优点，广泛应用于仪器仪表中，结合不同类型的传感器，可实现诸如电压、电流、功率、频率、湿度、温度、流量、速度、厚度、角度、长度、硬度、压力等物理量的测量。采用单片机控制使得仪器仪表数字化、智能化、微型化，且功能比起采用电子或数字电路更加强大，例如精密的测量设备（电压表、功率计、示波器、各种分析仪）。

2. 实时检测控制

单片机具有体积小、控制功能强、功耗低、环境适应能力强、扩展灵活和使用方便等优点，用单片机可以构成形式多样的控制系统、数据采集系统、通信系统、信号检测系统、无线感知系统、测控系统、机器人等应用控制系统。例如，在工业测控、航空航天、尖端武器、工厂流水线的智能化管理系统，电梯智能化控制系统，各种报警系统，与计算机联网构成的二级控制系统等各种实时控制系统中，都可以使用单片机作为控制器。单片机的实时数据处理能力和控制功能使系统保持在最佳工作状态，提高了系统的工作效率和产品质量。再如机器人，每个关节或动作部位都有一个单片机实时控制系统。

3. 机电一体化

机电一体化是机械工业发展的方向，机电一体化产品是指集机械技术、微电子技术、计算机技术、传感器技术于一体，具有智能化特征的机电产品，如微机控制的车床、钻床等。单片机作为产品中的控制器，能充分发挥它体积小、可靠性高、功能强等优点，可大大提高机器的自动化、智能化程度。可编程顺序控制器也是一个典型的机电控制器，其核心常常是由一个单片机构成的。

4. 消费类电子产品

该应用主要反映在家电领域，如洗衣机、空调器、汽车电子与保安系统、电视机、录像机、DVD 机、音响设备、电子秤、IC 卡、手机、PC 机等。在这些设备中使用单片机机芯之后，其控制功能和性能大大提高，并实现了智能化、最优化控制。

5. 医用设备领域

单片机在医用设备中的用途也相当广泛，如医用呼吸机、各种分析仪、监护仪、超声诊断设备及病床呼叫系统等。

6. 汽车电子

单片机在汽车电子中的应用非常广泛，如基于 CAN 总线的汽车发动机智能电子控制器、GPS 导航系统、ABS 防抱死系统、制动系统、胎压检测等。

7. 网络和通信

现代的单片机普遍具备通信接口，可以很方便地与计算机进行数据通信，为在计算机网络和通信设备间的应用提供了极好的物质条件。通信设备基本上都实现了单片机智能控制，从电话机、小型程控交换机、楼宇自动通信呼叫系统、列车无线通信，到日常工作中随处可见的移动电话、集群移动通信、无线电对讲机等。

8. 终端及外部设备控制

在计算机网络终端设备[如银行终端、商用POS机(自动收款机)、复印机等]和计算机外部设备(如打印机、绘图机、传真机、键盘和通信终端等)中使用单片机,使其具有计算、存储、显示、输入等功能,具有和计算机连接的接口,使计算机的能力及应用范围大大提高,可以更好地发挥计算机的性能。

单片机还在工商、金融、科研、教育、电力、通信、物流、国防和航空航天等领域有着十分广泛的用途。可以毫不夸张地说,凡是能想到的地方,几乎都会用到单片机。单片机应用的意义不仅在于它的广阔应用范围和所带来的经济效益,而且在于从根本上改变了传统的控制系统设计思想和设计方法。这种以软件取代传统硬件并提高系统性能的控制技术称为微控制技术。随着单片机应用的普及推广,微控制技术必将不断发展和日趋完善,而单片机的应用必将更加深入、更加广泛。学习单片机的原理,掌握单片机应用系统的设计技术是顺应时代发展的需要,具有划时代的意义。

第 2 章　STC12C5A60S2 单片机的片内结构

2.1　STC12C5A60S2 单片机的内部组成结构

STC12C5A60S2 单片机是 STC 生产的单时钟/机器周期(1 T)的单片机,是高速、低功耗、超强抗干扰的新一代 8051 单片机,指令代码完全兼容传统 8051,但速度快 8～12 倍。STC12C5A60S2 单片机的内部结构框图如图 2.1 所示。

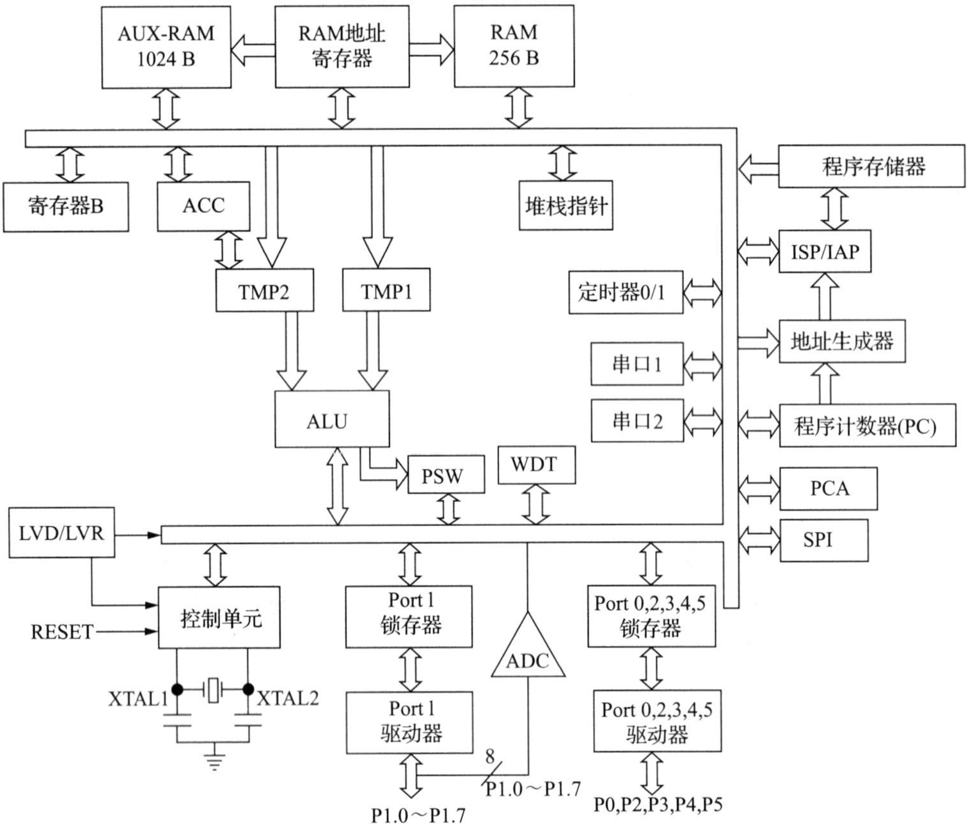

图 2.1　STC12C5A60S2 单片机的内部结构框图

STC12C5A60S2 单片机内部几乎包含了数据采集和控制中所需的所有单元模块,包括:

增强型 8051CPU,1 T,单时钟/机器周期,指令代码完全兼容传统 8051。

程序存储器(Flash ROM)空间为 60 kB。

数据存储器(RAM)空间共 1 280 B。

通用 I/O 口：P0，P1，P2，P3，P4，P5，可设置成 4 种模式，即准双向口/弱上拉，强推挽/强上拉，仅为输入/高阻，开漏模式。

2 个 16 位定时器/计数器：T0 和 T1。

中断系统，具有 4 个中断优先级，可管理 10 个中断请求源：外部中断 0（INT0）、定时器 0 中断、外部中断 1（INT1）、定时器 1 中断、串口 1（UART1）中断、A/D 转换中断、低压检测（LVD）中断、PCA 中断、串口 2 中断以及 SPI 中断。

2 个全双工的通用异步串行口（UART）。

1 个 10 位分辨率的 A/D 转换器，8 路模拟输入，转换速度可达 250 万次/s。

2 路 PWM/2 路可编程计数器阵列（PCA）　PWM 输出功能，可用来当 2 路 D/A 运用，也可用来完成 2 个定时器。

内部集成 MAX810 专用复位电路。

具有 E^2PROM 功能。

2.2　STC12C5A60S2 单片机的芯片封装和引脚功能

STC12C5A60S2 单片机的芯片封装形式有 PDIP-40、LQFP-44、LQFP-48 和 PLCC-44 4 种，如图 2.2 所示。

（1）PDIP-40封装

（2）LQFP-44封装

（3）LQFP-48封装

（4）PLCC-44封装

图 2.2　STC12C5A60S2 单片机的 4 种芯片封装

PDIP-40 封装格式的 STC12C5A60S2 单片机的引脚排列如图 2.3 所示。

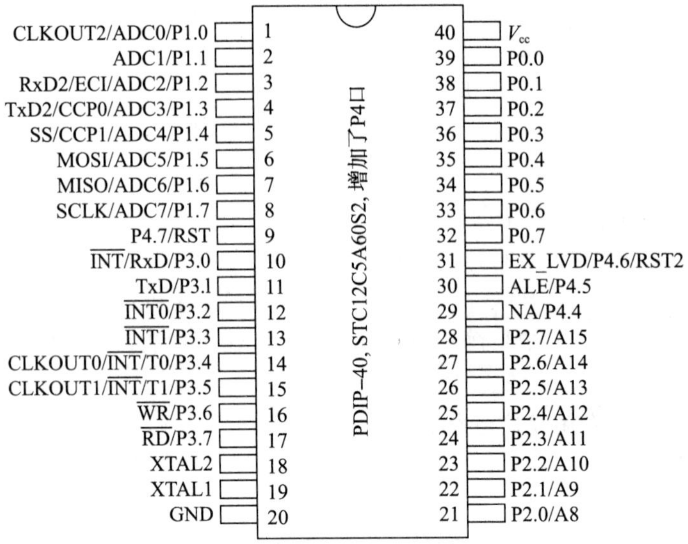

图 2.3　STC12C5A60S2 单片机的引脚排列

STC12C5A60S2 单片机(PDIP-40 封装)的引脚功能如下。

1. 电源及时钟引脚

(1)电源引脚

①V_{CC}(40 引脚)接 5 V 电源。

②GND(20 引脚)接数字地。

(2)时钟引脚

①XTAL1(19 引脚)外接晶振。

②XTAL2(18 引脚)外接晶振。

2. 控制引脚

(1)RST(RESET,9 引脚)高电平有效,内部集成 MAX810 专用复位电路(外部晶体 12 M 以下时,复位脚可直接 1 K 电阻到地)。

(2)ALE(30 引脚)地址锁存控制信号,当单片机访问外部数据存储器或 I/O 设备时,P0 口作为低 8 位地址与 8 位数据总线分时复用,ALE 的负跳变将单片机 P0 口先发出的低 8 位地址锁存在 P0 口外接的地址锁存器中,然后 P0 口再作为 8 位数据总线使用,如图 2.4 所示。

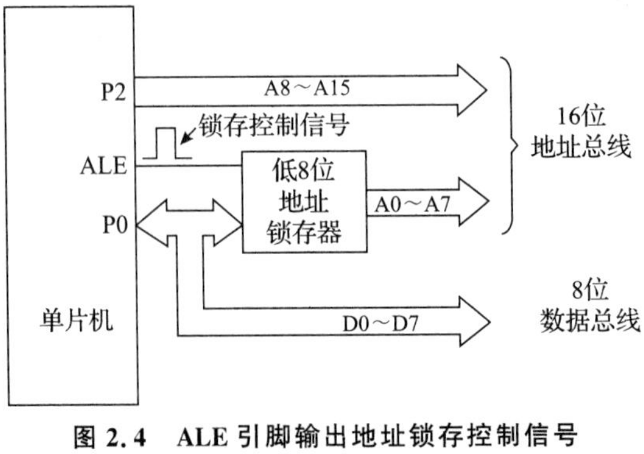

图 2.4　ALE 引脚输出地址锁存控制信号

P4.5 为该引脚的第二功能，标准 I/O 口。

(3)$\overline{WR}$(16 引脚)外部数据存储器的写选通控制信号(第二功能)。

P3.6 为该引脚的第一功能，标准 I/O 口。

(4)$\overline{RD}$(17 引脚)外部数据存储器的读选通控制信号(第二功能)。

P3.7 为该引脚的第一功能，标准 I/O 口。

3. 并行 I/O 口引脚

(1)P0 口(P0.0～P0.7，39～32 引脚)

当 P0 口作为输入/输出口时，是一个 8 位准双向 I/O 口，内部有弱上拉电阻，无须外接上拉电阻。

当单片机扩展外部数据存储器及 I/O 接口芯片时，P0 口为分时复用的低 8 位地址 A0～A7/数据总线 D0～D7。

(2)P1 口(P1.0～P1.7，1～8 引脚)

P1 口是标准 I/O 口。

当使用单片机内部 A/D 转换器时，P1 口作为 A/D 转换模拟量输入通道 ADC0～ADC7 使用。

此外，P1 口的其他功能如表 2.1 所示。

表 2.1　P1 口的其他功能

引脚	其他功能	说明
P1.0	CLKOUT2	波特率发生器的时钟输出
P1.1	—	—
P1.2	ECI	PCA 计数器的外部脉冲输入
P1.3	CCP0	外部信号捕获
P1.4	SS/CCP1	SPI 同步串行接口从机选择信号/外部信号捕获
P1.5	MOSI	SPI 同步串行接口主出从入
P1.6	MISO	SPI 同步串行接口主入从出
P1.7	SCLK	SPI 同步串行接口的时钟信号

(3)P2 口(P2.0～P2.7，21～28 引脚)

当 P2 口作为输入/输出口时，是一个 8 位准双向 I/O 口，内部有上拉电阻。

当单片机访问外部数据存储器及 I/O 接口芯片时，P2 口作为高 8 位地址总线使用，输出高 8 位地址 A8～A15。

(4)P3 口(P3.0～P3.7，10～17 引脚)

P3 口是标准 I/O 口。

此外，P3 口的第二功能如表 2.2 所示。

表 2.2 P3 口的第二功能

引脚	第二功能	说明
P3.0	RxD	串口 1 数据接收端
P3.1	TxD	串口 1 数据发送端
P3.2	$\overline{\text{INT0}}$	外部中断 0 输入
P3.3	$\overline{\text{INT1}}$	外部中断 1 输入
P3.4	T0	定时器 0 外部计数输入
P3.5	T1	计数器 1 外部计数输入
P3.6	$\overline{\text{WR}}$	外部数据存储写脉冲
P3.7	$\overline{\text{RD}}$	外部数据存储读脉冲

(5)P4 口(P4.4、P4.6,29、31 引脚)

P4 口是标准 I/O 口。

P4.6 引脚其他功能:外部低压检测中断 EX_LVD、第二复位引脚 RST2。

与 PDIP-40 封装相比,LQFP-44 和 PLCC-44 封装增加了 P4.0～P4.3 共 4 个标准 I/O 口;LQFP-48 封装增加了 P4.0～P4.3 和 P5.0～P5.3 共 8 个标准 I/O 口。

2.3 STC12C5A60S2 单片机的 CPU 结构

STC12C5A60S2 单片机的中央处理器(CPU)是一个字长为二进制 8 位的中央处理单元,也就是说它对数据的处理是以字节为单位进行的。与微型计算机的 CPU 类似,CPU 由运算器和控制器组成,下面分别加以介绍。

1. 运算器

运算器以 8 位的算术/逻辑运算部件 ALU 为中心,再加上暂存器 TMP1 和 TMP2、累加器 Acc、寄存器 B、程序状态字寄存器 PSW 及布尔处理器。

算术/逻辑运算部件 ALU 是一个性能极强的运算器,既可以进行加、减、乘、除四则运算,也可以进行与、或、非、异或等逻辑运算,还具有数据传送、移位、判断和程序转移等功能。

累加器 Acc 是一个 8 位寄存器,它是 CPU 中作业最频繁的寄存器。在进行算术、逻辑运算时,累加器往往在运算前暂存一个操作数(如被加数),而运算后又保存其成果(如代数和)。

寄存器 B 是一个 8 位寄存器,主要用于乘法和除法操作。该寄存器在乘法或除法前用于存放乘数或除数,在乘法或除法后用于存放乘积的高 8 位或除数的余数。

程序状态字寄存器 PSW 也是一个 8 位寄存器,用来存放指令执行后的有关状态,如有无进位、借位等。程序状态字寄存器中的各位状态通常是在指令执行过程中自动形成的,但也可以由用户根据需要采用传送指令加以改变。

2. 控制器

控制器是 CPU 的神经中枢,它包含定时控制逻辑电路、指令寄存器、译码器、数据指针 DPTR 及程序计数器 PC、堆栈指针 SP 等。

程序计数器 PC 是由 16 位寄存器构成的计数器。单片机要执行一个程序,就必须把该程序按次序预先装入存储器 ROM 的某个区域,按次序一条一条取出指令来加以执行。因而,如有一个电路能找出指令存储的地点(又称单元地址),该电路便是程序计数器 PC。当单片机开始执行程序时,给 PC 装入第一条指令的地址,它每取出一条指令(如为多字节指令,则每取出一个指令字节),PC 的内容就主动加 1,以指向下一条指令的地址,使指令能依次执行。只有当程序遇到转移指令、子程序调用指令,或遇到中止时(后文将介绍),PC 才转到所需的地址去。CPU 按 PC 指针指定的地址,从 ROM 相应单元中取出指令字节放在指令寄存器中寄存。然后,指令寄存器中的指令代码被译码器译成各种形式的操控信号,这些信号与单片机时钟振荡器发生的时钟脉冲在定时与操控电路中相结合,构成按一定时刻节拍改变的电平和时钟,即所谓操控信息,在 CPU 内部和寄存器之间进行数据传输、运算等操作。程序计数器 PC 是 16 位的,故地址编码范围为 0000H～FFFFH,共 64 kB。也就是说,PC 对程序存储器的寻址范围为 64 kB。

2.4 STC12C5A60S2 单片机的存储器和特殊功能寄存器(SFR)

STC12C5A60S2 单片机的程序存储器和数据存储器是各自独立编址的,STC12C5A60S2 单片机的所有程序存储器都是片上 Flash 存储器,不能访问外部程序存储器,因为没有外部访问使能信号——$\overline{EA}$ 和程序存储启用信号——$\overline{PSEN}$。STC12C5A60S2 单片机内部有 1 280 B 的数据存储器,还可以访问在片外扩展的 64 kB 外部数据存储器。

2.4.1 程序存储器(ROM)

程序存储器用于存放用户程序、数据和表格等信息。STC12C5A60S2 单片机内部集成了 60 kB 的 Flash 程序存储器。

单片机复位后,程序计数器(PC)的内容为 0000H,从 0000H 单元开始执行程序。另外中断服务程序的入口地址(又称中断向量)也位于程序存储器单元。在程序存储器中,每个中断都有一个固定的入口地址,当中断发生并得到响应后,单片机就会自动跳转到相应的中断入口地址去执行程序。外部中断 0 的中断服务程序的入口地址是 0003H,定时器/计数器 0 中断服务程序的入口地址是 000BH,外部中断 1 的中断服务程序的入口地址是 0013H,定时器/计数器 1 的中断服务程序的入口地址是 001BH 等。

2.4.2 数据存储器(RAM)

STC12C5A60S2 单片机内部集成了 1 280 B RAM,可用于存放程序执行的中间结果和过程数据。内部数据存储器在物理和逻辑上都分为 2 个地址空间:内部 RAM(256 B)和内部扩展 RAM(1 024 B)。此外,STC12C5A60S2 单片机还可以访问在片外扩展的 64 kB 外部数据存储器。

(1)内部 RAM(256 B) 内部 RAM 共 256 B,可分为 3 个部分:低 128 B RAM、高 128 B RAM 及特殊功能寄存器。低 128 B RAM 既可直接寻址也可间接寻址。高 128 B RAM 与特殊功能寄存器区共用相同的地址范围,都使用 80H～FFH,地址空间虽然重叠,但物理上是独立的,使用时通过不同的寻址方式加以区分。高 128 B RAM 只能间接寻址,特殊功能寄存器只可直接寻址。内部 RAM 的结构如图 2.5 所示,地址范围是00H～FFH。

低 128 B RAM(图 2.6)又可分为工作寄存器组区、可位寻址区和用户 RAM 区。

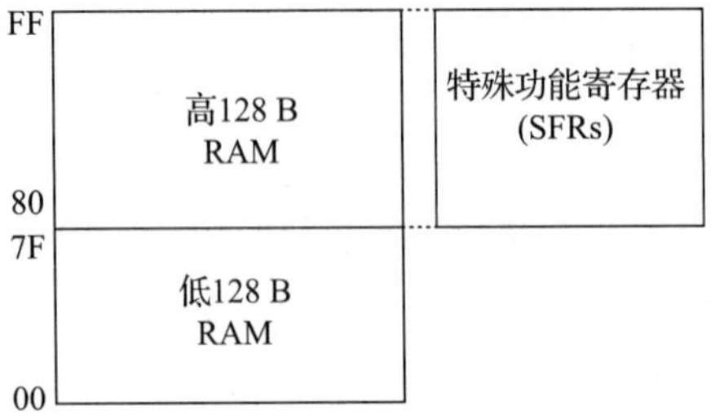

图 2.5　内部 RAM 的结构

图 2.6　低 128 B RAM

①工作寄存器组区。工作寄存器组区地址从 00H～1FH 共 32 字节单元,分为 4 组(每一组称为一个寄存器组),每组包含 8 个 8 位的工作寄存器,编号均为 R0～R7,但属于不同的物理空间。通过使用工作寄存器组,可以提高运算中存取数据的速度。

程序状态字寄存器 PSW 中的 RS1 和 RS0 组合决定当前使用的工作寄存器组。见下文 PSW 的介绍。

②可位寻址区。可位寻址区的地址为 20H～2FH 共 16 个字节单元。20H～2FH 单元既可向普通 RAM 单元一样按字节存取,也可以对单元中的任何一位单独存取,共 128 位,每一个位都有一个位地址,位地址范围是 00H～7FH。

位地址范围是 00H～7FH,低 128 B RAM 的地址也是 00H～7FH,从外表看,二者地址是一样的,实际上二者具有本质的区别:位地址指向的是一个位,而字节地址指向的是一个字节单元,在程序中使用不同的指令区分。

③用户 RAM 区。内部 RAM 中的 30H～FFH 单元是用户 RAM 区。用户 RAM 区也作为堆栈区。一个 8 位的堆栈指针(SP),用于指向堆栈区。单片机复位后,堆栈指针 SP 为 07H,指向了工作寄存器组 0 中的 R7,因此,用户初始化程序都应对 SP 设置初值,一般设置在 80H 以后的单元为宜。

(2)内部扩展 RAM(1024 B)　STC12C5A60S2 单片机片内除了集成 256 B 的内部 RAM 外,还集成了 1024 B 的芯片内部扩展 RAM,地址范围是 0000H～03FFH。访问内部扩展 RAM 的方法和传统 8051 单片机访问外部扩展 RAM 的方法相同,但是不影响 P0 口、P2 口、P3.6、P3.7 和 ALE 引脚。在汇编语言中,内部扩展 RAM 通过 MOVX 指令访问,即使用“MOVX A,@DPTR”或者“MOVX A, @Ri”指令访问。在 C 语言中,使用 xdata 声明存储类型即可,如“unsigned char xdata i = 0;”。

单片机内部扩展 RAM 是否可以访问受辅助寄存器 AUXR(地址为 8EH)中的 EXTRAM 位控制,见表 2.3 和图 2.7。EXTRAM = 0 时,内部扩展 RAM 可以存取;EXTRAM = 1 时,禁止访问内部扩展 RAM。

表 2.3 辅助寄存器 AUXR 格式

SFR 符号	地址	bit	B7	B6	B5	B4	B3	B2	B1	B0
AUXR	8EH	name	T0x12	T1x12	UAR_m0x6	BRTR	S2SMOD	BRTx12	EXTRAM	S1BRS

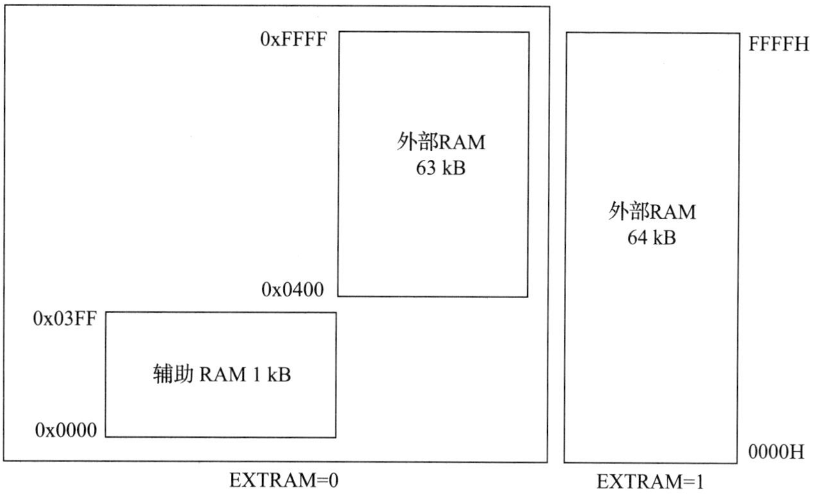

图 2.7 EXTRAM 位控制扩展 RAM 访问区域

(3)外部扩展 RAM(64 kB) STC12C5A60S2 单片机具有扩展 64 kB 外部 RAM 存储器的能力。访问外部数据存储器期间,$\overline{WR}$ 或 $\overline{RD}$ 信号要有效。

2.4.3 特殊功能寄存器(SFR)

特殊功能寄存器是用来对片内各功能模块进行管理、控制、监视的控制寄存器和状态寄存器,是一个特殊功能的 RAM 区。STC12C5A60S2 单片机内的特殊功能寄存器与内部高 128 B RAM 貌似共用相同的地址范围,都使用 80H～FFH,但特殊功能寄存器必须用直接寻址指令访问。

STC12C5A60S2 单片机的部分特殊功能寄存器名称及地址映射如表 2.4 所示,其中寄存器地址能够被 8 整除的才可以进行位操作,不能够被 8 整除的不可以进行位操作。

下面简单介绍 STC12C5A60S2 单片机常用的一些寄存器。

(1)程序计数器(PC) 程序计数器在物理上是独立的,不属于 SFR 之列。PC 字长 16 位,是专门用来控制指令执行顺序的寄存器。单片机上电或复位后,PC＝0000H,控制单片机从程序的零单元开始执行程序。

(2)累加器(Acc) 累加器是 8051 单片机内部最常用的寄存器,也可写作 A。常用于存放参加算术或逻辑运算的操作数及运算结果。

(3)寄存器 B 寄存器 B 在乘法和除法运算中须与累加器 A 配合使用。乘法指令 MUL AB 把 A 和 B 中的 8 位无符号数相乘,所得的 16 位乘积的低字节存放在 A 中,高字节存放在 B 中。除法指令 DIV AB 用 B 除以 A,整数商存放在 A 中,余数存放在 B 中。寄存器 B 还可以用作通用暂存寄存器。

表 2.4 STC12C5A60S2 单片机的部分特殊功能寄存器名称及地址映射

	0/8	1/9	2/A	3/B	4/C	5/D	6/E	7/F	
0F8H		CH 0000,0000	CCAP0H 0000,0000	CCAP1H 0000,0000					0FFH
0F0H	B 0000,000		PCA_PWM0 xxxx,xx00	PCA_PWM1 xxxx,xx01					0F7H
0E8H		CL 0000,0000	CCAP0L 0000,0000	CCAP1L 0000,0000					0EFH
0E0H	ACC 0000,0000								0E7H
0D8H	CCON 00xx,xx00	CMOD 0xxx,0000	CCAPM0 x000,0000	CCAPM1 x000,0000					0DFH
0D0H	PSW 0000,0000								0D7H
0C8H	P5 xxxx,1111	P5M1 xxxx,0000	P5M0 xxxx,0000			SPSTAT 00xx,xxxx	SPCTL 0000,0100	SPDAT 0000,0000	0CFH
0C0H	P4 1111,1111	WDT_CONR 0x00,0000	IAP_DATA 1111,1111	IAP_ADDRH 0000,0000	IAP_ADDRL 0000,0000	IAP_CMD xxxx,xx00	IAP_TRIG xxxx,xxxx	IAP_CONTR 0000,x000	0C7H
0B8H	IP 0000,0000	SADEN		P4SW x000,xxxx	ADC_CONTR 0000,0000	ADC_RES 0000,0000	ADC_RESL 0000,0000		0BFH
0B0H	P3 1111,1111	P3M1 0000,0000	P3M0 0000,0000	P4M1 0000,0000	P4M0 0000,0000	IP2 xxxx,xx00	IP2H xxxx,xx00	IPH 0000,0000	0B7H
0A8H	IE 0000,0000	SADDR						IE2 xxxx,xx00	0AFH
0A0H	P2 1111,1111	BUS_SPEED xx10,x011	AUXR1 0000,0000					Don't use	0A7H
098H	SCON 0000,0000	SBUF xxxx,xxxx	S2CON 0000,0000	S2BUF xxxx,xxxx	BRT 0000,0000	P1ASF 0000,0000			09FH
090H	P1 1111,1111	P1M1 0000,0000	P1M0 0000,0000	P0M1 0000,0000	P0M0 0000,0000	P2M1 0000,0000	P2M0 0000,0000	CLK_DIV xxxx,x000	097H
088H	TCON 0000,0000	TMOD 0000,0000	TL0 0000,0000	TL1 0000,0000	TH0 0000,0000	TH1 0000,0000	AUXR 0000,0000	WAKE_CLKO 0000,0000	08FH
080H	P0 1111,1111	SP 0000,0111	DPL 0000,0000	DPH 0000,0000				PCON 0011,0000	087H
	0/8	1/9	2/A	3/B	4/C	5/D	6/E	7/F	
	可位寻址	不可位寻址							

(4)程序状态字(PSW)寄存器　程序状态字寄存器格式如表 2.5 所示。各位的功能介绍如下。

表 2.5　程序状态字(PSW)寄存器格式

SFR 符号	地址	bit	B7	B6	B5	B4	B3	B2	B1	B0
PSW	D0H	name	Cy	Ac	F0	RS1	RS0	OV	F1	P

Cy:进位标志位。运行加法运算时,当最高位即 B7 位有进位,或运行减法运算最高位有借位时,Cy 为 1;反之为 0。

Ac:辅助进位位。运行加法运算时,当 B3 位有进位,或运行减法运算 B3 有借位时,Ac 为 1;反之为 0。设置辅助进位标志 Ac 的目的是便于 BCD 码加法、减法运算的调整。

F0:用户标志位 0,由用户自己定义标志位的含义。

RS1、RS0:工作寄存器组的选择位。如表 2.6 所示。

表 2.6　工作寄存器组的选择

RS1	RS0	当前使用的工作寄存器组(R0～R7)
0	0	0 组(00H～07H)
0	1	1 组(08H～0FH)
1	0	2 组(10H～17H)
1	1	3 组(18H～1FH)

OV:溢出标志位。

F1:用户标志位 1。

B1:保留位。

P:奇偶标志位。该标志位始终体现累加器中 1 的个数的奇偶性。如果累加器中 1 的个数为奇数,则 P 置 1;当累加器中的个数为偶数(包括 0 个)时,P 位为 0。

(5)堆栈指针(SP)　堆栈指针是一个 8 位专用寄存器。它指示出堆栈顶部在内部 RAM 中的位置。系统复位后,SP 初始化位 07H,使得堆栈事实上由 08H 单元开始,考虑 08H～1FH 单元分别属于工作寄存器组 0～3,若在程序设计中用到这些区,则最好把 SP 改变为 80H 或更大的值。STC12C5A60S2 单片机的堆栈是向上生长的,即将数据压入堆栈后,SP 内容增大。

(6)数据指针(DPTR)　数据指针是一个 16 位专用寄存器,由 DPL(低 8 位)和 DPH(高 8 位)组成,地址是 82H(DPL,低字节)和 83H(DPH,高字节)。DPTR 是传统 8051 单片机中唯一可以直接进行 16 位操作的寄存器,也可分别对 DPL 和 DPH 按字节进行操作。STC12C5A60S2 单片机有 2 个 16 位的数据指针 DPRT0 和 DPTR1,这 2 个数据指针共用同一个地址空间,可通过设置 DPS/AUXR1.0 位来选择具体被使用的数据指针。

2.5 STC12C5A60S2 单片机的 I/O 口

2.5.1 STC12C5A60S2 单片机 I/O 口的工作模式和配置方法

STC12C5A60S2 单片机其所有 I/O 口(包含 P0、P1、P2、P3、P4 和 P5)均可根据应用功能需要由软件配置成 4 种工作模式之一。4 种工作模式分别为:准双向口(标准 8051 输出模式)、推挽输出、仅为输入(高阻)或开漏输出功能。

STC12C5A60S2 单片机上电复位后为准双向口(传统 8051 的 I/O 口)模式。2 V 以上时为高电平,0.8 V 以下时为低电平。

每个 I/O 口由 2 个控制寄存器中的相应位控制每个引脚工作模式。P0 口的工作模式由寄存器 P0M1 和 P0M0 设定,如表 2.7 所示。

表 2.7 P0 口的工作模式设定

P0M1[1:0]	P0M0[1:0]	I/O 口模式
0	0	准双向口(传统 8051 I/O 口模式), 灌电流可达 20 mA,拉电流为 230 μA, 由于制造误差,实际为 150～250 μA
0	1	推挽输出(强上拉输出,可达 20 mA,要加限流电阻)
1	0	仅为输入(高阻)
1	1	开漏(open drain),内部上拉电阻断开,要外加上拉电阻

举例:

MOV　P0M1,# 10100000B;P0.7 为开漏,P0.6 为推挽输出,P0.5 为高阻输入

MOV　P0M0,# 11000000B;P0.4/P0.3/P0.2/P0.1/P0.0 为准双向口/弱上拉模式

每个 I/O 口在弱上拉时都能承受最大为 20 mA 的灌电流,在推挽输出时都能输出最大 20 mA 的拉电流,但整个芯片的工作电流推荐不要超过 120 mA。

2.5.2 STC12C5A60S2 单片机 I/O 口的结构

(1)准双向口工作模式的 I/O 结构　准双向口输出类型可用作输出和输入功能,无须重新配置口线输出状态。这是因为当口线输出为 1 时驱动能力很弱,允许外部装置将其拉低。当引脚输出为低时,它的驱动能力很强,可吸收最大 20 mA 的电流。准双向口工作模式的 I/O 结构如图 2.8 所示。

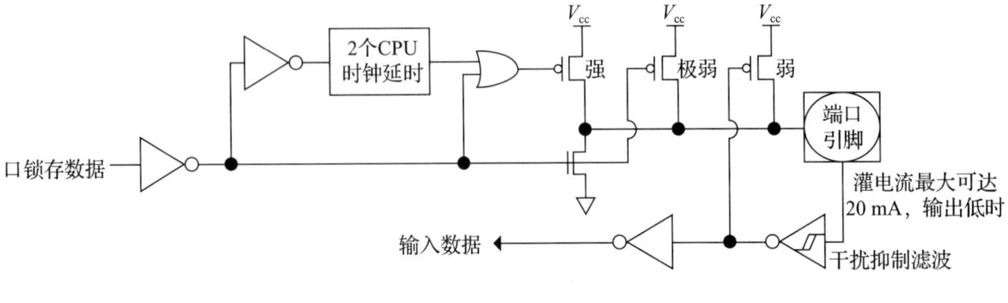

图 2.8 准双向口工作模式的 I/O 结构

准双向口有 3 个上拉晶体管适应不同的需要。在 3 个上拉晶体管中，有 1 个上拉晶体管称为“弱上拉”，当口线寄存器为 1 且引脚本身也为 1 时打开。此上拉提供基本驱动电流使准双向口输出为 1。如果一个引脚输出为 1 而由外部装置下拉到低时，弱上拉关闭而“极弱上拉”维持开状态，为了把这个引脚强拉为低，外部装置必须有足够的灌电流能力使引脚上的电压降到门槛电压以下。

第 2 个上拉晶体管称为“极弱上拉”，当口线锁存器为 1 时打开。当引脚悬空时，这个极弱的上拉源产生很弱的上拉电流，将引脚上拉为高电平。

第 3 个上拉晶体管称为“强上拉”。当口线锁存器由 0 到 1 跳变时，这个上拉用来加快准双向口由逻辑 0 到逻辑 1 转换。当发生这种情况时，强上拉打开约 2 个时钟以使引脚能够迅速地上拉到高电平。

准双向口带有一个施密特触发输入以及一个干扰抑制电路。准双向口读外部状态前，要先锁存为“1”，才可读到外部引脚正确的状态。

(2)推挽输出工作模式的 I/O 结构　推挽输出配置的下拉结构与开漏输出以及准双向口的下拉结构相同，但当口线锁存器为 1 时提供持续的强上拉。推挽模式一般用于需要更大驱动电流的情况。推挽输出工作模式的 I/O 结构如图 2.9 所示。

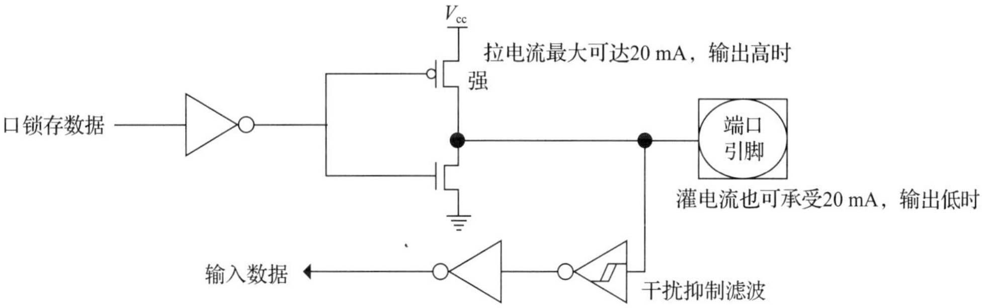

图 2.9　推挽输出工作模式的 I/O 结构

(3)高阻输入工作模式的 I/O 结构　高阻输入模式下输入口带有一个施密特触发输入以及一个干扰抑制电路。高阻输入工作模式的 I/O 结构如图 2.10 所示。

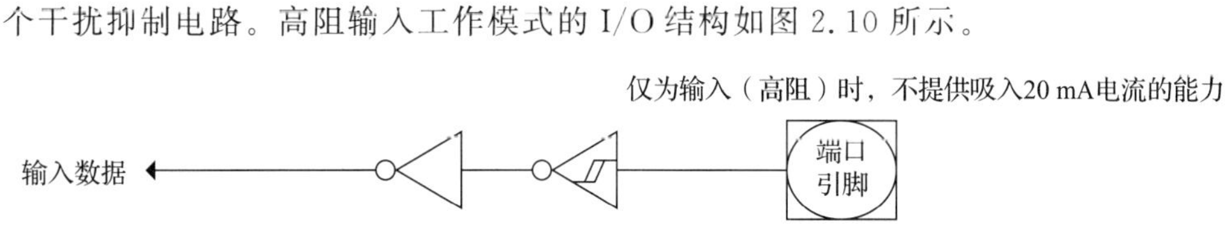

图 2.10　高阻输入工作模式的 I/O 结构

(4)开漏输出工作模式的 I/O 结构　当口线锁存器为 0 时，开漏输出关闭所有上拉晶体管。当作为一个逻辑输出时，这种配置方式必须有外部上拉，一般通过电阻外接到 V_{cc}。如果外部有上拉电阻，开漏的 I/O 口还可读外部状态，即此时被配置为开漏模式的 I/O 口还可作为输入 I/O 口。这种方式的下拉与准双向口相同。开漏输出工作模式的 I/O 结构如图 2.11 所示。开漏端口带有一个施密特触发输入以及一个干扰抑制电路。

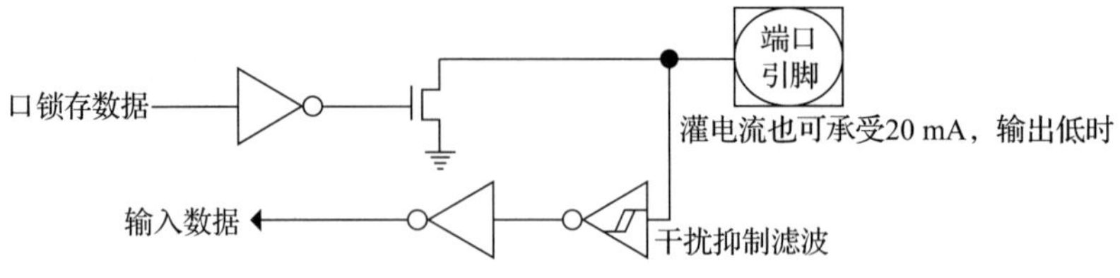

图 2.11　开漏输出工作模式的 I/O 结构

2.6　STC12C5A60S2 单片机的时钟与时序

STC12C5A60S2 单片机是 1 T 的 8051 单片机，系统时钟兼容传统 8051 单片机。

STC12C5A60S2 单片机有 2 个时钟源：内部 R/C 振荡时钟和外部晶体时钟。芯片内部的 R/C 振荡器在 5 V 单片机常温下频率是 11～17 MHz，在 3 V 单片机常温下频率是 8～12 MHz，因为随着温度的变化，内部 R/C 振荡器的频率会有一些温漂，再加上制造误差，故内部 R/C 振荡器只适用于对时钟频率要求不敏感的场合。

1. 时钟电路

单片机需要统一的时钟控制，其时钟系统可有 2 种方案，如图 2.12 所示：内部 OSC＋外部时钟电路或内部 OSC＋外部时钟脉冲。

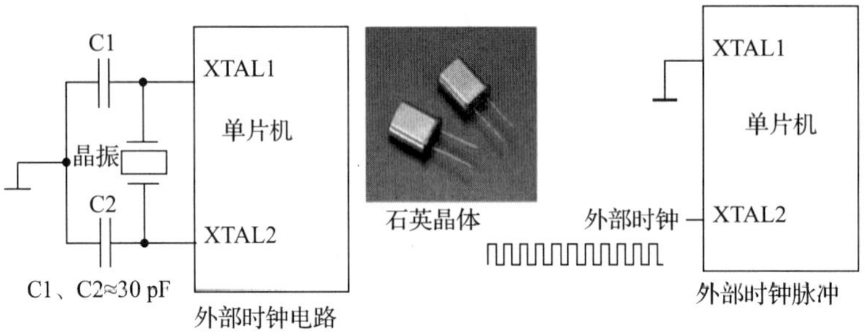

图 2.12　单片机的时钟电路

STC12C5A60S2 单片机的时钟频率范围一般为 6～33 MHz。

2. 单片机时序

STC12 系列单片机具有单时钟/机器周期（1 T）的特性，这意味着它们的时钟周期和机器周期在大多数情况下是相等的，这是它们与传统 8051 单片机的一个重要区别。下面分别解释时钟周期和机器周期的概念，并结合 STC12 系列单片机的特点进行说明。

（1）时钟周期　时钟周期是单片机的基本时间单位，它是指时钟脉冲的周期，即振荡器产生的信号周期。在 STC12 系列单片机中，时钟周期的长度取决于外部晶振的频率或内部 R/C 振荡器的频率。例如，如果外部晶振的频率为 12 MHz，那么时钟周期就是 1/12 μs，即大约 83.3 ns。

（2）机器周期　机器周期通常用于描述单片机执行一个基本操作（如读取指令、执行指令等）所需的时间。在传统 8051 单片机中，一个机器周期包含 12 个时钟周期，因为 8051 单片机是 12 T 单片机（即机器周期是时钟周期的 12 倍）。然而，STC12 系列单片机作为新一代

8051 单片机,采用了单时钟/机器周期(1 T)的设计,因此它们的机器周期就等于一个时钟周期。

综上所述,STC12 系列单片机的时钟周期和机器周期在大多数情况下是相等的,因为它们采用了单时钟/机器周期(1 T)的设计。这种设计使得 STC12 系列单片机在执行速度、功耗和抗干扰能力等方面都具有显著的优势。

(3)指令周期　执行一条指令所需要的时间称为指令周期,指令周期以机器周期为单位,不同的指令按指令周期的不同,分为单机器周期指令、双机器周期指令和四机器周期指令。注意,没有三机器周期指令。

2.7　STC12C5A60S2 单片机的复位和复位电路

1. 复位

单片机的复位主要是使 CPU 和其他的功能部件能处于一个确定的工作状态,并且要从这个状态开始工作。

单片机在启动的时候需要复位。另外,单片机在运行的时候如果出现死机,也必须要对单片机进行复位使其重新开始工作。为了提高单片机的抗干扰能力,一般还会增加看门狗电路,使单片机在运行的过程当中如果出现死机,能够及时复位,重新从初始状态进行工作。

2. 单片机复位后的状态

单片机复位之后,片内各寄存器处于初始的状态值。PC 指针复位之后是 0000H,也就是指向 ROM 当中的第一个单元,来执行程序代码。I/O 端口 P0 到 P5 口在复位之后全部呈现的是高电平,也就是 FFH,SP 指向 07H,其他的一些寄存器都是 00H。当然有 2 个例外:SBUF 里面的值是一个不确定的值,剩下的都是 00H;单片机上电之后,RAM 当中的内容是一个随机的值,但是如果运行的过程当中按下复位键,单片机片内 RAM 的内容是不改变的,因为单片机的 RAM 掉电后数据才丢失,所以在第一次复位之后运行程序的过程中按复位键不会改变 RAM 中的内容,但是寄存器会变成初始的状态值。

3. 复位电路

STC12C5A60S2 单片机有 5 种复位方式:外部 RST 引脚复位,外部低压检测复位(新增第二复位功能脚 RST2 复位,实现外部可调复位门槛电压复位),软件复位,掉电复位/上电复位(并可选择增加额外的复位延时 200 ms,也称为 MAX810 专用复位电路,其实就是在上电复位后增加一个 200 ms 复位延时),看门狗复位。

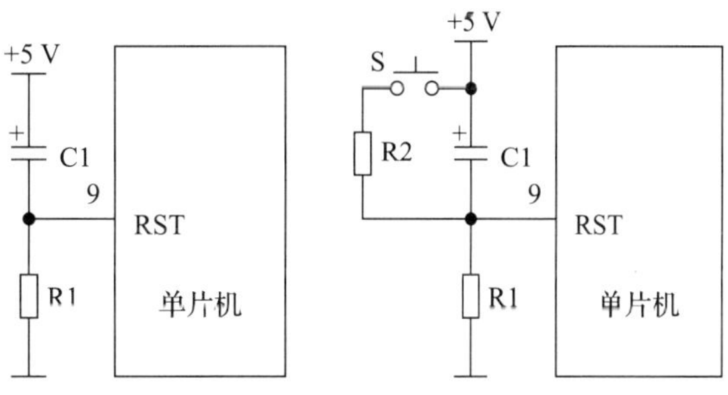

(a) 上电复位电路　　(b) 按键复位电路

图 2.13　复位电路

简单的复位电路一般由电容和电阻组成,分成 2 类:上电复位电路和按键复位电路,如图 2.13 所示。复位的原理就是给复位引脚一个大于 2 个机器周期的高电平,所以电容的作用是保证上电瞬间的时候充电,属于导通状态,可以将高电平送给复位引脚,等充完电之后，电容饱和，对于直流而言相当于断路，这时候复位引脚是低电平，芯片正常工作。

2.8 STC12C5A60S2 单片机的省电模式

STC12C5A60S2 单片机可以运行 3 种省电模式以降低功耗，它们分别是：空闲模式，低速模式和掉电模式。正常工作模式下，STC12C5A60S2 单片机的典型工作电流为 2～7 mA，而掉电模式下的典型工作电流<0.1 μA，空闲模式下的典型工作电流<1.3 mA。

低速模式由时钟分频器 CLK_DIV 控制，而空闲模式和掉电模式的进入由电源控制寄存器 PCON 的相应位控制。PCON 寄存器格式如表 2.8 所示，各位定义如下：

表 2.8 PCON 寄存器的格式

SFR 符号	地址	bit	B7	B6	B5	B4	B3	B2	B1	B0
PCON	87H	name	SMOD	SMOD0	LVDF	POF	GF1	GF0	PD	IDL

LVDF：低压检测标志位，同时也是低压检测中断请求标志位。

在正常工作和空闲工作状态时，如果内部工作电压 V_{cc} 低于低压检测门槛电压，该位自动置 1，与低压检测中断是否被允许无关。即在内部工作电压 V_{cc} 低于低压检测门槛电压时，不管有没有允许低压检测中断，该位都自动为 1。该位要用软件清 0，清 0 后，如内部工作电压 V_{cc} 继续低于低压检测门槛电压，该位又被自动设置为 1。

在进入掉电工作状态前，如果低压检测电路已被允许可产生中断，则在进入掉电模式后，该低压检测电路不工作以降低功耗。如果被允许可产生低压检测中断，则在进入掉电模式后，该低压检测电路继续工作，在内部工作电压 V_{cc} 低于低压检测门槛电压后，产生低压检测中断，可将 MCU 从掉电状态唤醒。

POF：上电复位标志位，单片机停电后，上电复位标志位为 1，可由软件清 0。

PD：将其置 1 时，进入掉电模式(Power Down 模式)，可由外部中断低电平触发或下降沿触发唤醒。进入掉电模式时，内部时钟停振，由于无时钟 CPU、定时器、串行口等功能部件停止工作，只有外部中断继续工作。可将 CPU 从掉电模式唤醒的外部管脚有 $\overline{\text{INT0}}$/P3.2，$\overline{\text{INT1}}$/P3.3，$\overline{\text{INT}}$/T0/P3.4，$\overline{\text{INT}}$/T1/P3.5，$\overline{\text{INT}}$/RxD/P3.0，CCP0/P1.3(或 P4.2)，CCP1/P1.4(或 P4.3)，EX_LVD/P4.6。掉电模式也称为停机模式，此时工作电流<0.1 μA。

IDL：将其置 1，进入空闲模式(IDLE 模式)，除系统不给 CPU 供时钟，CPU 不执行指令外，其余功能部件可继续工作，可由外部中断、定时器中断、低压检测中断及 A/D 转换中断中的任何一个中断唤醒。可将 CPU 从空闲模式唤醒的外部中断脚有 $\overline{\text{INT0}}$/P3.2，$\overline{\text{INT1}}$/P3.3，$\overline{\text{INT}}$/T0/P3.4，$\overline{\text{INT}}$/T1/P3.5，$\overline{\text{INT}}$/RxD/P3.0。内部定时器 Timer0，Timer1 也可以将单片机从空闲模式唤醒，串行口中断(UART)也可以将单片机从空闲模式唤醒。

1. 低速模式

时钟分频器可以对系统时钟(外部晶体时钟或内部 R/C 振荡时钟)进行分频，从而降低工作时钟频率，降低功耗，降低 EMI。时钟分频器如图 2.14 所示。

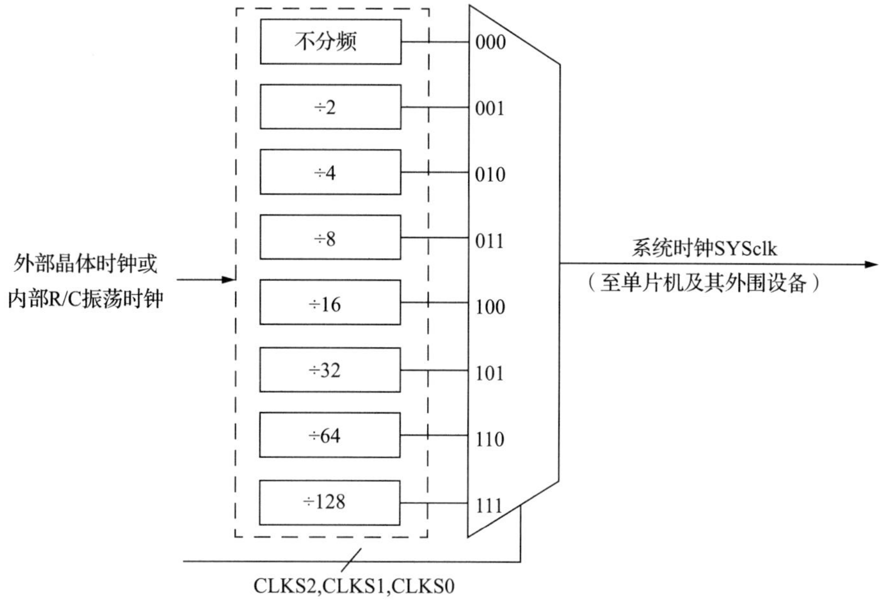

图 2.14 时钟分频器

时钟分频寄存器 CLK_DIV 各位的格式如表 2.9 所示，时钟分频系数如表 2.10 所示。

表 2.9 时钟分频寄存器 CLK_DIV 的格式

SFR 符号	地址	bit	B7	B6	B5	B4	B3	B2	B1	B0
CLK_DIV	97H	name	—	—	—	—	—	CLKS2	CLKS1	CLKS0

表 2.10 时钟分频系数

CLKS2	CLKS1	CLKS0	分频后 CPU 的实际工作时钟
0	0	0	外部晶体时钟或内部 R/C 振荡时钟
0	0	1	(外部晶体时钟或内部 R/C 振荡时钟)/2
0	1	0	(外部晶体时钟或内部 R/C 振荡时钟)/4
0	1	1	(外部晶体时钟或内部 R/C 振荡时钟)/8
1	0	0	(外部晶体时钟或内部 R/C 振荡时钟)/16
1	0	1	(外部晶体时钟或内部 R/C 振荡时钟)/32
1	1	0	(外部晶体时钟或内部 R/C 振荡时钟)/64
1	1	1	(外部晶体时钟或内部 R/C 振荡时钟)/128

STC12C5A60S2 单片机可以在空闲模式时分频工作，也可以在正常工作时分频。

2. 空闲模式

将 IDL/PCON.0 置为 1，单片机将进入空闲模式。在空闲模式下，仅 CPU 无时钟停止工作，但是外部中断、外部低压检测电路、定时器、A/D 转换、串行口等正常运行。

在空闲模式下，RAM、堆栈指针 SP、程序计数器 PC、程序状态字 PSW、累加器 A 等寄存器都保持原有数据，I/O 口保持着空闲模式被激活前那一刻的逻辑状态。空闲模式下单片机的所有外围设备都能正常运行(除 CPU 无时钟不工作外)。当任何一个中断产生时，它们都可以将单片机唤醒。单片机被唤醒后，CPU 将继续执行进入空闲模式语句的下一条指令。

有 2 种方式可以退出空闲模式：①任何一个中断的产生都会引起 IDL/PCON.0 被硬件清除，从而退出空闲模式。②外部 RST 引脚复位，将复位脚拉高，产生复位。这种拉高复位引脚来产生复位的信号源需要被保持 24 个时钟加上 10 μs，才能产生复位，再将 RST 引脚拉低，结束复位，单片机从用户程序的 0000H 处开始正常工作。

3. 掉电模式/停机模式

将 PD/PCON.1 置为 1，单片机将进入掉电模式，掉电模式也称为停机模式。进入掉电模式后，内部时钟停振，由于无时钟源，CPU、定时器、看门狗、A/D 转换、串行口等停止工作，外部中断继续工作。如果低压检测电路被允许可产生中断，则低压检测电路也可继续工作，否则将停止工作。进入掉电模式后，所有 I/O 口、SFRs（特殊功能寄存器）维持进入掉电模式前那一刻的状态不变。

可将 CPU 从掉电模式唤醒的外部管脚有 $\overline{\text{INT0}}$/P3.2，$\overline{\text{INT1}}$/P3.3，$\overline{\text{INT}}$/T0/P3.4，$\overline{\text{INT}}$/T1/P3.5，$\overline{\text{INT}}$/RxD/P3.0，CCP0/P1.3（或 P4.2），CCP1/P1.4（或 P4.3），EX_LVD/P4.6。

另外，外部复位也将 MCU 从掉电模式中唤醒，复位唤醒后的 MCU 将从用户程序的 0000H 处开始正常工作。

第3章　STC单片机的汇编语言指令系统

单片机常用的编程语言是汇编语言和高级语言。汇编语言是用英文助字符来代替机器语言的编程语言，具有编写程序效率高、占用存储空间小、运行速度快、容易编写出最优化程序等优点，但可读性差。当前常用的单片机高级编程语言是C语言(C51)，其被公认为是最贴近51单片机硬件的编程语言，具有可读性好、易学、易懂等优点。

对程序的空间和时间要求较高的场合，汇编语言仍必不可少，有时会使用C语言和汇编语言混合编程。在很多需要直接控制硬件且对实时性要求较高的场合，则更是非用汇编语言不可。

本章主要介绍单片机的汇编语言指令系统。

3.1　指令系统概述

指令系统是单片机所有指令的集合，指令系统根据不同的单片机可以分为几大类。STC单片机采用8051硬件内核，尽管硬件组成和资源及其功能独具特色，但指令系统基本相同。

1. 指令格式

指令是控制单片机完成某种操作的命令，是构成程序的基本单位。机器指令是单片机能直接识别和执行的二进制编码指令，是存储在程序存储器ROM中的二进制代码，不便记忆、阅读和理解。

为了编程方便，采用具有一定含义且与机器指令一一对应的符号(助记符)来表示指令，即汇编语言指令。

汇编语言指令由指令标号、操作码、操作数和注释组成。即：

```
[标号]:[操作码] [操作数]    ;[注释]
```

其中，操作码是指令中唯一不可缺少的部分，其余部分是否必要视不同指令和需要而有所区别。

指令中标号字段和操作码字段之间用冒号“:”分隔；操作码字段和操作数字段间的分界符是空格“ ”；双操作数之间用逗号“,”相隔；操作数字段和注释字段之间的分界符用分号“;”。编程时须严格按照指令格式顺序编写，并使用规定的分隔符。

例如：LED左右往复移动程序

```
标号    操作码    操作数          注释
START: MOV      A,# 0FEH       ;(A) = 0FEH,最低位为 0,其余全为 1
       MOV      R1,# 7         ;循环次数
```

```
LOOP1: MOV    P1,A          ;累加器 A 内容送到 P1 口,低电平对应引脚的
                            ;外接 LED 点亮
       ACALL  DELAY1        ;调用延时子程序
       RLC    A             ;左移 1 位
       DJNZ   R1,LOOP1      ;R1 减 1 不为 0,则跳 LOOP1 处
       MOV    R1,#7         ;重新设置循环次数
LOOP2: MOV    P1,A          ;累加器 A 内容送到 P1 口,低电平对应引脚的
                            ;外接 LED 点亮
       ACALL  DELAY1
       RRC    A             ;右移 1 位
       DJNZ   R1,LOOP2      ;R1 减 1 不为 0,则跳 LOOP2 处
       SJMP   START         ;返回到 START
```

(1)标号　标号是指令的符号地址,标号由 1～8 个 ASCII 码字符组成,第一个字符必须是字母。同一标号在一个程序中只能定义一次,不能重复定义。不能使用汇编语言已经定义的符号作为标号,如指令助记符、伪指令以及寄存器的符号名称等。标号的有无,取决于本程序中的其他语句是否访问该条语句。如无其他语句访问,则该语句前不需标号。标号后必须跟冒号":"。

(2)操作码　操作码规定了指令的操作功能,一般用指令功能的英文缩写表示,常被称为助记符。例如,MOV 表示数据传送指令,ADD 表示加法指令。

(3)操作数　指令中操作数的有无和数量,因不同指令而异。如 NOP(空操作)、RET(子程序返回)、RETI(中断返回)3 条指令没有操作数;单操作数指令 INC A(累加器加 1)、CLR A(累加器清 0)指令只有 1 个操作数;双操作数指令含有 2 个操作数,即源操作数和目的操作数,如 MOV A,R1(把寄存器 R1 的数据传送给累加器 A);也有 3 个操作数指令,如 CJNE A,#39H,LOOP。

(4)注释　注释是用于解释指令或程序的含义,对可读性非常有用。以分号开头,长度不限,一行写不下可换行书写,但注意也要以分号开头。汇编时,遇到";"就停止"翻译"。因此,注释字段不会产生机器代码。

2. 指令的分类和约定符号

指令语句分为 2 大类,即指令语句和伪指令语句。指令语句在汇编时都会产生一个指令代码(机器代码),执行该指令代码对应着机器的一种操作。伪指令语句是控制汇编(翻译)过程的一些控制命令,在汇编时没有机器代码与之对应。

单片机的指令语句共 111 条,按所占字节可分为 3 种,单字节指令 49 条,双字节指令 45 条,三字节指令 17 条。

指令系统中定义了一些用于表示寄存器、存储单元、数据和地址等信息的符号,指令常用到的符号如下:

Rn	当前寄存器区的 8 个工作寄存器 R0～R7(n=0～7)。
Ri	当前寄存器区中作为间接寻址寄存器的 2 个寄存器 R0、R1(i=0,1)。
direct	直接地址,即 8 位内部数据存储器单元或特殊功能寄存器的地址。

# data	指令中的 8 位立即数。
# data16	指令中的 16 位立即数。
rel	偏移量,8 位的带符号补码数。
DPTR	数据指针,可用作 16 位数据存储器单元地址的寄存器。
bit	内部 RAM 或特殊功能寄存器中的直接寻址位。
C 或 Cy	进位标志位或位处理机中的累加器。
addr11	11 位目的地址。
addr16	16 位目的地址。
@	间接寻址寄存器前缀,如@Ri,@A + DPTR。
(x)	表示 x 地址单元或寄存器中的内容。
((x))	表示以 x 单元或寄存器中的内容作为地址间接寻址单元的内容。
←	箭头右边的内容被复制到箭头左边的单元中。

3.2 单片机的寻址方式

STC 单片机基于 8051 内核设计,使用 8051 的汇编语言指令系统。

寻址方式是在指令中说明操作数所在地址的方法,即如何在整个存储器和寄存器的寻址空间内快速地找到指定的地址单元。一般来说,寻址方式越多,功能就越强,灵活性则越大,指令系统就越复杂。

下面介绍指令系统 7 种寻址方式。

1. 立即寻址

立即寻址是在指令中直接给出操作数。

例如:

```
MOV    A,# 40H
```

该指令是将立即数 40H 传送到累加器 A 中,立即数 40H 是源操作数,累加器 A 是目的操作数。源操作数是立即数,直接给出,所以是立即寻址。为了与后面直接寻址中的直接地址相区别,需在操作数前加前缀标志“# ”。

2. 直接寻址

直接寻址是在指令中直接给出操作数的单元地址,操作数存放在该单元地址中。

例如:

```
MOV    A,40H
```

该指令是把内部 RAM 中 40H 单元的内容传送给 A,直接给出源操作数的地址 40H,是直接寻址方式。

例如:

```
MOV    50H,40H
```

该指令把片内 RAM 中 40H 单元的内容传送到片内 RAM 中的 50H 单元。指令中的源操作数和目的操作数均采用的是直接寻址方式。

直接寻址方式只能用在特殊功能寄存器和内部 RAM 空间,并且特殊功能寄存器只能使用直接寻址方式。

3. 寄存器寻址

寄存器寻址是在指令中给出操作数所存放的寄存器,操作数存放在该寄存器中。

例如:

```
MOV     A,Rn        ;A←(Rn),n = 0～7
```

该指令的源操作数来自寄存器 Rn,把 Rn 中的源操作数送入累加器 A。

例如:

```
MOV     A,40H
```

该指令中对于源操作数 40H 来说,是直接寻址方式,但对目的操作数 A 来说,是寄存器寻址方式。

寄存器寻址是对工作寄存器 R0～R7、累加器 A、通用寄存器 B、数据指针 DPTR 和进位位 C 中的数进行操作。

4. 寄存器间接寻址

寄存器间接寻址是指寄存器 R0 或 R1 中存的是操作数地址,即先从寄存器中找到操作数的地址,再按该地址找到操作数。

为区别寄存器寻址和寄存器间接寻址,在寄存器间接寻址方式中,应在寄存器名称前面加前缀标志“@”。

例如,若寄存器 R0 中存放的数据是 40H,内部 RAM 中 40H 单元存放的数据是 66H,则:

```
MOV     A,@R0
```

该指令运行的结果是将 66H 传送给累加器 A。

5. 变址寻址

变址寻址是指以 DPTR 或 PC 作为基址寄存器,以累加器 A 作为变址寄存器,以两者内容相加形成的 16 位地址作为地址进行寻址。

例如:

```
MOVC     A,@A + DPTR
```

其中,(DPTR) = 4000H,(A) = 15H,指令执行结果是把程序存储器 4015H 单元的内容传送给 A。

6. 相对寻址

相对寻址是以程序计数器 PC 的当前值加上本条指令的字节数,再加上相对偏移量(rel),形成新的转移目的地址,使程序转移到该目的地址。即:

目的地址 = 转移指令所在的地址 + 转移指令字节数 + rel

其中，偏移量 rel 是带符号 8 位二进制补码数，- 128～ + 127。

也可以说，程序转移范围是以转移指令的下条指令首地址为基准地址，相对偏移在 - 128～ + 127。

例如：

```
JZ  50H
```

该指令是指，如果累加器 A 中的数据为 0，则程序要转移到该指令的 PC 值加 2 再加上 50H 的目的地址处。

在实际编程过程中，一般只需在转移指令中直接写要转向的地址标号。

例如：

```
JZ  LOOP
```

该指令中“LOOP”为目的地址标号。编译时，汇编程序会自动计算出偏移量。

7. 位寻址

位寻址是对内部 RAM 和特殊功能寄存器（具有位寻址功能的某位）进行位操作时的寻址。

例如：

```
MOV    C,40H
```

该指令是把内部 RAM 中位地址为 40H 的值（0 或 1）送到进位位 C。

位操作指令可直接对数据位实现置 1、清 0、求反、传送、判跳和逻辑运算等操作。有些位操作指令要借助进位位 C 进行位操作。

对指令系统的 7 种寻址方式，总结概括见表 3.1。

表 3.1　7 种寻址方式及其寻址空间

序号	寻址方式	寻址空间
1	立即寻址	程序中给出的立即数
2	直接寻址	内部 128 字节 RAM、特殊功能寄存器
3	寄存器寻址	R0～R7、A、B、C（位）、DPTR 等
4	寄存器间接寻址	片内和片外 RAM
5	变址寻址	DPTR 或 PC 作为基址寄存器＋变址寄存器
6	相对寻址	程序相对转移
7	位寻址	内部 RAM 和特殊功能寄存器的可寻址位

3.3　单片机的指令系统

STC12 系列单片机与传统 8051 单片机的指令代码完全兼容，但执行的效率大为提升。

如 INC DPTR 指令的执行速度可提升 24 倍，共有 12 条指令，一个时钟周期就可以完成，平均速度快 8～12 倍。

3.3.1 数据传送类指令

数据传送类指令共有 29 条，助记符为“MOV”，通用格式如下：

```
MOV  <目的操作数>,<源操作数>
```

该类指令是把源操作数传送给目的操作数。指令执行之后，源操作数不改变，目的操作数修改为源操作数。所以数据传送类操作属“复制”性质，而不是“剪切”。

本类指令不影响标志位 Cy、Ac 和 OV，但不包括奇偶标志位 P。

(1)以累加器 A 为目的操作数的指令　见表 3.2。

表 3.2　以累加器 A 为目的操作数的指令

汇编指令	功能	机器码	代码长度	指令周期
MOV　A,# data	(A)←# data	74H,data	2	1
MOV　A,direct	(A)←(direct)	E5H,direct	2	1
MOV　A,Rn	(A)←(Rn)	E8H + n	1	1
MOV　A,@ Ri	(A)←((Ri))	E6H + i	1	1

源操作数可以是立即数、直接寻址单元、工作寄存器、寄存器间接寻址单元，向累加器 A 传送数据。

例如：

```
MOV    A,# 56H    ;(A)←56H,立即寻址
MOV    A,50H      ;(A)←(50H),直接寻址
MOV    A,R3       ;(A)←(R3),寄存器寻址
MOV    A,@R0      ;(A)←((R0)),寄存器间接寻址
```

(2)以 Rn 为目的操作数的指令　见表 3.3。

表 3.3　以 Rn 为目的操作数的指令

汇编指令	功能	机器码	代码长度	指令周期
MOV　Rn,# data	(Rn)←# data	78H + n,data	2	1
MOV　Rn,direct	(Rn)←(direct)	A8H + n,direct	2	2
MOV　Rn,A	(Rn)←(A)	F8H + n	1	1

源操作数可以是立即数、直接寻址单元、累加器 A，向工作寄存器 Rn 传送数据。

(3)以直接地址 direct 为目的操作数的指令　见表 3.4。

表 3.4 以直接地址 direct 为目的操作数的指令

汇编指令	功能	机器码	代码长度	指令周期
MOV direct,# data	(direct)←# data	75H,direct,data	3	2
MOV direct2,direct1	(direct2)←(direct1)	85H,direct1,direct2	3	2
MOV direct,A	(direct)←(A)	F5H,direct	2	1
MOV direct,Rn	(direct)←(Rn)	88H+n,direct	2	2
MOV direct,@ Ri	(direct)←((Ri))	86H+i,direct	2	2

源操作数可以是立即数、直接寻址单元、累加器 A、工作寄存器、寄存器间接寻址单元,向直接地址传送数据。

(4)以寄存器间接寻址为目的操作数的指令　见表 3.5。

表 3.5 以寄存器间接寻址为目的操作数的指令

汇编指令	功能	机器码	代码长度	指令周期
MOV @Ri,# data	((Ri))←# data	76H+i,data	2	1
MOV @Ri,direct	((Ri))←(direct)	A6H+i,direct	2	2
MOV @Ri,A	((Ri))←(A)	F6H+i	1	1

源操作数可以是立即数、直接寻址单元、累加器 A,向寄存器间接寻址单元传送数据。

(5)以 DPTR 为目的操作数的指令　见表 3.6。

表 3.6 以 DPTR 为目的操作数的指令

汇编指令	功能	机器码	代码长度	指令周期
MOV DPTR,# data16	(DPTR)←# data16	90H,data16	3	3

该指令将 16 位立即数赋值给 DPTR,用来设置存储器的地址指针,是唯一用到 16 位立即数的指令。DPTR 由 DPH 和 DPL 2 个 8 位寄存器组成,16 位立即数分别送入 DPH 和 DPL。

例如:

```
MOV     DPTR,# 2345H     ;(DPL)←45H,(DPH)←23H
```

(6)片外 RAM 及 I/O 接口数据传送指令　见表 3.7。

表 3.7 片外 RAM 及 I/O 接口数据传送指令

汇编指令	功能	机器码	代码长度	指令周期
MOVX A,@Ri	(A)←((Ri))	E2H+i,data	1	2
MOVX A,@DPTR	(A)←((DPTR))	E0H	1	2
MOVX @Ri,A	((Ri))←(A)	F2H+i	1	2
MOVX @DPTR,A	((DPTR))←(A)	F0H	1	2

51 系列单片机的 I/O 接口采用存储器映像编址方式，即片外 RAM 与外部扩展的 I/O 接口统一编址，共用片外 RAM 64 kB 地址空间。该指令实现累加器 A 与片外 RAM 及 I/O 接口数据的传送，片外 RAM 及 I/O 接口数据只能采用寄存器间接寻址的方式，用于寄存器间接寻址的是 8 位寄存器 R0、R1 和 16 位寄存器 DPTR。

(7)查表指令　见表 3.8。

表 3.8　查表指令

汇编指令	功能	机器码	代码长度	指令周期
MOVC　A,@A+PC	(PC)←(PC)+1,(A)←((A)+(PC))	83H	1	2
MOVC　A,@A+DPTR	(A)←((A)+(DPTR))	93H	1	2

查表指令是读程序存储器中表格数据的指令。由于程序存储器只读不写，因此传送为单向，从程序存储器中读出数据到 A 中。2 条查表指令均采用基址寄存器加变址寄存器间接寻址方式。

第 1 条指令是以 PC 作为基址寄存器，A 的内容(无符号数)和 PC 的当前值(下一条指令的起始地址)相加后得到一个新的 16 位地址，把该地址的内容送到 A。该指令只能存放在该指令所在地址的 +256 个单元之内。

例如，当(A)=50H 时，执行地址 2000H 处的指令：

```
2000H:      MOVC   A,@A+PC
```

该指令占用一个字节，下一条指令的地址为 2001H，(PC)=2001H 再加上 A 中的 50H，得到 2051H，把程序存储器中 2051H 的内容送到累加器 A。

第 2 条指令是以 DPTR 为基址寄存器，A 的内容(无符号数)和 DPTR 的内容相加得到一个 16 位地址，把由该地址指定的程序存储器单元的内容送到累加器 A。

例如，(DPTR)=4000H，(A)=20H，执行指令：

```
MOVC   A,@A+DPTR
```

执行该指令是将程序存储器中 4020H 单元内容送到累加器 A。

本指令执行结果只与指针 DPTR 及累加器 A 的内容有关，与该指令存放的地址及常数表格存放的地址无关，因此表格的大小和位置可以在 64 kB 程序存储器空间中任意安排，一个表格可以为各个程序块公用。习惯上将表格安排在程序的最后。

其他 51 系列单片机在执行上述 2 条指令时，单片机的 $\overline{\text{PSEN}}$ 引脚信号(程序存储器读)有效。由于 STC12 系列单片机内部的 Flash 程序存储器最多可达 62 kB，不需要外部扩展，因此没有 $\overline{\text{PSEN}}$ 引脚。

(8)数据交换指令　见表 3.9。

表 3.9　数据交换指令

汇编指令	功能	机器码	代码长度	指令周期
XCH　A,Rn	(A)与(Rn)交换	C8H+n	1	1
XCH　A,direct	(A)与(direct)交换	C5H,direct	2	1

续表 3.9

汇编指令	功能	机器码	代码长度	指令周期
XCH A,@Ri	(A)与((Ri))交换	C6H+i	1	1
XCHD A,@Ri	($A_{3\sim0}$)与($(Ri)_{3\sim0}$)交换	D6H+i	1	1
SWAP A	($A_{3\sim0}$)与($A_{7\sim4}$)交换	C4H	1	1

前 3 条指令的功能是将累加器 A 的内容和源操作数的内容相互交换。源操作数有寄存器寻址、直接寻址和寄存器间接寻址等方式。XCHD 指令是累加器的低 4 位与内部 RAM 低 4 位交换，而高 4 位数据不变。SWAP 指令是累加器 A 的高、低 4 位数据互换。

例如，(A)=28H，(R0)=50H，(R1)=40H，(R5)=66H，(40H)=3DH，(50H)=94H，(60H)=7FH，执行下面指令：

```
XCH     A,R5      ;(A) = 66H,(R5) = 28H
XCH     A,60H     ;(A) = 7FH,(60H) = 66H
XCH     A,@R1     ;(A) = 3DH,(40H) = 7FH
XCHD    A,@R0     ;(A) = 34H,(50H) = 9DH
SWAP    A         ;(A) = 43H
```

(9)堆栈操作指令　见表 3.10。

表 3.10　堆栈操作指令

汇编指令	功能	机器码	代码长度	指令周期
PUSH direct	(SP)←(SP)+1,(SP)←(direct)	C0H,direct	2	2
POP direct	(direct)←(SP),(SP)←(SP)-1	D0H,direct	2	2

在特殊功能寄存器中有一个堆栈指针 SP，SP 始终指示堆栈的栈顶位置。进栈指令 PUSH 首先将 SP 加 1，然后把 direct 中的内容送到 SP 指示的内部 RAM 单元中。出栈指令 POP 首先将 SP 指示的栈顶单元的内容送到 direct 字节，然后 SP 减 1。

例如，当(SP)=60H，(A)=40H，(B)=90H 时，执行下列指令：

```
PUSH  Acc    ;(SP) = 61H,(61H) - 40H
PUSH  B      ;(SP) = 62H,(62H) = 90H
…
POP   B      ;(B) = 90H,(SP) = 61H
POP   Acc    ;(A) - 40H,(SP) = 60H
```

堆栈操作一般是在中断服务程序或子程序中用于保护寄存器或某些 RAM 单元中的数据，保存的数据要恢复到原来位置，因此进栈指令和出栈指令成对出现，且遵循“后进先出”的原则，出栈与进栈的顺序相反。

3.3.2　算术运算类指令

算术运算指令系统包括加、减、乘、除、加 1、减 1 等运算指令，以及十进制调整指令，是针对 8 位二进制无符号数的单字节运算指令。如要进行带符号或多字节二进制数运算，需编写具体的运算程序，通过执行程序实现。

加、减指令的运算结果将使 PSW 的进位标志位 Cy、辅助进位标志位 Ac、溢出标志位 OV 和奇偶标志位 P 置 1 或清 0；乘、除指令的运算结果将使 PSW 的进位标志位 Cy、溢出标志位 OV 和奇偶标志位 P 置 1 或清 0；加 1、减 1 指令不影响 PSW 的标志位 Cy、Ac、OV，只有“INC A”和“DEC A”指令影响奇偶标志位 P。

(1)加法运算指令

①不带进位加法指令。见表 3.11。

表 3.11 不带进位加法指令

汇编指令		功能	机器码	代码长度	指令周期
ADD	A,# data	(A)←(A) + data	24H,data	2	1
ADD	A,direct	(A)←(A) + (direct)	25H,direct	2	1
ADD	A,Rn	(A)←(A) + (Rn)	28H + n	1	1
ADD	A,@Ri	(A)←(A) + ((Ri))	26H + i	1	1

加法指令 ADD 是将 2 个 8 位操作数相加，其中一个加数总是来自累加器 A，另一个加数来自立即寻址、直接寻址、寄存器寻址和寄存器间接寻址等的寻址单元。相加的结果存放在累加器 A。

执行指令过程中，运算结果对各个标志位的影响：

• 如果位 7 有进位，则进位标志位 Cy 置 1，否则 Cy 清 0。

• 如果位 3 有进位，则辅助进位标志位 Ac 置 1，否则 Ac 清 0。

• 如果位 6 有进位，而位 7 没有进位，或者位 7 有进位，而位 6 没有进位，则溢出标志位 OV 置 1，否则 OV 清 0。

• 累加器 A 中 1 的个数为奇数时 P = 1，为偶数时 P = 0。

溢出标志位 OV 的状态，只有带符号数加法运算时才有意义。当 2 个带符号数相加时，OV = 1，表示加法运算超出了累加器 A 所能表示的带符号数的有效范围(－128～＋127)，即产生了溢出，表示运算结果是错误的，否则运算是正确的，即无溢出产生。

例如，(A) = 67H，(R0) = CFH，执行指令：

```
ADD  A,R0
```

运算式为：

$$\begin{array}{r} 0110\ 0111 \\ +)1100\ 1111 \\ \hline 1\ 0011\ 0110 \end{array}$$

运算结果：(A) = 36H，Cy = 1，Ac = 1，OV = 0，P = 0。

②带进位加法指令。见表 3.12。

表 3.12 带进位加法指令

汇编指令		功能	机器码	代码长度	指令周期
ADDC	A,# data	(A)←(A) + data + (C)	34H,data	2	1
ADDC	A,direct	(A)←(A) + (direct) + (C)	35H,direct	2	1
ADDC	A,Rn	(A)←(A) + (Rn) + (C)	38H + n	1	1
ADDC	A,@Ri	(A)←(A) + ((Ri)) + (C)	36H + i	1	1

ADDC 指令对标志位的影响与 ADD 指令完全相同。区别在于 ADDC 指令比 ADD 指令多加了一个 ADDC 指令执行前的进位位 Cy 值。

例如,(A) = 78H,(20H) = AEH,Cy = 1,执行指令:

```
ADDC  A,20H
```

运算式为:

$$\begin{array}{r} 0111\ 1000 \\ 1010\ 1110 \\ +)\qquad\quad 1 \\ \hline 1\ 0010\ 0111 \end{array}$$

运行结果:(A) = 27H,Cy = 1,Ac = 1,OV = 0,P = 0。

③十进制调整指令。见表 3.13。

表 3.13 十进制调整指令

汇编指令	功能	机器码	代码长度	指令周期
DA　A	若($A_{3\sim0}$)>9 或 Ac = 1,则($A_{3\sim0}$)←($A_{3\sim0}$) + 6 若($A_{7\sim4}$)>9 或 Cy = 1,则($A_{7\sim4}$)←($A_{7\sim4}$) + 6	D4H	1	1

十进制调整指令“DA　A”用于配合加法指令实现 BCD 码的加法运算。对于 2 个 BCD 码进行加法运算,可以用加法指令 ADD 或 ADDC 相加,再用“DA　A”指令对累加器 A 中的结果进行修正,就能得到正确的 BCD 码。

例如,实现 2 个十进制数 86 和 97 的加法运算。

执行指令:

```
MOV  A,# 86H
MOV  R2,# 97H
ADD  A,R2          ;(A) = 1DH,(Cy) = 1,(Ac) = 0
DA   A             ;(A) = 83H,(Cy) = 1
```

ADD 指令加法运算:

$$\begin{array}{r} 1000\ 0110 \\ +)1001\ 0111 \\ \hline 1\ 0001\ 1101 \end{array}$$

虽然(Ac)=0,但低 4 位大于 9;虽然高 4 位不大于 9,但(Cy)=1,因此十进制调整指令“DA A”要加 66H 加以修正,即:

```
     1 0001 1101
+)     0110 0110
-----------------
     1 1000 0011
```

结果为 183。

④加 1 指令。见表 3.14。

表 3.14 加 1 指令

汇编指令	功能	机器码	代码长度	指令周期
INC A	(A)←(A)+1	04H	1	1
INC direct	(direct)←(direct)+1	05H,direct	2	1
INC Rn	(Rn)←(Rn)+1	08H+n	1	1
INC @Ri	((Ri))←((Ri))+1	06H+i	1	1
INC DPTR	(DPTR)←(DPTR)+1	A3H	1	2

加 1 指令不影响 Cy、Ac、OV 标志位,只有“INC A”指令的运算结果影响奇偶标志位 P。加 1 操作过程是先读取操作单元数据,加 1 后再将结果送回操作单元。

(2)减法运算指令

①带借位减法指令。见表 3.15。

表 3.15 带借位减法指令

汇编指令	功能	机器码	代码长度	指令周期
SUBB A,# data	(A)←(A)-data-(C)	94H,data	2	1
SUBB A,direct	(A)←(A)-(direct)-(C)	95H,direct	2	1
SUBB A,Rn	(A)←(A)-(Rn)-(C)	98H+n	1	1
SUBB A,@Ri	(A)←(A)-((Ri))-(C)	96H+i	1	1

SUBB 是带借位的减法指令,累加器 A 减去源操作数和借位位 Cy,结果送入累加器 A。在 SUBB 指令前加一条“CLR C”(进位标志位 Cy 清 0)指令,可实现不带借位的减法运算。

SUBB 指令和加法指令一样,影响各标志位:

· 如果位 7 有借位,则标志位 Cy 置 1,否则 Cy 清 0。

· 如果位 3 有借位,则标志位 Ac 置 1,否则 Ac 清 0。

· 如果位 6 有借位,而位 7 没有借位,或者位 7 有借位,而位 6 没有借位,则溢出标志位 OV 置 1,否则 OV 清 0。

· 累加器 A 中 1 的个数为奇数时 P=1,为偶数时 P=0。

例如,(A)=76H,(R1)=8EH,Cy=1,执行指令:

```
SUBB  A,R1
```

运算式为:

```
   0111 0110
   1000 1110
-)         1
-------------
 1 1110 0111
```

运行结果:(A) = E7H,Cy = 1,Ac = 1,OV = 0,P = 0。

②减 1 指令。见表 3.16。

表 3.16 减 1 指令

汇编指令	功能	机器码	代码长度	指令周期
DEC A	(A)←(A)-1	14H	1	1
DEC direct	(direct)←(direct)-1	15H,direct	2	1
DEC Rn	(Rn)←(Rn)-1	18H + n	1	1
DEC @Ri	((Ri))←((Ri))-1	16H + i	1	1

与加 1 指令相似,减 1 指令不影响 Cy、Ac、OV 标志位,只有"DEC A"指令的运算结果影响奇偶标志位 P。需要注意的是没有 DPTR 的减 1 指令。

(3)乘、除运算指令 见表 3.17。

表 3.17 乘、除运算指令

汇编指令	功能	机器码	代码长度	指令周期
MUL AB	(A)←(A) * (B)结果低 8 位,(B)←(A) * (B)结果高 8 位	A4H	1	4
DIV AB	(A)←(A)/(B)的商,(B)←(A)/(B)的余数	84H	1	4

乘、除运算指令是 2 个 8 位无符号数的乘、除运算。乘法指令中,如果积大于 255,则溢出标志位 OV 置 1,否则 OV 清 0,进位标志位 Cy 总是清 0。除法指令中,溢出标志位 OV 和进位标志位 Cy 清 0,如果 B 的内容为 0(即除数为 0),则存放结果的 A、B 中的内容不定,且溢出标志位 OV 置 1。

3.3.3 逻辑操作类指令

逻辑操作类指令包括与、或、非、异或等指令,指令不影响标志位 Cy、Ac、OV,只有当日的操作数为累加器 A 时,会影响到 P。

逻辑操作类指令都是按位进行的。

(1)累加器 A 清 0 和取反指令 见表 3.18。

表 3.18 累加器 A 清 0 和取反指令

汇编指令	功能	机器码	代码长度	指令周期
CLR A	(A)←0	E4H	1	1
CPL A	(A)←($\overline{A}$)	F4H	1	1

(2)与运算指令 见表 3.19。

表 3.19 与运算指令

汇编指令		功能	机器码	代码长度	指令周期
ANL	A,# data	(A)←(A)∧data	54H,data	2	1
ANL	A,direct	(A)←(A)∧(direct)	55H,direct	2	1
ANL	A,Rn	(A)←(A)∧(Rn)	58H+n	1	1
ANL	A,@Ri	(A)←(A)∧((Ri))	56H+i	1	1
ANL	direct,A	(direct)←(direct)∧(A)	52H,direct	2	1
ANL	direct,# data	(direct)←(direct)∧data	53H,direct,data	3	2

例如,(A)=36H,执行指令:

```
ANL    A,# 9DH
```

运算式为:

$$\begin{array}{r} 0011\ 0110 \\ \wedge)1001\ 1101 \\ \hline 0001\ 0100 \end{array}$$

运行结果:(A)=14H,P=0。

(3)或运算指令 见表 3.20。

表 3.20 或运算指令

汇编指令		功能	机器码	代码长度	指令周期
ORL	A,# data	(A)←(A)∨data	44H,data	2	1
ORL	A,direct	(A)←(A)∨(direct)	45H,direct	2	1
ORL	A,Rn	(A)←(A)∨(Rn)	48H+n	1	1
ORL	A,@Ri	(A)←(A)∨((Ri))	46H+i	1	1
ORL	direct,A	(direct)←(direct)∨(A)	42H,direct	2	1
ORL	direct,# data	(direct)←(direct)∨data	43H,direct,data	3	2

(4)异或运算指令 见表 3.21。

表 3.21 异或运算指令

汇编指令		功能	机器码	代码长度	指令周期
XRL	A,# data	(A)←(A)⊕data	64H,data	2	1
XRL	A,direct	(A)←(A)⊕(direct)	65H,direct	2	1
XRL	A,Rn	(A)←(A)⊕(Rn)	68H+n	1	1
XRL	A,@Ri	(A)←(A)⊕((Ri))	66H+i	1	1
XRL	direct,A	(direct)←(direct)⊕(A)	62H,direct	2	1
XRL	direct,# data	(direct)←(direct)⊕data	63H,direct,data	3	2

(5)循环移位指令　见表 3.22。

表 3.22　循环移位指令

汇编指令		功能	机器码	代码长度	指令周期
RR	A	累加器 A 向右循环移位,位 0 循环移入位 7	03H	1	1
RRC	A	将累加器 A 和进位标志位 Cy 一起向右环移一位	13H	1	1
RL	A	累加器 A 向左循环移位,位 7 循环移入位 0	23H	1	1
RLC	A	将累加器 A 和进位标志位 Cy 一起向左环移一位	33H	1	1

用图形来表示会更加直观,便于理解。

右环移指令 RR　A

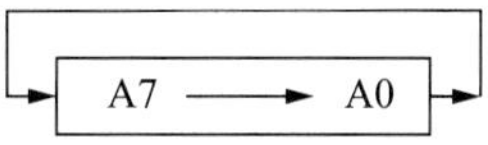

带进位右环移指令 RRC　A

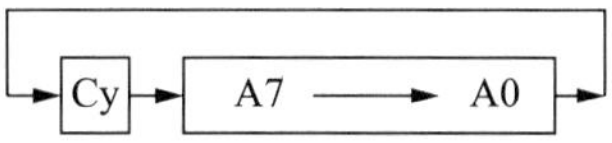

左环移指令 RL　A

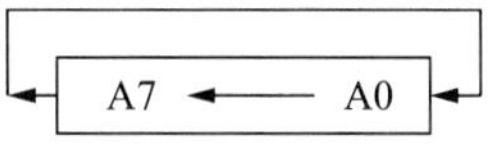

带进位左环移指令 RLC　A

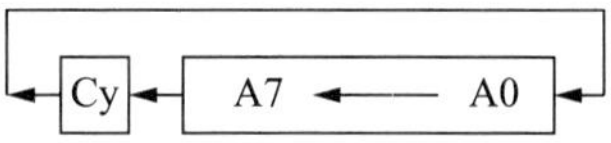

执行 RL　A 指令累加器 A 中的数据左移 1 位,相当于累加器 A 中的数据乘以 2;执行 RR　A 指令累加器 A 中的数据右移 1 位,相当于累加器 A 中的数据除以 2。

3.3.4　控制跳转类指令

(1)无条件转移指令　见表 3.23。

表 3.23　无条件转移指令

汇编指令		功能	机器码	代码长度	指令周期
SJMP	rel	(PC)←(PC)+2+rel	80H,rel	2	2
AJMP	addr11	(PC)←(PC)+2,$(PC_{10\sim0})$←addr11	A10A9A800001B,A7～A0	2	2
LJMP	addr16	(PC)←addr16	02H,A15～A8,A7～A0	3	2
JMP	@A+DPTR	(PC)←(A)+(DPTR)	73H	1	2

①相对转移指令 SJMP　rel。相对转移指令无条件转移,相对偏移量 rel 是一个单字节的 8 位带符号数,其取值是－128～＋127,因此程序转移是双向的。rel 如为正,向地址增大的方向转移;rel 如为负,向地址减小的方向转移。程序执行时,在 PC 加 2(本指令为 2B)之后,把指令的有符号的偏移量 rel 加到 PC 上,并计算出目的地址。

一般编程时,只需写上目的地址标号,相对偏移量由汇编程序自动计算。

例如:

```
LOOP:MOV A,# 3AH
      …
      SJMP   LOOP
      …
```

汇编时,跳到 LOOP 处的偏移量由汇编程序自动计算和填入。

②绝对转移指令 AJMP　addr11。

绝对转移指令双字节,格式如下:

第 1 字节	A10	A9	A8	0	0	0	0	1
第 2 字节	A7	A6	A5	A4	A3	A2	A1	A0

指令提供 11 位地址 A10～A0(即 addr11),其中 A10～A8 位于第 1 字节的高 3 位,A7～A0 在第 2 字节。操作码只占第 1 字节的低 5 位。指令构造转移目的地址:执行本指令,PC 加 2,然后把指令中的 11 位无符号整数地址 addr11(A10～A0)送入 PC. 10～PC. 0,PC. 15～PC. 11 保持不变,形成新的 16 位转移目的地址。

注意,目标地址必须与 AJMP 指令的下一条指令首地址的高 5 位地址码 A15～A11 相同,否则将混乱,所以是 2 kB 范围内的无条件跳转指令。

一般编程时,也是用目的指令的标号作为 AJMP 的操作数,并不需要给出 addr11 的目的地址。

例如:

```
AJMP   LOOP
```

③长转移指令 LJMP　addr16。

LJMP 指令中直接提供 16 位目的指令的地址,能转移到 64 kB 程序存储器地址空间的任何位置。指令执行时,把转移的目的地址,即指令的第 2 和第 3 字节分别装入 PC 的高位和低位字节中,无条件地转向 addr16 指定的目的地址。

一般编程时,addr16 用目的指令的标号表示,不需要给出目的地址。

由于 AJMP 指令转移的范围是 PC 当前值的 2 kB 区域内,转移范围相对偏小,与 LJMP 相比少占用 1 个程序字节,所以应注意二者的区别使用。

④间接转移指令 JMP　@A＋DPTR。

间接转移指令 JMP 是单字节转移指令,目的地址由 A 中 8 位无符号数与 DPTR 的 16 位无符号数内容之和来确定。以 DPTR 内容为基址,A 的内容作为变址。只要 DPTR 的值固定,给 A 赋予不同值,即可实现多分支转移。

例如,4＊4 矩阵按键处理程序,根据累加器 A 中 0～15 不同的值,程序转到不同的功能程序段 KEY0～KEY15:

```
      ……
      MOV   DPTR,# KTAB
      JMP   @A + DPTR
```

```
KTAB:LJMP   KEY0
     LJMP   KEY1
     ……
     LJMP   KEY15
KEY0:……
KEY1:……
     ……
KEY15:……
```

(2)条件转移指令

①以累加器A为条件的转移指令。见表3.24。

表3.24 以累加器A为条件的转移指令

汇编指令	功能	机器码	代码长度	指令周期
JZ rel	若(A)=0,则(PC)←(PC)+2+rel; 若(A)≠0,则(PC)←(PC)+2	60H,rel	2	2
JNZ rel	若(A)≠0,则(PC)←(PC)+2+rel; 若(A)=0,则(PC)←(PC)+2	70H,rel	2	2

执行以累加器A为条件的转移指令时,是以A中的数据是否为0作为转移条件,如条件满足则转移,条件不满足则顺序执行下一指令。转移目的地址在以下一条指令首地址为中心的256 B范围内(−128～+127)。

②比较不等转移指令。见表3.25。

表3.25 比较不等转移指令

汇编指令	功能	机器码	代码长度	指令周期
CJNE A,# data,rel	若(A)=data,则(PC)←(PC)+3; 若(A)>data,则(PC)←(PC)+3+rel,(Cy)←0; 若(A)<data,则(PC)←(PC)+3+rel,(Cy)←1	B4H,data,rel	3	2
CJNE A,direct,rel	若(A)=(direct),则(PC)←(PC)+3; 若(A)>(direct),则(PC)←(PC)+3+rel,(Cy)←0; 若(A)<(direct),则(PC)←(PC)+3+rel,(Cy)←1	B5H,direct,rel	3	2
CJNE Rn,# data,rel	若(Rn)=data,则(PC)←(PC)+3; 若(Rn)>data,则(PC)←(PC)+3+rel,(Cy)←0; 若(Rn)<data,则(PC)←(PC)+3+rel,(Cy)←1	B6H+n,data,rel	3	2
CJNE @Ri,# data,rel	若((Ri))=data,则(PC)←(PC)+3; 若((Ri))>data,则(PC)←(PC)+3+rel,(Cy)←0; 若((Ri))<data,则(PC)←(PC)+3+rel,(Cy)←1	B7H+i,data,rel	3	2

比较前2个操作数大小,如果值不相等则转移,并转向目的地址。除此之外还对进位标志

位 Cy 产生影响，如果第一操作数(无符号整数)小于第二操作数(无符号整数)，则进位标志位 Cy 置 1，否则 Cy 清 0(相当于对 2 个操作数相减，是否产生借位)。该指令的执行不影响任何一个操作数的内容。

CJNE 指令可以用于对 2 个单元中的数据比较大小。

③减 1 不为 0 转移指令。见表 3.26。

表 3.26 减 1 不为 0 转移指令

汇编指令	功能	机器码	代码长度	指令周期
DJNZ direct,rel	首先(direct)←(direct)-1，然后判断： 若(direct)≠0，则(PC)←(PC)+3+rel； 若(direct)=0，则(PC)←(PC)+3	D5H,direct,rel	3	2
DJNZ Rn,rel	首先(Rn)←(Rn)-1，然后判断： 若(Rn)≠0，则(PC)←(PC)+3+rel； 若(Rn)=0，则(PC)←(PC)+3	D8H+n,rel	2	2

DJNZ 指令用于控制程序循环。预先装入循环次数，先使操作数减 1，然后判断结果是否为 0，若结果不为 0 则转移，若结果为 0 则顺序执行其后面的下一条指令。DJNZ 以减 1 后是否为"0"作为转移条件，即实现按次数控制循环。

例如，将单片机内部 RAM 地址为 30H 单元开始的 10 个数据，传送到片外 RAM 4000H 开始的单元：

```
      MOV   R0,#30H          ;内部 RAM 取数据地址赋值给 R0
      MOV   DPTR,#4000H      ;送入外部 RAM 的地址赋值给 DPTR
      MOV   R7,#10           ;用 R7 作为记录循环次数，以十进制形式给出
LOOP: MOV   A,@R0            ;读取内部 RAM 数据到累加器 A
      MOVX  @DPTR,A          ;将累加器 A 中的数据送入到外部 RAM
      INC   R0               ;指向下一个取数据单元
      INC   DPTR             ;指向下一个送数据单元
      DJNZ  R7,LOOP          ;判断数据是否传送完毕
      ……
```

例如，50ms 延时子程序。

软件延时程序与指令执行时间有关。考虑每个机器周期 12 个时钟周期的情况下，在使用 12 MHz 晶振时，一个机器周期为 1 μs，执行一条 DJNZ 指令的时间为 2 μs。可用双重循环方法的延时 50 ms 程序：

```
DL50ms:MOV   R7,#200     ;执行时间 1μs
DL1:   MOV   R6,#125     ;执行时间 1μs
DL2:   DJNZ  R6,DL2      ;执行时间 2μs
       DJNZ  R7,DL1      ;执行时间 2μs
       RET               ;执行时间 2μs
```

以上程序的延时时间为：

$$1+(1+125\times2+2)\times200+2=50603(\mu s)=50.603(ms)$$

如要求比较精确的延时，应对上述程序参数进行修改，才能达到较为精确的延时时间。但要注意，用软件实现延时程序，不允许有中断，否则将严重影响定时的准确性。

对于延时更长的时间，可采用多重的循环，如 1 s 延时，可用三重循环。

(3)子程序调用指令　有绝对调用指令 ACALL 和长调用指令 LCALL，见表 3.27。

表 3.27　子程序调用指令

汇编指令	功能	机器码	代码长度	指令周期
ACALL　addr11	(PC)←(PC)+2 (SP)←(SP)+1，(SP)←($PC_{7\sim0}$) (SP)←(SP)+1，(SP)←($PC_{15\sim8}$) ($PC_{10\sim0}$)←addr11	A10A9A810001B，A7～A0	2	2
LCALL　addr16	(PC)←(PC)+3 (SP)←(SP)+1，(SP)←($PC_{7\sim0}$) (SP)←(SP)+1，(SP)←($PC_{15\sim8}$) (PC)←addr16	12H，A15～A8，A7～A0	3	2

子程序是可被其他程序调用的独立程序段，编程时一般以第一条指令的标号为子程序的名字，以返回指令 RET 作为子程序的结束。将具有某个特定功能或者程序中多次被使用的程序段设计成子程序，可以使整个程序清晰、可读性强，且节省程序空间。例如将 A/D 转换、计算、处理、显示等程序分别设计成子程序，在主程序中调用，会使主程序非常清晰。再如延时子程序可能在程序中多次使用，设计成子程序，每个需要延时的程序位置用一条调用指令即可，既清晰又节省程序空间。

执行子程序调用指令 ACALL(或 LCALL)，首先将 PC 加 2(或加 3)指向子程序返回后下一条要执行的指令，然后保护断点(自动将 PC 压入堆栈)，子程序中紧接着应使用 PUSH 指令保护一些数据，在子程序返回前用 POP 指令恢复数据，返回指令 RET 恢复断点(自动将 PC 弹出堆栈)，然后执行 ACALL(或 LCALL)的下一条指令。

子程序可以被主程序调用，也可以被其他子程序调用。

(4)返回指令　有子程序返回指令 RET 和中断服务程序返回指令 RETI，见表 3.28。

表 3.28　返回指令

汇编指令	功能	机器码	代码长度	指令周期
RET	(SP)←($PC_{15\sim8}$)，(SP)←(SP)-1 (SP)←($PC_{7\sim0}$)，(SP)←(SP)-1	22H	1	2
RETI	(SP)←($PC_{15\sim8}$)，(SP)←(SP)-1 (SP)←($PC_{7\sim0}$)，(SP)←(SP)-1	32H	1	2

返回指令的功能是将堆栈中保护的断点地址弹出到PC,使程序返回到断点继续运行。

子程序返回指令RET从堆栈中弹出子程序调用时压入堆栈的PC的高8位和低8位地址,栈指针减2,从PC值处开始继续执行程序。

中断服务程序返回指令RETI与RET相似,不同之处是该指令清除了中断响应时被置1的内部中断优先级寄存器的中断优先级状态,RETI指令位于中断服务程序的最后。

(5)空操作指令　见表3.29。

表3.29　空操作指令

汇编指令	功能	机器码	代码长度	指令周期
NOP	(PC)←(PC)+1	00H	1	1

空操作指令执行时,CPU不做任何工作,只起到延时一个机器周期的作用,可用于程序中的延时。

3.3.5　位操作类指令

前面所讲到的都是以字节为基本单元进行操作的指令。STC单片机内部有位处理器,对位地址空间有位处理操作指令,实现对进位标志位Cy和存储器(片内RAM及SFR中的可寻址位)的位操作。下面介绍位操作类指令。

(1)位传送指令　见表3.30。

表3.30　位传送指令

汇编指令	功能	机器码	代码长度	指令周期
MOV　C,bit	(C)←(bit)	A2H,bit	2	2
MOV　bit,C	(bit)←(C)	92H,bit	2	2

位传送指令用于进位标志位Cy与任意可寻址位之间的传送。

例如:

```
MOV   C,   20H        ;  (Cy)←(24H).0
```

程序中20H是位地址,是内部RAM中字节地址为24H的第0位的位地址。注意不是内部RAM中的20H字节地址。

例如:

```
MOV   A,# 55H
RLC   A               ;循环左移,(Cy)←(Acc).7
MOV   P1.0,C          ;(P1.0)←(Cy)
```

程序中将累加器A中最高位左移到进位标志位Cy,再将其传送给P1.0引脚。

(2)位清0与位置1指令　见表3.31。

表 3.31 位清 0 与位置 1 指令

汇编指令	功能	机器码	代码长度	指令周期
CLR C	(C)←0	C3H	1	1
CLR bit	(bit)←0	C2H,bit	2	1
SETB C	(C)←1	D3H	1	1
SETB bit	(bit)←1	D2H,bit	2	1

位清 0 与位置 1 指令用于将进位标志位 Cy 或任意可寻址位清 0 或置 1。

例如：

```
CLR   C
SUBB  A,# 36H
```

上面 2 条指令可实现不带进位位的减法运算。

例如：

```
SETB  P1.0     ;将 P1.0 引脚置成高电平
```

(3)位逻辑运算指令　见表 3.32。

表 3.32 位逻辑运算指令

汇编指令	功能	机器码	代码长度	指令周期
ANL C,bit	(C)←(C)∧(bit)	82H,bit	2	2
ANL C,/bit	(C)←(C)∧(/bit)	B0H,bit	2	2
ORL C,bit	(C)←(C)∨(bit)	72H,bit	2	2
ORL C,/bit	(C)←(C)∨(/bit)	A0H,bit	2	2
CPL C	(C)←(/C)	B3H	1	1
CPL bit	(bit)←(/bit)	B2H,bit	2	1

位逻辑运算指令实现进位标志位 Cy 与可寻址位的与、或、非逻辑运算。

(4)位条件转移指令　见表 3.33。

表 3.33 位条件转移指令

汇编指令	功能	机器码	代码长度	指令周期
JC rel	若(C)=1,则(PC)←(PC)+2+rel; 若(C)=0,则(PC)←(PC)+2	40H,rel	2	2
JNC rel	若(C)=0,则(PC)←(PC)+2+rel; 若(C)=1,则(PC)←(PC)+2	50H,rel	2	2
JB bit,rel	若(bit)=1,则(PC)←(PC)+3+rel; 若(bit)=0,则(PC)←(PC)+3	20H,bit,rel	3	2

续表 3.33

汇编指令	功能	机器码	代码长度	指令周期
JNB bit,rel	若(bit)=0,则(PC)←(PC)+3+rel; 若(bit)=1,则(PC)←(PC)+3	30H,bit,rel	3	2
JBC bit,rel	若(bit)=1,则(PC)←(PC)+3+rel,且(bit)←0; 若(bit)=0,则(PC)←(PC)+3	10H,bit,rel	3	2

位条件转移指令是相对寻址方式的条件转移指令。JC/JNC 指令以 Cy 作为是否转移的条件;JB/JNB 指令以可寻址位 bit 作为是否转移的条件;JBC 指令以可寻址位 bit 作为转移条件,并自动将该位清 0。

例如:

```
        CJNE   A,# 10H,LOOP1
        ……                        ;如果(A)=16,执行此处的指令
LOOP1: JC     LOOP2
        ……                        ;如果(A)>16,执行此处的指令
LOOP2: ……                         ;如果(A)<16,执行此处的指令
```

上面程序可实现 2 个无符号数比较大小。

3.3.6 指令说明

前面介绍了汇编语言指令系统的 111 条指令,下面对一些指令在使用过程中的一些问题作进一步说明。

(1)并行 I/O 口的"读引脚"和"读锁存器"指令　前面介绍了单片机并行 I/O 口 P0～P3 的结构,使用不同的汇编语言指令会出现"读引脚"和"读锁存器"之分。例如,指令"CPL P1.0"是"读锁存器",也即"读-修改-写"指令,它会先读 P1.0 的锁存器的 Q 端状态,接着取反,然后再送到 P1.0 引脚上,指令"ANL P1,A"也是"读锁存器"命令。而指令"MOV C,P1.0"读的是 P1.0 引脚,同样,指令"MOV A,P1"也是读引脚指令。

读引脚和读锁存器的结果在某些特定电路结构下是有区别的,例如,当 P1 口的 P1.0 引脚外接一个发光二极管 LED 的阳极,LED 的阴极接地。若想查看一下单片机刚才向 P1.0 脚输出的信息是 0 还是 1,不能直接从 P1.0 脚读取,因为单片机刚才向 P1.0 输出的信息如果是 1 的话,则 LED 导通点亮,此时 P1.0 引脚就为 0.7 V,显然是低电平"0",如果直接读引脚,结果就会错误。如果使用读锁存器指令,即读 D 锁存器的 Q 端状态,那里储存的才是前一时刻输出给 P1.0 的真实值,读回的结果是高电平"1"。

当 P1 口外接输入设备时,要想 P1 口引脚上反映的是真实的输入信号,必须要设法先让该引脚内部的场效应管截止才行,否则当场效应管导通时,P1 口引脚上将永远为低电平,无法正确反映外设的输入信号。让场效应管截止,就是用指令给 P1 口的相应位送一个"1"电平,这就是读引脚之前,一定要先送出 1 的原因。

(2)操作数的字节地址和位地址的区分　先来看一下下面 3 条指令:

```
MOV  A,# 40H
MOV  A,40H
MOV  C,40H
```

上面 3 条指令中都含有 40H，但其中的含义是不同的，第 1 条指令含有“#”，很明显“40H”是立即数；后 2 条指令中源操作数“40H”都是以直接地址形式给出的，但第 2 条指令的“40H”是字节地址，因为目的操作数 A 是字节变量；第 3 条指令中的“40H”却是位地址，因为目的操作数 C 是位变量。因此可以通过目的操作数的不同寄存器来区分是字节地址，还是位地址。

(3)累加器 A 与 Acc 的书写要求　累加器可写成 A 或 Acc，但是这两者有区别。“Acc”汇编后的机器码必有一个字节的操作数是累加器的字节地址 E0H，“A”汇编后则隐含在指令操作码中。例如，“INC　A”的机器码是 04H，是单字节指令；但如写成“INC　Acc”，则成了“INC　direct”的格式，对应机器码为“05H　E0H”，变成了双字节指令。

在对累加器直接寻址或某一位寻址时要用 Acc，而不能写成 A。例如，指令“POP　Acc”不能写成“POP　A”；指令“SETB　Acc.0”，不能写成“SETB　A.0”。

(4)十六进制数据前引导“0”的使用　如果十六进制数最高位是字母，为了将其与标号等相分开，几乎所有的汇编语言都规定，凡是以字母开头(对十六进制数而言，就是 A～F 开头)的数据或地址，应当在前面添加一个数字 0。否则，汇编时可能无法通过。

例如：

```
MOV  A,# 0F0H   ;“F0”以字母开头的数据
MOV  A,0F0H     ;“F0”以字母开头的地址
```

3.4 单片机的伪指令

伪指令是在汇编语言源程序中向汇编程序发出指示信息的指令，是程序员发给汇编程序的命令，引导汇编程序完成汇编工作，具有控制汇编程序的输入/输出、定义数据和符号、条件汇编、分配存储空间等功能。

伪指令出现在汇编前的源程序中，汇编后伪指令没有相应的机器代码产生。

下面介绍汇编语言中常用的伪指令。

1. 汇编起始地址命令 ORG(ORiGin)

汇编起始地址命令 ORG 伪指令用于规定程序存放的起始地址，即规定程序块或数据块在程序存储器中存放的起始地址。

例如：

```
       ORG  2000H
START: MOV  A,# 00H
       ……
```

即规定标号 START 开始的指令存放在 2000H 开始的程序存储器中。

在同一程序中，可多次用 ORG 指令，规定不同的程序段的起始地址。但是，地址必须由小到大排列，且不能交叉、重叠。

例如：

```
ORG   2000H
……
ORG   2500H
……
ORG   3000H
……
```

这种顺序是正确的。若按下面顺序的排列则是错误的，因为地址出现了交叉。

```
ORG   2500H
……
ORG   2000H
……
ORG   3000H
……
```

2. 汇编终止命令 END(END of Assembly)

汇编终止命令 END 伪指令是源程序结束标志，终止源程序的汇编工作。整个源程序中只能有一条 END 命令，且位于程序的最后。如果 END 出现在程序中间，其后的源程序，将不进行汇编处理。

3. 标号赋值命令 EQU(EQUate)

标号赋值命令 EQU 伪指令用于给标号赋值。赋值后，标号值在整个程序有效。

例如：

```
TEST:  EQU  2000H
```

表示 TEST=2000H，汇编时，凡是遇到 TEST，均以 2000H 来代替。

4. 定义数据字节命令 DB(Define Byte)

定义数据字节命令 DB 伪指令用于在程序存储器从指定的地址开始，在程序存储器连续单元中定义字节数据。

例如：

```
ORG  2000H
DB  30H,40H,24,"C","B"
```

汇编后的结果：

```
(2000H) = 30H
(2001H) = 40H
(2002H) = 18H(十进制数 24)
(2003H) = 43H(字符“C”的 ASCII 码)
(2004H) = 42H(字符“B”的 ASCII 码)
```

DB 的功能是从指定单元开始定义(存储)若干字节,十进制数自然转换成十六进制数,字母按 ASCII 码存储。

例如:

```
ORG 3000H
DB  3FH,06H,5BH,4FH,66H,6DH,7DH,07H,7FH,6FH ;共阴极数码管 0～9 段码
```

该指令是定义在程序存储器中从 3000H 开始存放共阴极数码管 0～9 段码。

5. 定义数据字命令 DW(Define Word)

定义数据字命令 DW 伪指令用于程序存储器从指定的地址开始,在程序存储器的连续单元中定义 16 位的数据字。

例如:

```
ORG  2000H
DW   1246H,7BH,10
```

汇编后的结果:

```
(2000H) = 12H       ;第 1 个字
(2001H) = 46H
(2002H) = 00H       ;第 2 个字
(2003H) = 7BH
(2004H) = 00H       ;第 3 个字
(2005H) = 0AH
```

6. 定义存储区命令 DS(Define Storage)

定义存储区命令 DS 伪指令用于程序存储器从指定地址开始,保留指定数目的字节单元作为存储区,供程序运行使用。

例如:

```
TABEL:DS  10
```

表示在程序存储器从 TABEL 代表的地址开始,保留 10 个连续的地址单元。

例如:

```
ORG   2000H
DS    10 H
```

表示在程序存储器从 2000H 地址开始，保留 16 个连续地址单元。

7. 位定义命令 BIT

位定义命令 BIT 伪指令用于给字符名称赋予位地址，位地址可以是绝对位地址，也可以是符号地址。

例如：

```
LED      BIT  P1.6
BUZZER   BIT  P1.7
```

该指令是把 P1.6 的位地址赋给变量 LED，把 P1.7 的位地址赋给变量 BUZZER，在编程时通过给该变量置 1 或清 0 来控制发光二极管亮、灭和蜂鸣器发声、静音，便于记忆。

3.5 STC12C5Axx 系列单片机汇编语言指令系统

STC 单片机与传统 8051 单片机指令代码完全兼容，但由于 STC12C5Axx 系列是可以工作在 1 T 的 8051 单片机，因此执行的时间效率大幅提升。例如 INC DPTR 指令的执行速度可提升 24 倍。共 12 条指令，1 个时钟就可以执行完成，平均速度快 8～12 倍。

按功能分类的指令系统及与传统 8051 单片机所需的时钟周期、提升的效率对比，如表 3.34至表 3.38 所示。

表 3.34 算术操作类指令

助记符		功能说明	字节数	12 时钟/机器周期所需时钟	1 时钟/机器周期所需时钟	效率提升
ADD	A,Rn	寄存器内容加到累加器	1	12	2	6 倍
ADD	A,direct	直接地址单元中的数据加到累加器	2	12	3	4 倍
ADD	A,@Ri	间接 RAM 中的数据加到累加器	1	12	3	4 倍
ADD	A,# data	立即数加到累加器	2	12	2	6 倍
ADDC	A,Rn	寄存器带进位加到累加器	1	12	2	6 倍
ADDC	A,direct	直接地址单元的内容带进位加到累加器	2	12	3	4 倍
ADDC	A,@Ri	间接 RAM 内容带进位加到累加器	1	12	3	4 倍
ADDC	A,# data	立即数带进位加到累加器	2	12	2	6 倍
SUBB	A,Rn	累加器带借位减寄存器内容	1	12	2	6 倍
SUBB	A,direct	累加器带借位减直接地址单元的内容	2	12	3	4 倍
SUBB	A,@Ri	累加器带借位减间接 RAM 中的内容	1	12	3	4 倍
SUBB	A,# data	累加器带借位减立即数	2	12	2	6 倍
INC	A	累加器加 1	1	12	2	6 倍
INC	Rn	寄存器加 1	1	12	3	4 倍
INC	direct	直接地址单元加 1	2	12	4	3 倍
INC	@Ri	间接 RAM 单元加 1	1	12	4	3 倍

续表 3.34

助记符		功能说明	字节数	12 时钟/机器周期所需时钟	1 时钟/机器周期所需时钟	效率提升
DEC	A	累加器减 1	1	12	2	6 倍
DEC	Rn	寄存器减 1	1	12	3	4 倍
DEC	direct	直接地址单元减 1	2	12	4	3 倍
DEC	@Ri	间接 RAM 单元减 1	1	12	4	3 倍
INC	DPTR	地址寄存器 DPTR 加 1	1	24	1	24 倍
MUL	AB	A 乘以 B	1	48	4	12 倍
DIV	AB	A 除以 B	1	48	5	9.6 倍
DA	A	累加器十进制调整	1	12	4	3 倍

表 3.35 逻辑操作类指令

助记符		功能说明	字节数	12 时钟/机器周期所需时钟	1 时钟/机器周期所需时钟	效率提升
ANL	A,Rn	累加器与寄存器相“与”	1	12	2	6 倍
ANL	A,direct	累加器与直接地址单元相“与”	2	12	3	4 倍
ANL	A,@Ri	累加器与间接 RAM 单元相“与”	1	12	3	4 倍
ANL	A,# data	累加器与立即数相“与”	2	12	2	6 倍
ANL	direct,A	直接地址单元与累加器相“与”	2	12	4	3 倍
ANL	direct,# data	直接地址单元与立即数相“与”	3	24	4	6 倍
ORL	A,Rn	累加器与寄存器相“或”	1	12	2	6 倍
ORL	A,direct	累加器与直接地址单元相“或”	2	12	3	4 倍
ORL	A,@Ri	累加器与间接 RAM 单元相“或”	1	12	3	4 倍
ORL	A,# data	累加器与立即数相“或”	2	12	2	6 倍
ORL	direct,A	直接地址单元与累加器相“或”	2	12	4	3 倍
ORL	direct,# data	直接地址单元与立即数相“或”	3	24	4	6 倍
XRL	A,Rn	累加器与寄存器相“异或”	1	12	2	6 倍
XRL	A,direct	累加器与直接地址单元相“异或”	2	12	3	4 倍
XRL	A,@Ri	累加器与间接 RAM 单元相“异或”	1	12	3	4 倍
XRL	A,# data	累加器与立即数相“异或”	2	12	2	6 倍
XRL	direct,A	直接地址单元与累加器相“异或”	2	12	4	3 倍
XRL	direct,# data	直接地址单元与立即数相“异或”	3	24	4	6 倍
CLR	A	累加器清“0”	1	12	1	12 倍
CPL	A	累加器求反	1	12	2	6 倍
RL	A	累加器循环左移	1	12	1	12 倍
RLC	A	累加器带进位位循环左移	1	12	1	12 倍
RR	A	累加器循环右移	1	12	1	12 倍
RRC	A	累加器带进位位循环右移	1	12	1	12 倍
SWAP	A	累加器内高低半字节交换	1	12	1	12 倍

表 3.36　数据传送类指令

助记符	功能说明	字节数	12 时钟/机器周期所需时钟	1 时钟/机器周期所需时钟	效率提升
MOV　A,Rn	寄存器内容送入累加器	1	12	1	12 倍
MOV　A,direct	直接地址单元中的数据送入累加器	2	12	2	6 倍
MOV　A,@Ri	间接 RAM 中的数据送入累加器	1	12	2	6 倍
MOV　A,# data	立即数送入累加器	2	12	2	6 倍
MOV　Rn,A	累加器内容送入寄存器	1	12	2	6 倍
MOV　Rn,direct	直接地址单元中的数据送入寄存器	2	24	4	6 倍
MOV　Rn,# data	立即数送入寄存器	2	12	2	6 倍
MOV　direct,A	累加器内容送入直接地址单元	2	12	3	4 倍
MOV　direct,Rn	寄存器内容送入直接地址单元	2	24	3	8 倍
MOV　direct,direct	直接地址单元中的数据送入另一个直接地址单元	3	24	4	6 倍
MOV　direct,@Ri	间接 RAM 中的数据送入直接地址单元	2	24	4	6 倍
MOV　direct,# data	立即数送入直接地址单元	3	24	3	8 倍
MOV　@Ri,A	累加器内容送入间接 RAM 单元	1	12	3	4 倍
MOV　@Ri,direct	直接地址单元数据送入间接 RAM 单元	2	24	4	6 倍
MOV　@Ri,# data	立即数送入间接 RAM 单元	2	12	3	4 倍
MOV　DPTR,# data16	16 位立即数送入数据指针	3	24	3	8 倍
MOVC　A,@A+DPTR	以 DPTR 为基地址变址寻址单元中的数据送入累加器	1	24	4	6 倍
MOVC　A,@A+PC	以 PC 为基地址变址寻址单元中的数据送入累加器	1	24	4	6 倍
MOVX　A,@Ri	逻辑上在外部的片内扩展 RAM(8 位地址)送入累加器	1	24	3	8 倍
MOVX　@Ri,A	累加器送入逻辑上在外部的片内扩展 RAM (8 位地址)	1	24	4	6 倍
MOVX　A,@DPTR	逻辑上在外部的片内扩展 RAM(16 位地址)送入累加器	1	24	3	8 倍
MOVX　@DPTR,A	累加器送入逻辑上在外部的片内扩展 RAM (16 位地址)	1	24	3	8 倍
PUSH　direct	直接地址单元中的数据压入堆栈	2	24	4	6 倍
POP　direcct	栈底数据弹出送入直接地址单元	2	24	3	8 倍
XCH　A,Rn	寄存器与累加器交换	1	12	3	4 倍
XCH　A,direct	直接地址单元与累加器交换	2	12	4	3 倍
XCH　A,@Ri	间接 RAM 与累加器交换	1	12	4	3 倍
XCHD　A,@Ri	间接 RAM 的低半字节与累加器交换	1	12	4	3 倍

表3.37 布尔变量操作类指令

助记符		功能说明	字节数	12时钟/机器周期所需时钟	1时钟/机器周期所需时钟	效率提升
CLR	C	清零进位位	1	12	1	12倍
CLR	bit	清0直接地址位	2	12	4	3倍
SETB	C	置1进位位	1	12	1	12倍
SETB	bit	置1直接地址位	2	12	4	3倍
CPL	C	进位位求反	1	12	1	12倍
CPL	bit	直接地址位求反	2	12	4	3倍
ANL	C,bit	进位位和直接地址位相“与”	2	24	3	8倍
ANL	C,/bit	进位位和直接地址位的反码相“与”	2	24	3	8倍
ORL	C,bit	进位位和直接地址位相“或”	2	24	3	8倍
ORL	C,/bit	进位位和直接地址位的反码相“或”	2	24	3	8倍
MOV	C,bit	直接地址位送入进位位	2	12	3	4倍
MOV	bit,C	进位位送入直接地址位	2	24	4	6倍
JC	rel	进位位为1则转移	2	24	3	8倍
JNC	rel	进位位为0则转移	2	24	3	8倍
JB	bit,rel	直接地址位为1则转移	3	24	4	6倍
JNB	bit,rel	直接地址位为0则转移	3	24	4	6倍
JBC	bit,rel	直接地址位为1则转移,该位清0	3	24	5	4.8倍

表3.38 控制转移类指令

助记符		功能说明	字节数	12时钟/机器周期所需时钟	1时钟/机器周期所需时钟	效率提升
ACALL	addr11	绝对(短)调用子程序	2	24	6	4倍
LCALL	addr16	长调用子程序	3	24	6	4倍
RET		子程序返回	1	24	4	6倍
RETI		中断返回	1	24	4	6倍
AJMP	addr11	绝对(短)转移	2	24	3	8倍
LJMP	addr16	长转移	3	24	4	6倍
SJMP	rel	相对转移	2	24	3	8倍
JMP	@A+DPTR	相对于DPTR的间接转移	1	24	3	8倍
JZ	rel	累加器为零转移	2	24	3	8倍
JNZ	rel	累加器非零转移	2	24	3	8倍
CJNE	A,direct,rel	累加器与直接地址单元比较,不相等则转移	3	24	5	4.8倍
CJNE	A,# data,rel	累加器与立即数比较,不相等则转移	3	24	4	6倍
CJNE	Rn,# data,rel	寄存器与立即数比较,不相等则转移	3	24	4	6倍

续表 3.38

助记符		功能说明	字节数	12 时钟/机器周期所需时钟	1 时钟/机器周期所需时钟	效率提升
CJNE	@Ri,# data,rel	间接 RAM 单元与立即数比较,不相等则转移	3	24	5	4.8 倍
DJNZ	Rn, rel	寄存器减 1,非零转移	2	24	4	6 倍
DJNZ	direct,rel	直接地址单元减 1,非零转移	3	24	5	4.8 倍
NOP		空操作	1	12	1	12 倍

第4章　单片机C语言

4.1　编程语言 Keil C51 简介

4.1.1　Keil C51 简介

Keil C51 是 Keil Software 公司（ARM 公司之一）出品的 51 系列兼容单片机 C 语言软件开发系统。与汇编语言相比，C 语言在功能、结构性、可读性、可维护性上有明显的优势，因而易学易用。Keil 提供了包括 C 编译器、宏汇编、连接器、库管理和一个功能强大的仿真调试器等在内的完整开发方案，通过一个集成开发环境（uVision）将这些部分组合在一起。

Keil C51 既具有电子信息类专业应用方向的特色，又保留了 C 语言程序设计通用性的本色。

4.1.2　C51 和标准 C 语言比较

单片机 C 语言比普通 C 语言增加了一些基本的指令，变量的赋值是 16 进制，当然单片机 C 语言只涉及普通 C 语言的基础部分。具体体现在：

(1)单片机中 C 的语法一般都对 ANSI C 有些扩展，及一些特殊写法，如 C51 扩展的 data、xdata、bit、sbit 一类的，还有一些中断程序写法如 void int( ) interrupt 1 一类的。

(2)C 是一门语言，由对应平台的编译器编译成对应平台汇编的程序，各平台的汇编不一样，当然编译器也不一样。具体区别由编译器决定，可以参考对应的编译手册。即使同种平台，不同的编译器对 C 的扩展也有不同。

(3)单片机 C 语言编程是基于 C 语言的单片机编程。单片机的 C 语言采用 C51 编译器（简称 C51）。由 C51 产生的目标代码短、运行速度高、存储空间小、符合 C 语言的 ANSI 标准，生成的代码遵循 Intel 目标文件格式，而且可与 A51 汇编语言、目标代码混合使用。

(4)C 是一种高级语言。它除了具有一般高级语言的功能特性外，还可以很好地操作底层的硬件接口。在 C 语言的基础上，把一些单片机的端口或特殊功能寄存器加以定义，使之方便于直接直观地编写语句，这就是单片机 C 语言。

C 语言是我们入门编程所学习的一门语言，也是 IOS 开发、单片机开发等应用上具有重要作用的一门语言。虽然单片机 C 语言与 C 语言、C++、C# 等有或小或大的差异，但它们的编译机制、表达形式都是相通的。

4.2 C51 程序的基本语法

4.2.1 C51 程序一般结构

与标准 C 语言相同，C51 程序由一个或多个函数构成，其中应至少包含一个 main 函数。一般结构如下：

```
预处理命令                /* 用于包含头文件等 */
全局变量说明             /* 全局变量可被本程序的所有函数引用 */
功能函数说明           /* 说明自定义函数，以便调用 */
  main( ) {                     /* 主函数 */
    局部变量说明;        /* 局部变量只能在所定义函数内部引用 */
    执行语句;
    函数调用;
}
/* 其他函数定义   */
```

C51 程序在结构上，可以分为 3 大类：顺序、分支、循环结构。

顺序结构是程序的基本结构，程序自上而下，从 main()函数开始一直运行到结束；分支结构相对顺序结构有较多的分支可以选择，满足某个条件时就执行对应的一段程序；程序需要反复执行某一个操作时，循环语句为程序设计提供方便。

(1)顺序结构程序设计　大多数的程序体现了明显的顺序性，先做什么，再做什么，正如流程图中的先后顺序，依次向下执行，比较容易理解。

(2)分支结构程序设计

①两分支结构。

```
if(条件){分支 1}
else {分支 2}
```

当条件为真时执行分支 1，否则，执行分支 2。

②多分支结构。

在分支比较多的情况下使用 switch 语句，格式如下：

```
switch(表达式)
{
    case(常量表达式 1):
    语句 1;
          break;
    case(常量表达式 2):
    语句 2;
```

```
            break;
        …
        case(常量表达式 n):
        语句 n;
            break;
        default:语句 n+1;
            break;
    }
```

switch 语句又称开关语句,switch 语句的执行流程是:首先计算 switch 后面圆括号中表达式的值,然后用此值依次与各个 case 的常量表达式比较,若圆括号中表达式的值与某个 case 后面的常量表达式的值相等,就执行此 case 后面的语句,直到遇到 break 语句就退出 switch 语句;若圆括号中表达式的值与所有 case 后面的常量表达式都不等,则执行 default 后面的语句 n+1,然后退出 switch 语句,程序流程转向开关语句的下一个语句。

需要注意的是:

①default 总是放在最后,这时 default 后可以不要 break 语句。default 部分也不是必须要有的,如果没有这一部分,当 switch 后面圆括号中表达式的值与所有 case 后面的常量表达式的值都不相等时,则不执行任何一个分支,直接退出 switch 语句。此时,switch 语句相当于一个空语句。

②每一个分支语句后的 break 语句是必不可少的,否则程序并不能跳出 switch,会继续执行 case 后面的 case 语句。

(3)循环结构程序设计

①for 循环。

格式:

```
for(循环体初始化;循环体执行条件;循环体执行后的操作)
{
  循环体;
}
```

②while 循环。

格式:

```
while(循环体执行条件)
{
  循环体;
}
```

③do while 循环。

格式:

```
do{循环体内容}
while(循环体执行条件)
```

需要注意的是：前 2 种循环是先进行条件是否满足的判断，才决定循环体是否执行；而 do while 循环是先执行循环体，再判断条件是否满足，再决定循环体是否再继续执行。

(4)子程序设计　当一段代码需要经常被调用或是在不同的地方使用时，通常将该段代码编制成子函数的形式以方便调用。

程序执行过程中往往要调用其他函数以实现一些特定的功能，函数调用的执行流程图如图 4.1 所示。

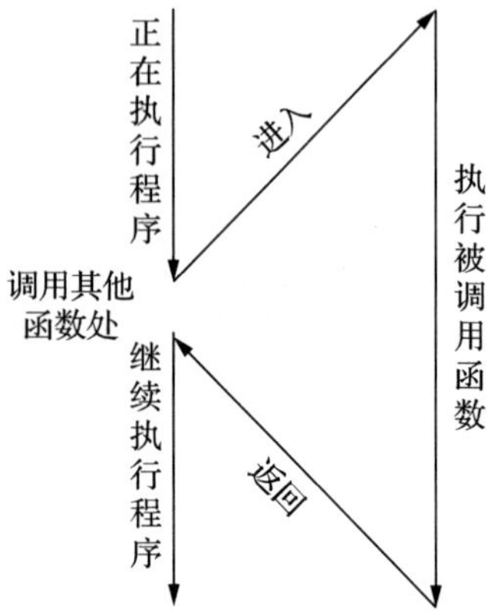

图 4.1　函数调用的执行流程图

通常在进行函数调用时，调用函数与被调用函数之间有数据的传递，这种数据的传递是通过函数的参数实现的。在定义一个子函数时，位于函数名括号内的变量是形式参数，而在调用函数的语句中函数名后的括号里的变量是实际参数，参数传递中只能由实际参数传递给形式参数，而不能由形式参数传递给实际参数。

需要注意的是，当程序代码比较多的时候，通常主程序和子函数分别在不同的文件中，同时子程序也按照功能分别存放在不同的文件中，方便查阅。这时，如果要调用子程序，如果该子程序不在此文件中，就要事先声明将被调用的子函数。为了方便使用，也可以对每个文件做一个.h 文件，.h 文件包括端口的定义、变量的定义、常量的定义、子函数的声明等。每次需要调用相关子函数时，只要直接调用这个.h 文件就可以了。

例如，在后面按键的程序设计中，可以将按键扫描分为 3 个子函数，读按键、按键去抖、键值转换，保存在一个文件中，方便以后其他代码的调用。一种主程序设计格式为：

```
# include <reg51.h>
void  Keyin (void) ;    //调用函数
      void  Keychk(void);
      void  Keycvt(void);
      void   main(  )         //主函数
       {
       while(1)
             {
      Keyin( );
      Keychk( );
      Keycvt( );
             }
       }
```

4.2.2 数据类型

(1)常量与变量

①常量。常量又称为标量,在程序执行过程中不能改变,常量数据类型有整形(int)、浮点型(float)、字符型和字符串型。应用中一般使用"# define"定义在程序中经常用到的常量。

②变量。变量是指在程序执行过程中数值不断变化的量。

C51 对变量的定义格式:

```
[存储种类]数据类型[存储器类型]变量名
```

C51 中的 4 种存储种类:auto(自动)、extern(外部)、static(静态)、register(寄存器)。默认存储种类为 auto。

根据变量的作用域的不同,变量还可以分为局部变量和全局变量 2 种。

局部变量:内部变量,只在定义它的函数模块内有效,必须定义在该函数模块的开头。

全局变量:外部变量,程序开始处或各个功能函数外面定义的变量,对于整个程序都有效,一般定义在程序的开始。

(2)数据类型

C51 相对于 C 增加了 bit、sfr、sfr16、sbit 的特殊数据类型,C51 变量的数据类型如表 4.1 所示。

表 4.1 C51 变量的数据类型

数据类型	长度/b	长度/B	值域
unsigned char	8	1	0～255
signed char/char	8	1	－128～＋127
unsigned int	16	2	0～65535
signed int	16	2	－32768～＋32767
unsigned long	32	4	0～4294967295
signed long	32	4	－2147483648～＋2147483647
float	32	4	－1.175494E－38～＋3.402823E＋38
* 指针		1～3	
bit	1		0 或 1

①Char 字符类型。长度为 8 位(8 b),1 字节(1 B),用于定义处理字符变量数据的变量或常量。分为无符号型(unsigned char)和符号字符类型(signed char),默认为 signed char(值域为－128～＋127)。unsigned char 常用于处理 ASCII 字符或处理小于 255 的整型数。

②int 整型。长度为 16 位(16 b),2 字节(2 B),用于存放一个双字节数据。分为有符号 int 整型数 signed int 和无符号 int 整型数 unsigned int。

unsigned int 用字节中的最高位表示数据符号位:0 为正数,1 为负数。

③long 长整型。长度为 32 位(32 b),4 字节(4 B)。

④float 浮点型。十进制数中具有 7 位有效数据，符合 IEEE754 标准的单精度浮点型数据，占 4 B，24 位精度。

⑤ * 指针型。本身就是一个变量，这个变量中存放指向另一个数据的地址。指针变量要占据一定的内存单元，不同处理器长度不尽相同，C51 中长度一般为 1～3 B。

⑥bit 类型。存放逻辑变量，占一个位地址，C51 编译器把 bit 类型的变量安排在单片机内 RAM 的位寻址区。

(3)C51 数据结构　结构是一种定义类型。它允许程序员把一系列变量集中到一个单元中，当某些变量相关的时候，使用这种类型是很方便的。例如，要用一系列变量来描述一天的时间，则需要定义：unsighed char hour，min，sec；还要定义一个天的变量：unsighed int days；

通过使用结构，可以把这 4 个变量定义在一起，用一个共同的名字来声明结构：

```
structtime_str
{   unsigned char hour,min,sec;
unsigned int days;
}time_of_day;
```

即告诉编译器定义一个类型名为 time_str 的结构，并定义一个名为 time_of_day 的结构变量，变量成员的引用为[结构变量名.结构成员]，例如：

```
time_of_day.hour = XBYTE[HOURS];
time_of_day.days = XBYTE[DAYS];
ime_of_day.min = time_of_day.sec;
curdays = time_of_day.days;
```

在 Keil C 和大多数 C 编译器中结构被提供了连续的存储空间成员名，被用来对结构内部进行寻址。这样结构 time_str 被提供了连续 5 B 的空间，空间内的变量顺序和定义时的变量顺序一样。

结构存储空间分配如表 4.2 所示。

表 4.2　结构存储空间分配

offset	member	字节数/B
0	hour	1
1	min	1
2	sec	1
3	days	2

(4)指针　指针是一个包含存储区地址的变量，因为指针中包含了变量的地址，它可以对它所指向的变量进行寻址，就像在 8051 DATA 区中进行寄存器间接寻址和在 XDATA 区中用 DPTR 进行寻址一样。使用指针是非常方便的，因为它很容易从一个变量移到下一个变量，所以可以写出对大量变量进行操作的通用程序。

指针要定义类型说明指向何种类型的变量,假设用关键字 long 定义一个指针 ptr,就把指针所指的地址看成一个长整型变量的基址,这并不是说明这个指针被强迫指向长整型的变量,而是说明 ptr 把该指针所指的变量看成是长整型的。下面是一些指针定义的例子。

```
unsigned char *my_ptr, *anther_ptr;
unsigned int *int_ptr;
float *float_ptr;
time_str *time_ptr;
```

指针可被赋予任何已经定义的变量或存储器的地址。

```
My_ptr = &char_val;
Int_ptr = &int_array[10];
Time_str = &oldtime;
```

可通过加减来移动指针指向不同的存储区地址。在处理数组的时候这一点特别有用,当指针加 1 的时候,它加上指针所指数据类型的长度。

```
Time_ptr = (time str *) (0x10000L); //指向地址 0
Time_ptr ++ ; //指向地址 5
```

指针间可像其他变量那样互相赋值,指针所指向的数据也可通过引用指针来赋值。

```
time_ptr = oldtime_ptr; //2 个指针指向同一地址。
*int_ptr = 0x4500; //把 0x4500 赋给 int_ptr 所指的变量。
```

当用指针来引用结构或联合的成员时可用如下方法:

```
time_ptr->days = 234;
*time_ptr.hour = 12;
```

还有一个指针用得比较多的场合是链表和树结构。如果想要产生一个数据结构可以进行插入和查询操作,一种最简单的方法就是建立一个双向查询树,可以像下面那样定义树的节点。

```
structbst_node
{
unsigned char name[20]; //存储姓名
structbst_node *left, right; //分别指向左右子树的指针
};
```

可通过定位新的变量并把它的地址赋给查询树的左指针或右指针来使双向查询树变长或缩短,有了指针后对树的处理变得简单。

4.2.3 C51 数据的存储类型与存储模式

(1)变量的存储类型　Keil C51 允许使用者指定程序变量的存储区,这使使用者可以控制存

储区的使用，编译器可识别以下存储区描述，存储类型与存储空间的对应关系如表 4.3 所示。

表 4.3 存储器类型与存储空间的对应关系

存储类型	与存储空间的对应关系
DATA	直接寻址片内数据存储区，访问速度快(128 B)
bDATA	可位寻址片内数据存储区，允许位与字节混合访问(16 B)
IDATA	间接寻址片内数据存储区，可访问片内 RAM 地址空间(256 B)
PDATA	分页寻址片外数据存储区(256 B)
XDATA	片外数据存储区(64 kB)
CODE	代码存储区(64 kB)

①DATA 区。使用存储类型 DATA、bDATA 定义变量时，C51 编译器会将它们定位在片内数据存储区中(RAM)。

DATA 区除了包含程序变量外，还保护了堆栈和数据寄存器组。在 small 存储模式下，未说明存储器类型时，变量默认被定义在 DATA 区。

②bDATA 区。如果在 DATA 区的位寻址 bDATA 区定义变量，这个变量就可以进行位寻址，并且申明位变量。这种可位寻址的变量对状态寄存器十分有用，可以单独使用变量的每一位，而不一定要用位变量名引用变量。但是，不允许在 bDATA 区定义 float 和 double 类型的变量。

③IDATA 区。可以存放使用频繁的变量，使用寄存器作为指针进行位寻址。在寄存器中设置 8 位地址间寻址，与外部存储器相比，指令执行周期和代码行长度都比较短。

④PDATA 和 XDATA 区。单片机的片外 RAM 区，声明变量和其他区语法相同。

⑤CODE 区。单片机的程序代码区，代码区的数据是不可以改变的。可存放数据表，跳转向量和状态表。

(2)存储模式　在变量定义时省略了存储器类型标识符，C51 编译器会选择默认的存储器类型。默认的存储器类型由 small、compact 和 large 存储模式(memory models)指令决定。存储模式是编译器的编译选项，用于决定变量的默认存储类型、参数传递区和无声明存储类型说明变量的存储类型。各种不同模式对于不同的实际硬件系统也将有不同的编译结果。

①小模式(small model)。所有未声明存储器的变量类型，都默认驻留在内部数据区，即这种方式和用 DATA 进行显示说明一样。变量访问速度快，但所有数据对象(包括堆栈)都必须放在内部数据存储区，空间有限。

②紧凑模式(compact model)。所有未声明存储器的变量类型，默认驻留在外部数据存储区的一个页上，即和利用 PDATA 进行存储器类型的说明一样。该模式利用 R0 和 R1 寄存器进行间接寻址(@R0 和@R1)。该模式存取速度比小模式慢但比大模式快。

③大模式(large model)。所有未声明存储器的变量类型，默认驻留在外部数据存储区，即和利用 XDATA 进行显示说明一样。

在不同存储器类型下的变量说明：

```
Unsignedchardata var1; //small 模式，被定位在 DATA 区，片内 RAM
Unsignedcharpdata var1; //compact 模式，片外按页面间接寻址 RAM
Unsignedcharxdata var1; //large 模式，片外间接寻址 RAM
```

为了提高运行速度，建议在编写源程序时，把存储模式设定为 small，必要时在程序中对 XDATA、PDATA 和 IDATA 等类型变量进行专门声明。

sbit 和 bit 的区别：sbit 定义特殊功能寄存器中的可寻址位；而 bit 则定义了一个普通的位变量，一个函数可包括 bit 类型的参数也可作为返回值。sbit 可以访问 MCS-51 单片机内 20H～2FH 范围内的位对象。

(3)特殊功能寄存器　特殊功能寄存器用 sfr 来定义。而 sfr16 用来定义 16 位的特殊功能寄存器，如 DPTR。通过名字或地址来引用特殊功能寄存器地址，必须高于 80H。可以位寻址的特殊功能寄存器的位变量定义用关键字 sbit SFR 来定义。对于大多数 8051 成员，Keil 提供了一个包含了所有特殊功能寄存器和它们的位的定义的头文件，通过包含头文件可以很容易地进行新的扩展，例如：

```
sfr SCON = 0x98; //定义 SCON
sbit SM0 = 0x9F; //定义 SCON 的各位
sbit SM1 = 0x9E;
sbit SM2 = 0x9D;
sbit REN = 0x9C;
sbit  P11 = P1^1;
```

4.2.4　运算与表达式

(1)C 语言中的运算操作。

①赋值运算符。赋值运算符“=”，在 C51 中，它的功能是将一个数据的值赋给一个变量，如 x=10。利用赋值运算符将一个变量与一个表达式连接起来的式子称为赋值表达式，在赋值表达式的后面加一个分号“;”就构成了赋值语句，一个赋值语句的格式如下：

```
变量=表达式;
```

执行时先计算出右边表达式的值，然后赋给左边的变量。例如：

```
x=8+9; /*将8+9的值赋给变量x*/
x=y=5; /*将常数5同时赋给变量x和y*/
```

在 C51 中，允许在一个语句中同时给多个变量赋值，赋值顺序自右向左。

②算术运算符。C51 中支持的算术运算符有：

```
+      加或取正值运算符
-      减或取负值运算符
*      乘运算符
/      除运算符
%      取余运算符
```

加、减、乘运算相对比较简单，而对于除运算，如相除的 2 个数为浮点数，则运算的结果也为浮点数，如相除的 2 个数为整数，则运算的结果也为整数，即为整除。如 25.0/20.0 结果为 1.25，而 25/20 结果为 1。

对于取余运算，则要求参加运算的 2 个数必须为整数，运算结果为它们的余数。例如：x=5%3，结果 x 的值为 2。

③关系运算符。C51 中有 6 种关系运算符：

```
>       大于
<       小于
>=      大于等于
<=      小于等于
==      等于
!=      不等于
```

关系运算用于比较 2 个数的大小，用关系运算符将 2 个表达式连接起来形成的式子称为关系表达式。关系表达式通常用来作为判别条件构造分支或循环程序。关系表达式的一般形式如下：

```
表达式 1  关系运算符  表达式 2
```

关系运算的结果为逻辑量，成立为真(1)，不成立为假(0)。其结果可以作为一个逻辑量参与逻辑运算。例如：5>3，结果为真(1)，而 10==100，结果为假(0)。

注意，关系运算符等于“==”由 2 个“=”组成。

④逻辑运算符。C51 有 3 种逻辑运算符：

```
||      逻辑或
&&      逻辑与
!       逻辑非
```

关系运算符用于反映两个表达式之间的大小关系，逻辑运算符则用于求条件式的逻辑值，用逻辑运算符将关系表达式或逻辑量连接起来的式子就是逻辑表达式。

逻辑与的格式：

```
条件式 1 && 条件式 2
```

当条件式 1 与条件式 2 都为真时结果为真(非 0 值)，否则为假(0 值)。

逻辑或的格式：

```
条件式 1 || 条件式 2
```

当条件式 1 与条件式 2 都为假时结果为假(0 值)，否则为真(非 0 值)。

逻辑非的格式：

```
! 条件式
```

当条件式原来为真(非 0 值),逻辑非后结果为假(0 值);当条件式原来为假(0 值),逻辑非后结果为真(非 0 值)。

例如:若 a=8,b=3,c=0,则!a 为假,a && b 为真,b && c 为假。

⑤位运算符。C51 语言能对运算对象按位进行操作,它与汇编语言使用一样方便。位运算是按位对变量进行运算,但并不改变参与运算的变量的值。如果要求按位改变变量的值,则要利用相应的赋值运算。C51 中位运算符只能对整数进行操作,不能对浮点数进行操作。C51 中的位运算符有:

```
&     按位与
|     按位或
^     按位异或
~     按位取反
<<    左移
>>    右移
```

例 4.1 设 a=0x54=01010100B,b=0x3b=00111011B,则 a&b、a|b、a^b、~a、a<<2、b>>2 分别为多少?

a&b=00010000b=0x10。

a|b=01111111B=0x7f。

a^b=01101111B=0x6f。

~a=10101011B=0xab。

a<<2=01010000B=0x50。

b>>2=00001110B=0x0e。

⑥复合赋值运算符。C51 语言中支持在赋值运算符"="的前面加上其他运算符,组成复合赋值运算符。下面是 C51 中支持的复合赋值运算符:

```
+=     加法赋值
-=     减法赋值
*=     乘法赋值
/=     除法赋值
%=     取模赋值
&=     逻辑与赋值
|=     逻辑或赋值
^=     逻辑异或赋值
~=     逻辑非赋值
>>=    右移位赋值
<<=    左移位赋值
```

复合赋值运算的一般格式如下:

```
变量  复合运算赋值符  表达式
```

处理过程是先把变量与后面的表达式进行某种运算，然后将运算的结果赋给前面的变量。其实这是C51语言中简化程序的一种方法，大多数二目运算都可以用复合赋值运算符简化表示。例如：a+=6相当于a=a+6；a*=5相当于a=a*5；b&=0x55相当于b=b&0x55；x>>=2相当于x=x>>2。

⑦逗号运算符。在C51语言中，逗号“,”是一个特殊的运算符，可以用它将2个或2个以上的表达式连接起来，称为逗号表达式。逗号表达式的一般格式为：

```
表达式1,表达式2,……,表达式n
```

程序执行时对逗号表达式的处理：按从左至右的顺序依次计算出各个表达式的值，而整个逗号表达式的值是最右边的表达式(表达式n)的值。例如：x=(a=3,6*3)，x的值为18。

⑧条件运算符。条件运算符“?:”是C51语言中唯一的一个三目运算符，它要求有3个运算对象，用它可以将3个表达式连接在一起，构成一个条件表达式。条件表达式的一般格式为：

```
逻辑表达式?表达式1:表达式2
```

其功能是先计算逻辑表达式的值，当逻辑表达式的值为真(非0值)时，将计算的表达式1的值作为整个条件表达式的值；当逻辑表达式的值为假(0值)时，将计算的表达式2的值作为整个条件表达式的值。例如：条件表达式max=(a>b)?a:b的执行结果是将a和b中较大的数赋值给变量max。

⑨指针与地址运算符。指针是C51语言中的一个十分重要的概念，在C51中的数据类型中专门有一种指针类型。指针为变量的访问提供了另一种方式，变量的指针就是该变量的地址，还可以定义一个专门指向某个变量的地址的指针变量。为了表示指针变量和它所指向的变量地址之间的关系，C51中提供了2个专门的运算符：

```
*      指针运算符
&      取地址运算符
```

指针运算符“*”放在指针变量前面，通过它实现访问以指针变量的内容为地址所指向的存储单元。例如：指针变量p中的地址为2000H，则*p所访问的是地址为2000H的存储单元，x=*p，实现把地址为2000H的存储单元的内容送给变量x。

取地址运算符“&”放在变量的前面，通过它取得变量的地址，变量的地址通常送给指针变量。例如：设变量x的内容为12H，地址为2000H，则&x的值为2000H。如有一指针变量p，则通常用p=&x，实现将x变量的地址送给指针变量p，指针变量p指向变量x，以后可以通过*p访问变量x。

(2)表达式　在表达式的后边加一个分号“;”就构成了表达式语句，如：

```
a=++b*9;
x=8;y=7;
++k;
```

可以一行放一个表达式形成表达式语句，也可以一行放多个表达式形成表达式语句，这时每个表达式后面都必须带“;”号，另外，还可以仅由一个分号“;”占一行形成一个表达式语句，这种语句称为空语句。

空语句在程序设计中通常用于以下 2 种情况：

①在程序中为有关语句提供标号，用以标记程序执行的位置。例如，采用下面的语句可以构成一个循环。

```
repeat: ;
        …
goto repeat;
```

②在用 while 语句构成的循环语句后面加一个分号，形成一个不执行其他操作的空循环体。这种结构通常用于对某位进行判断，当不满足条件则等待，满足条件则执行。

例 4.2 下面这段子程序用于读取 8051 单片机的串行口的数据，当没有接收到则等待，当接收到则接收数据后返回，返回值为接收的数据。

```
# include
char getchar()
{
char c;
while(!RI);     //当接收中断标志位 RI 为 0 则等待，当接收中断标志位为 1 则等待结束
c = SBUF;
RI = 0;
return(c);
}
```

4.3 C51 程序的基本语句

C51 提供了十分丰富的程序控制语句。

4.3.1 表达式语句

表达式语句是最基本的一种语句。在表达式的后面加一个分号“;”，就构成了表达式语句。表达式语句也可以仅由一个分号“;”组成，这种语句称为空语句。当程序在语法上需要有一个语句，但在语义上并不要求有具体的动作时，便可以采用空语句。

4.3.2 复合语句

复合语句是由若干条语句组合而成的一种语句，是用“{ }”将若干条语句组合在一起而形成的功能块，内部的各条单语句需以“;”结束。复合语句的一般形式如下：

```
{
局部变量定义;
语句 1;
语句 2;
……
语句 n;
}
```

复合语句在执行时,其中各条语句依次顺序执行。整个复合语句在语法上等价于一条单语句。复合语句允许嵌套,即在复合语句内部还可以包含其他的复合语句。实际上,函数的执行部分(函数体)就是一个复合语句。复合语句中的单语句一般是可执行语句,也可以是变量定义语句。在复合语句内所定义的变量,称为该复合语句中的局部变量,仅在当前复合语句中有效。

4.3.3 条件语句

条件语句,又称为分支语句,是用关键字"if"构成的。C51 提供了 3 种形式的条件语句。

```
(1)if(表达式)语句
```

含义是:若条件表达式的结果为真(非 0 值),执行后面的语句;反之,若条件表达式的结果为假(0 值),不执行后面的语句。其中的语句也可以是复合语句。

```
(2)if(表达式)语句 1
   else 语句 2
```

含义是:若条件表达式的结果为真(非 0 值),执行语句 1;反之,若条件表达式的结果为假(0 值),执行语句 2。其中的语句都可以是复合语句。

```
(3)if(条件表达式 1)语句 1
   else if(条件表达式 2)语句 2
   else if(条件表达式 3)语句 3
   ……
   else if(条件表达式 m)语句 m
   else 语句 n
```

这种条件语句常用来实现多方向条件分支。当分支较多时,会使条件语句的嵌套层次太多,程序冗长,可读性降低。

4.3.4 开关语句

开关语句也是一种用来实现多方向条件分支的语句。开关语句直接处理多分支选择,使程序结构清晰,使用方便。开关语句是用关键字 switch 构成的,一般形式如下:

```
switch(表达式)
{
case 常量表达式 1:语句 1;
break;
case 常量表达式 2:语句 2;
break;
……
case 常量表达式 n:语句 n;
break;
default:语句 d;
}
```

开关语句的执行过程是:将 switch 后面的表达式的值与 case 后面各个常量表达式的值逐个进行比较,若遇到匹配时,就执行相应 case 后面的语句,然后执行 break 语句。若无匹配的情况,则只执行 default 后面的语句 d。break 语句又称间断语句,功能是中止当前语句的执行,使程序跳出 switch 语句。

4.3.5 循环语句

实际应用中,很多地方要用到循环控制,如对于某种操作需要反复进行多次等。在 C51 中,用来构成循环控制的语句有 while、do-while 以及 for 等形式的语句。

(1)采用 while 构成的循环结构

```
while(表达式)语句;
```

含义是:当条件表达式的结果为真(非 0 值)时,程序就重复执行后面的语句,一直执行到条件表达式的结果变为假(0 值)为止。这种循环结构是先检查条件表达式所给出的条件,再根据检查结果决定是否执行后面的语句。如果条件表达式的结果一开始就为假,则后面的语句一次也不会被执行。这里的语句可以是复合语句。

(2)采用 do-while 构成的循环结构

```
do 语句 while(表达式);
```

含义是:当条件表达式的值为真(非 0 值)时,则重复执行循环体语句,直到条件表达式的值变为假(0 值)为止。这种循环结构是先执行给定的循环语句,然后再检查条件表达式的结果,任何条件下循环体语句至少会被执行一次。

(3)采用 for 构成的循环结构

```
for([初值设定表达式];[循环条件表达式];[更新表达式])语句;
```

for 语句的执行过程:先计算初值设定表达式的值作为循环控制变量的初值,再检查循环条件表达式的结果,当满足条件时就执行循环体语句并计算更新表达式,然后再根据更新表达式的计算结果来判断循环条件是否满足……一直进行到循环条件表达式的结果为假(0 值)时退出循环体。

4.3.6 goto、break、continue 语句

(1)goto 语句　是一个无条件转向语句,它的一般形式如下:

```
goto 语句标号;
```

其中,语句标号是一个带冒号":"的标识符。将 goto 语句与 if 语句一起使用,可以构成一个循环语句,但更常见的是采用 goto 语句来跳出多重循环。需要注意,只能用 goto 语句从内层循环跳到外层循环,而不允许从外层循环跳到内层循环。

(2)break 语句　break 语句也用于跳出循环语句,只能用于开关语句和循环语句,是一种具有特殊功能的无条件转移语句。对于多重循环的情况,break 语句只能跳出它所处的那一层循环。

(3)continue 语句　continue 语句是一种中断语句,功能是中断本次循环,通常和条件语句一起用在由 while、do-while 和 for 语句构成的循环结构中,也是一种具有特殊功能的无条件转移语句。但与 break 语句不同的是,continue 语句并不跳出循环体,而只是根据循环控制条件确定是否继续执行循环语句。

4.3.7 返回语句

返回语句用于终止函数的执行,并控制程序返回到调用该函数时所处的位置。返回语句有 2 种形式:

```
(1)return(表达式);
```

```
(2)return;
```

如果 return 语句后面带有表达式,则要计算表达式的值,并将表达式的值作为该函数的返回值。若使用不带表达式的形式,则被调用函数返回主函数时函数值不确定。一个函数的内部可以含有多个 return 语句,但程序仅执行其中的一个 return 语句而返回主调用函数。一个函数的内部也可以没有 return 语句,在这种情况下,当程序执行到最后一个界限符"}"处时,就自动返回主调用函数。

4.4 函数

4.4.1 函数的定义与调用

实际中求解复杂问题时,常将一个大问题划分成若干子问题,即采用模块化程序设计方法,将整个程序划分为若干个程序模块,每个模块解决一个特定的子问题,各模块间相互独立,最后再把所有的程序模块组合起来解决所有的问题。

C51 引入了函数的概念。模块化程序设计一般采用函数来实现,一个函数对应一个功能模块,在程序中要实现相应的功能,直接调用该功能对应的函数即可。使用函数不仅可以实现

程序的模块化设计，而且可以减少实现相同的功能重复编码的工作量，因为各程序模块之间是相互独立的，这样还提高了程序的可读性和维护性。

从用户的角度看，有 2 种函数，即标准库函数和用户自定义函数。标准库函数是 Keil C51 编译器提供的，可以直接调用；用户自定义函数是用户根据自己的需要编写的，必须先进行定义之后才能调用。

(1)函数的定义　函数定义的一般形式如下：

```
函数类型  函数名(形式参数表)
{
    局部变量定义;
    函数体语句;
}
```

函数类型说明了自定义函数返回值的类型；函数名是用标识符表示的自定义函数的名字；形式参数表中则列出了主调用函数与被调用函数之间传递的数据，形式参数的类型必须加以说明。局部变量是对在函数内部使用的局部变量进行定义；函数体语句是为完成该函数的特定功能而设置的各种语句。

ANSI C 标准，允许在形式参数表中对形式参数的类型进行说明。如果定义的是无参函数，可以没有形式参数表，但圆括号“( )”不能省略。

(2)函数的调用　所谓函数的调用，就是在一个函数体中引用另外一个已经定义了的函数，前者称为主调用函数，后者称为被调用函数。C51 中，函数是可以互相调用的。函数调用的一般形式为：

```
函数名(实际参数表)
```

函数名指出被调用的函数；实际参数表中可以包括多个实际参数，各个参数之间用逗号“,”分开。实际参数的作用是将它的值传递给被调用函数中的形式参数。需要注意的是，函数调用中的实际参数与函数定义中的形式参数必须在个数、类型及顺序上严格保持一致，以便将实际参数的值正确地传递给形式参数，否则在函数调用时会产生意想不到的结果。如果调用的是无参函数，则可以没有形式参数表，但圆括号“()”不能省略。

C51 中可以采用 3 种方式完成函数的调用：

①函数语句。在主调用函数中，将函数调用作为一条语句。这是无参调用，不要求被调用函数返回一个确定的值，只要求它完成一定的操作。

②函数表达式。在主调用函数中，将函数调用作为一个运算对象直接出现在表达式中，这种表达式称为函数表达式。这种函数调用方式通常要求被调用函数返回一个确定的值。

③函数参数。在主调用函数中，将函数调用作为另一个函数调用的实际参数。这种在调用一个函数的过程中又调用了另外一个函数的方式，称为嵌套函数调用。

(3)函数的说明　与使用变量一样，在调用一个函数之前(包括标准库函数)，必须对该函数的类型进行说明，即“先说明，后调用”。如果调用的是库函数，一般应在程序的开始处用预处理命令# include 将有关函数说明的头文件包含进来。

如果调用的是用户自定义函数，而且函数与调用它的主调用函数在同一个文件中，一般应该在主调用函数中对被调用函数的类型进行说明。函数说明的一般形式如下：

```
类型标识符  被调用的函数名(形式参数表);
```

其中,类型标识符说明了函数的返回值的类型;形式参数表说明了各个形式参数的类型。

4.4.2 库函数的分类

C51 强大功能及其高效率的重要体现之一在于其丰富的可直接调用的库函数,多使用库函数使程序代码简单,结构清晰,易于调试和维护,下面介绍 C51 的库函数系统。

C51 提供的函数有本征函数和非本征函数 2 种。本征函数是指编译时直接将固定的代码插入当前行,而不是用 ACALL 和 LCALL 语句来实现,这样就大大提高了函数访问的效率,而非本征函数则必须由 ACALL 及 LCALL 调用。

C51 的本征库函数只有 9 个,数量虽少,但都非常有用,例如：

```
_crol_,_cror_:将 char 型变量循环向左(右)移动指定位数后返回
_iror_,_irol_:将 int 型变量循环向左(右)移动指定位数后返回
_lrol_,_lror_:将 long 型变量循环向左(右)移动指定位数后返回
_nop_: 相当于插入 NOP
_testbit_: 相当于 JBC bitvar 测试该位变量并跳转同时清除
_chkfloat_: 测试并返回源点数状态
```

使用时,必须包含# inclucle <intrins. h>一行,如不说明,谈到的库函数均指非本征库函数。

4.4.3 中断服务函数与寄存器组定义

Keil C51 编译器支持在 C 语言源程序中直接编写 51 系列单片机的中断服务程序,一般形式为：

```
函数类型  函数名(形式参数表)  [interrupt n]  [using n]
```

51 系列单片机可以在片内 PAM 中使用 4 个不同的工作寄存器组,每个寄存器组中包含 8 个工作寄存器(R0～R7)。C51 编译器扩展了一个关键字 using,专门用来选择单片机中不同的工作寄存器组。关键字 using 后面的 n 是一个 0～3 的常整数,分别选中 4 个不同的工作寄存器组。在定义一个函数时,using 是一个选项,如果不用该选项,则由编译器自动选择一个寄存器组作绝对寄存器组访问。

关键字 interrupt 后面的 n 是中断号, n 的取值范围为 0～31。编译器从 8n＋3 处产生中断向量,具体的中断号 n 和中断向量取决于 8051 系列单片机芯片型号,中断号和中断源的对应关系如表 4.4 所示。

中断函数运行过程中完成的任务：

(1)中断产生时,中断函数被系统所使用。

(2)中断函数运行完成退出时,堆栈保存的数据将被恢复。

表 4.4 中断号和中断源的对应关系

中断号	中断源
0	外部中断 0
1	定时/计数器 0
2	外部中断 1
3	定时/计数器 1
4	串行口
5	定时/计数器 2

(3)中断函数退出时，其对应的汇编代码使用 RETI 指令退出。

中断函数应遵循以下规则：

(1)不能进行参数传递。

(2)没有返回值。

(3)不能在子函数中直接调用。

(4)如中断调用了其他函数，必须保证函数和中断函数使用了相同的寄存器。

(5)对中断函数不需要声明。

4.4.4 C51 的函数库

(1)本征库函数　本征库函数是指编译时直接将固定的代码插入当前行，而不是用汇编语言中的“ACALL”和“LCALL”指令来实现调用，从而大大提高函数的访问效率。非本征库函数则必须由“ACALL”和“LCALL”指令来实现调用。C51 的本征库函数只有 9 个，数量虽少，但非常有用。本征库函数在头文件 INTRINS. H 中定义。

(2)字符判断转换库函数　字符判断转换库函数的原型声明在头文件 CTYPE. H 中定义。

(3)输入输出库函数　输入输出库函数的原型声明在头文件 STDIO. H 中定义，通过 8051 系列单片机的串行口工作。如果希望支持其他 I/O 接口，只需要改动_getkey()和 putchar()函数，库中所有其他 I/O 支持函数都依赖这 2 个函数模块。在使用 8051 系列单片机的串行口之前，应先对其进行初始化。

例如，以 2400 波特率(12 MHz 时钟频率)初始化串行口的语句如下：

```
SCON = 0x52;          /* SCON 置初值 */
TMOD = 0x20;          /* TMOD 置初值 */
TH1 = 0xf3;             /* T1 置初值 */
TR1 = 1;                  /* 启动 T1 */
```

(4)字符串处理库函数　字符串处理库函数的原型声明包含在头文件 STRING. H 中，字符串函数通常接收指针串作为输入值。一个字符串应包括 2 个或多个字符，字符串的结尾以空字符表示。在函数 memcmp、memcpy、memchr、memccpy、memset 和 memmove 中，字符串的长度由调用者明确规定。

(5)类型转换及内存分配库　类型转换及内存分配库函数的原型声明包含在头文件 STDLIB. H 中,利用该库函数可以完成数据类型转换以及存储器分配操作。

(6)数学计算库函数　数学计算库函数的原型声明包含在头文件 MATH. H 中。

4.5　C51 程序设计举例

当设计一个小的嵌入式系统时,一般我们都用汇编语言。因为代码一般不超过 8 kB,而且都比较简单。如果硬件工程师要同时设计软件和硬件,经常会采用汇编语言来做程序。使用汇编语言的麻烦在于它的可读性和可维护性不足,特别当程序没有很好地标注时,代码的可重用性也比较低,如果使用 C 语言的话可以很好地解决这些问题。

C 语言很好的结构性和模块化更易于阅读和维护;用 C 语言编写的模块化程序有很好的可移植性,功能化的代码能够很方便地从一个工程移植到另一个工程,从而减少了开发时间。

用 C 语言编写程序比汇编语言更符合人们的思考习惯,开发者可以更专心地考虑算法而不是考虑一些细节问题,这样就减少了开发和调试的时间。

使用像 C 语言这样的语言,程序员不必十分熟悉处理器的运算过程,这意味着对新的处理器也能很快上手,不必知道处理器的具体内部结构。

虽然 C 语言有许多优势,但汇编语言并非没有立足之地。很多系统特别是实时系统都是用 C 语言和汇编语言联合编程。对时钟要求很严格时使用汇编语言成了唯一的方法,C 语言的特点是可以使操作者尽量少地对硬件进行操作,是一种功能性和结构性很强的语言。

例 4.3　用单片机控制一个灯闪烁,认识单片机的工作频率。

```
#include<reg51.h>       //包含单片机寄存器的头文件
/******************************************
函数功能:延时一段时间
******************************************/
void delay(void)          //两个 void 意思分别为无须返回值,没有参数传递
{
  unsigned int i;         //定义无符号整数,最大取值范围 65535
  for(i=0;i<20000;i++)  //做 20000 次空循环
       ;                       //什么也不做,等待一个机器周期
}
/*******************************************************
函数功能:主函数 (C 语言规定必须有也只能有 1 个主函数)
*******************************************************/
void main(void)
{
  while(1)        //无限循环
   {
    P1=0xfe;    //P1=1111 1110B, P1.0 输出低电平
```

```
    delay();   //延时一段时间
    P1 = 0xff;   //P1 = 1111 1111B, P1.0 输出高电平
    delay();  //延时一段时间
    }
}
```

第5章　STC12C5A60S2单片机的功能部件

5.1　STC12C5A60S2单片机的中断系统

5.1.1　中断概述

中断是指计算机在执行某一程序的过程中，由于计算机系统内、外的某种原因而必须终止原程序的执行，转去完成相应的处理程序，待处理结束之后再返回继续执行被终止原程序的过程，中断的执行过程如图5.1所示。实现这种中断功能的硬件系统和软件系统统称为中断系统。中断系统是为了使CPU具有对外界紧急事件的处理能力而设置的。

向CPU申请中断的请求源称为中断源。微型机的中断系统一般允许多个中断源，当几个中断源同时向CPU请求中断，要求为它服务的时候，这就存在CPU优先响应哪一个中断源请求的问题。通常根据中断源的轻重缓急排队，优先处理最紧急事件的中断请求源，即规定每一个中断源有一个优先级别。CPU总是先响应优先级别最高的中断请求。

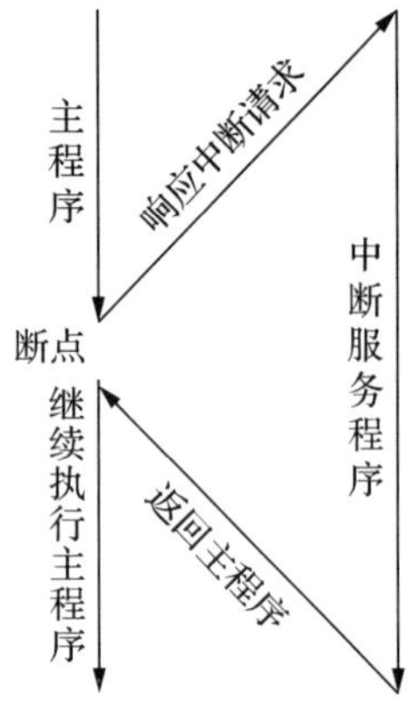

图5.1　中断的执行过程

当CPU正在处理一个中断源请求的时候(执行相应的中断服务程序)，发生了另外一个优先级比它还高的中断源请求。如果CPU能够暂停对原来中断源的服务程序，转而去处理优先级更高的中断请求源，处理完以后，再回到原低级中断服务程序，这样的过程称为中断嵌套，中断嵌套的过程如图5.2所示。可实现中断嵌套的中断系统称为多级中断系统，没有中断嵌套功能的中断系统称为单级中断系统。

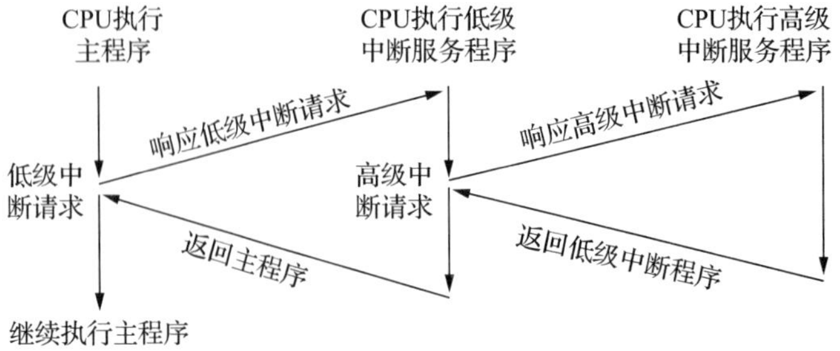

图5.2　中断嵌套的过程

用户可以用关闭总中断允许位或相应中断的允许位来屏蔽所有的中断请求，也可以用打开相应的中断允许位来使 CPU 响应相应的中断申请；每一个中断源都可以用软件独立地控制为开中断或关中断状态；每一个中断的优先级别均可用软件设置。

高优先级的中断请求可以打断低优先级的中断；反之，低优先级的中断请求不可以打断高优先级及相同优先级的中断。当 2 个相同优先级的中断同时产生时，将由查询顺序来决定系统先响应哪个中断。

5.1.2 STC12C5A60S2 单片机中断系统的结构

STC12C5A60S2 单片机的中断系统结构如图 5.3 所示。

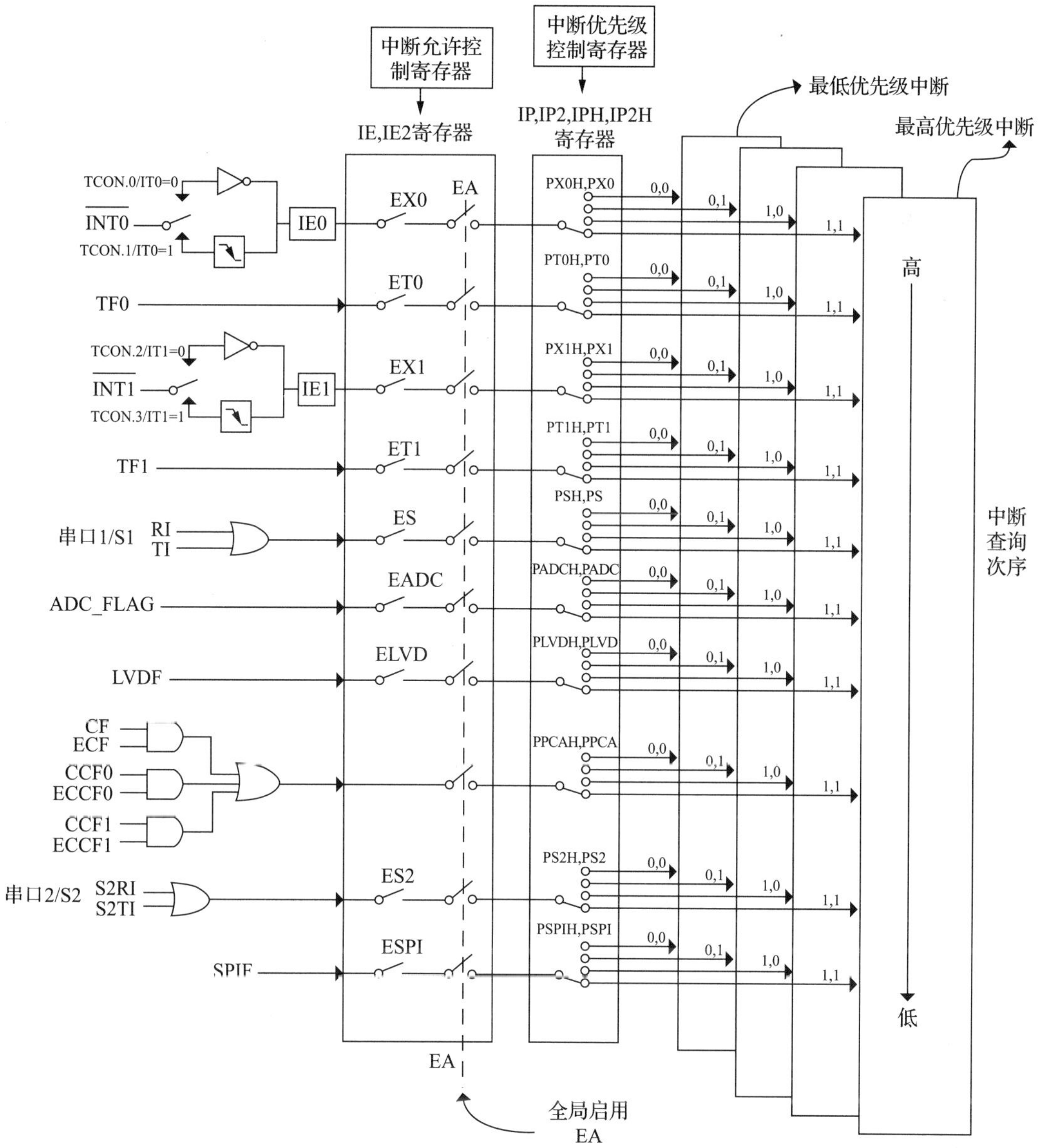

图 5.3 STC12C5A60S2 单片机的中断系统结构

STC12C5A60S2 单片机的中断系统提供了 10 个中断请求源，它们分别是：外部中断 0

($\overline{INT0}$)、定时器 0 中断、外部中断 1($\overline{INT1}$)、定时器 1 中断、串口 1(UART1)中断、A/D 转换中断、低压检测(LVD)中断、PCA 中断、串口 2 中断以及 SPI 中断。所有的中断都具有 4 个中断优先级。

(1)中断源　外部中断 0(INT0)和外部中断 1(INT1)既可低电平触发,也可下降沿触发。请求 2 个外部中断的标志位是位于寄存器 TCON 中的 IE0/TCON.1 和 IE1/TCON.3。当外部中断服务程序被响应后,中断请求标志位 IE0 和 IE1 会自动被清 0。TCON 寄存器中的 TCON.0/IT0 和 TCON.2/IT1 决定了外部中断 0 和 1 是低电平触发方式还是下降沿触发方式。如果 ITx = 0(x = 0,1),那么系统在 $\overline{INTx}$(x = 0,1)脚探测到低电平后可产生外部中断。如果 ITx = 1(x = 0,1),那么系统在 $\overline{INTx}$(x = 0,1)脚探测下降沿后可产生外部中断。外部中断 0($\overline{INT0}$)和外部中断 1($\overline{INT1}$)还可以用于将单片机从掉电模式唤醒。

定时器 T0 和 T1 的中断请求标志位是 TF0 和 TF1。当定时器寄存器 THx/TLx(x = 0,1)溢出时,溢出标志位 TFx(x = 0,1)会被置位,定时器中断发生。当单片机转去执行该定时器中断时,定时器的溢出标志位 TFx(x = 0,1)会被硬件清除。

当串行口 1 接收中断请求标志位 RI 和串行口 1 发送中断请求标志位 TI 中的任何一个被置 1 后,串行口中断都会产生。

A/D 转换的中断是由 ADC_FLAG/ADC_CONTR.4 请求产生的,该位需用软件清除。

低压检测(LVD)中断是由 LVDF/PCON.5 请求产生的,该位也需用软件清除。

(2)中断相关的寄存器　如表 5.1 所示。

①中断允许寄存器 IE 和 IE2。

STC12C5A60S2 单片机 CPU 对中断源的开放或屏蔽,每一个中断源是否被允许中断,是由内部的中断允许寄存器 IE(IE 为特殊功能寄存器,字节地址为 A8H,可位寻址)控制的,其格式见表 5.2。

中断允许寄存器 IE 中各位的控制功能如下。

EA:CPU 的总中断允许控制位。EA = 1,CPU 开放中断;EA = 0,CPU 屏蔽所有的中断申请。EA 的作用是使中断允许形成两级控制,即各中断源首先受 EA 控制,然后还受各中断源自己的中断允许控制位控制。

ELVD:低压检测中断允许位。ELVD = 1,允许低压检测中断;ELVD = 0,禁止低压检测中断。

EADC:A/D 转换中断允许位。EADC = 1,允许 A/D 转换中断;EADC = 0,禁止 A/D 转换中断。

ES:串行口 1 中断允许位。ES = 1,允许串行口 1 中断;ES = 0,禁止串行口 1 中断。

ET1:定时/计数器 T1 的溢出中断允许位。ET1 = 1,允许 T1 中断;ET1 = 0,禁止 T1 中断。

EX1:外部中断 1 中断允许位。EX1 = 1,允许外部中断 1 中断;EX1 = 0,禁止外部中断 1 中断。

ET0:T0 的溢出中断允许位。ET0 = 1,允许 T0 中断;ET0 = 0,禁止 T0 中断。

EX0:外部中断 0 中断允许位。EX0 = 1,允许中断;EX0 = 0,禁止中断。

中断允许寄存器 IE2(不可位寻址)的格式见表 5.3。

表 5.1 中断相关的寄存器

符号	地址	位地址及其符号								复位值
		B7	B6	B5	B4	B3	B2	B1	B0	
IE	A8H	EA	ELVD	EADC	ES	ET1	EX1	ET0	EX0	0000 0000B
IP	B8H	PPCA	PLVD	PADC	PS	PT1	PX1	PT0	PX0	0000 0000B
IPH	B7H	PPCAH	PLVDH	PADCH	PSH	PT1H	PX1H	PT0H	PX0H	0000 0000B
IE2	AFH	—	—	—	—	—	—	ESPI	ES2	xxxx xx00B
IP2	B5H	—	—	—	—	—	—	PSPI	PS2	xxxx xx00B
IP2H	B6H	—	—	—	—	—	—	PSPIH	PS2H	xxxx xx00B
TCON	88H	TF1	TR1	TF0	TR0	IE1	IT1	IE0	IT0	0000 0000B
SCON	98H	SM0/FE	SM1	SM2	REN	TB8	RB8	TI	RI	0000 0000B
AUXR	8EH	T0x12	T1x12	UART_M0x6	BRTR	S2SMOD	BRTx12	EXTRAM	SIBRS	0000 0000B
PCON	87H	SMOD	SMOD0	LVDF	POF	GF1	GF0	PD	IDL	0011 0000B
WAKE_CLKO	8FH	FCAWAKEUP	RXD_PIN_IE	T1_PIN_IE	T0_PIN_IE	LVD_WAKE	BRTCLKO	T1CLKO	T0CLKO	0000 0000B
ADC_CONTR	BCH	ADC_POWER	SPEED1	SPEED0	ADC_FLAG	ADC_START	CHS2	CHS1	CHS0	0000 0000B
CCON	D8H	CF	CR	—	—	—	—	CCF1	CCF0	00xx xx00B
CMON	D9H	CIDL	—	—	—	CPS2	CPS1	CPS0	ECF	00xx 0000B
CCAPM0	DAH	—	ECOM0	CAPP0	CAPN0	MAT0	TOG0	PWM0	ECCF0	x000 0000B
CCAPM1	DBH	—	ECOM1	CAPP1	CAPN1	MAT1	TOG1	PWM1	ECCF1	x000 0000B
SPSTAT	CDH	SPIF	WCOL	—	—	—	—	—	—	00xx xxxxB

表 5.2　中断允许寄存器的 IE 格式

SFR 符号	地址	bit	B7	B6	B5	B4	B3	B2	B1	B0
IE	A8H	name	EA	ELVD	EADC	ES	ET1	EX1	ET0	EX0

表 5.3　中断允许寄存器 IE2 的格式

SFR 符号	地址	bit	B7	B6	B5	B4	B3	B2	B1	B0
IE2	AFH	name	—	—	—	—	—	—	ESPI	ES2

ESPI：SPI 中断允许位。ESPI＝1，允许 SPI 中断；SPI＝0，禁止 SPI 中断。

ES2：串行口 2 中断允许位。ES2＝1，允许串行口 2 中断；ES2＝0，禁止串行口 2 中断。

STC12C5A60S2 单片机复位以后，IE 和 IE2 被清 0，由用户程序置 1 或清 0 IE 和 IE2 相应的位，实现允许或禁止各中断源的中断申请，若使某一个中断源允许中断，必须同时使 CPU 开放中断。更新 IE 的内容可由位操作指令来实现（SETBBIT；CLRBIT），也可用字节操作指令实现（MOVIE，# DATA，ANLIE，# DATA；ORLIE，# DATA；MOVIE，A 等）。更新 IE2（不可位寻址）的内容可用 MOVIE2，# DATA 指令来解决。

②中断优先级控制寄存器 IP、IP2 和 IPH、IP2H。

传统 8051 单片机具有 2 个中断优先级，即高优先级和低优先级，可以实现两级中断嵌套。

STC12C5A60S2 单片机通过设置新增加的特殊功能寄存器（IPH 和 IP2H）中的相应位，可将中断优先级设置为 4 个中断优先级；如果只设置 IP 和 IP2，那么中断优先级只有两级，与传统 8051 单片机两级中断优先级完全兼容。

一个正在运行的低优先级中断能被高优先级中断所中断，但不能被另一个低优先级中断所中断，一直运行到结束，遇到返回指令 RETI，返回主程序后再运行一条指令才能响应新的中断申请。以上所述可归纳为下面 2 条基本规则：低优先级中断可被高优先级中断所中断，反之不能；任何一种中断（不管是高级还是低级），一旦得到响应，便不会再被它的同级中断所中断。

STC12C5A60S2 单片机的片内各优先级控制寄存器 IPH、IP 的格式见表 5.4 和表 5.5。

表 5.4　中断优先级高字节控制寄存器 IPH（不可位寻址）的格式

SFR 符号	地址	bit	B7	B6	B5	B4	B3	B2	B1	B0
IPH	B7H	name	PPCAH	PLVDH	PADCH	PSH	PT1H	PX1H	PT0H	PX0H

表 5.5　中断优先级控制寄存器 IP（可位寻址）的格式

SFR 符号	地址	bit	B7	B6	B5	B4	B3	B2	B1	B0
IP	B8H	name	PPCA	PLVD	PADC	PS	PT1	PX1	PT0	PX0

PPCAH，PPCA：PCA 中断优先级控制位。

当 PPCAH＝0 且 PPCA＝0 时，PCA 中断为最低优先级中断（优先级 0）；

当 PPCAH＝0 且 PPCA＝1 时，PCA 中断为较低优先级中断（优先级 1）；

当 PPCAH＝1 且 PPCA＝0 时，PCA 中断为较高优先级中断（优先级 2）；

当 PPCAH＝1 且 PPCA＝1 时，PCA 中断为最高优先级中断（优先级 3）。

PLVDH，PLVD：低压检测中断优先级控制位。

当 PLVDH = 0 且 PLVD = 0 时，低压检测中断为最低优先级中断(优先级 0)；
当 PLVDH = 0 且 PLVD = 1 时，低压检测中断为较低优先级中断(优先级 1)；
当 PLVDH = 1 且 PLVD = 0 时，低压检测中断为较高优先级中断(优先级 2)；
当 PLVDH = 1 且 PLVD = 1 时，低压检测中断为最高优先级中断(优先级 3)。
PADCH，PADC：A/D 转换中断优先级控制位。
当 PADCH = 0 且 PADC = 0 时，A/D 转换中断为最低优先级中断(优先级 0)；
当 PADCH = 0 且 PADC = 1 时，A/D 转换中断为较低优先级中断(优先级 1)；
当 PADCH = 1 且 PADC = 0 时，A/D 转换中断为较高优先级中断(优先级 2)；
当 PADCH = 1 且 PADC = 1 时，A/D 转换中断为最高优先级中断(优先级 3)。
PSH，PS：串口 1 中断优先级控制位。
当 PSH = 0 且 PS = 0 时，串口 1 中断为最低优先级中断(优先级 0)；
当 PSH = 0 且 PS = 1 时，串口 1 中断为较低优先级中断(优先级 1)；
当 PSH = 1 且 PS = 0 时，串口 1 中断为较高优先级中断(优先级 2)；
当 PSH = 1 且 PS = 1 时，串口 1 中断为最高优先级中断(优先级 3)。
PT1H，PT1：定时器 1 中断优先级控制位。
当 PT1H = 0 且 PT1 = 0 时，定时器 1 中断为最低优先级中断(优先级 0)；
当 PT1H = 0 且 PT1 = 1 时，定时器 1 中断为较低优先级中断(优先级 1)；
当 PT1H = 1 且 PT1 = 0 时，定时器 1 中断为较高优先级中断(优先级 2)；
当 PT1H = 1 且 PT1 = 1 时，定时器 1 中断为最高优先级中断(优先级 3)。
PX1H，PX1：外部中断 1 优先级控制位。
当 PX1H = 0 且 PX1 = 0 时，外部中断 1 为最低优先级中断(优先级 0)；
当 PX1H = 0 且 PX1 = 1 时，外部中断 1 为较低优先级中断(优先级 1)；
当 PX1H = 1 且 PX1 = 0 时，外部中断 1 为较高优先级中断(优先级 2)；
当 PX1H = 1 且 PX1 = 1 时，外部中断 1 为最高优先级中断(优先级 3)。
PT0H，PT0：定时器 0 中断优先级控制位。
当 PT0H = 0 且 PT0 = 0 时，定时器 0 中断为最低优先级中断(优先级 0)；
当 PT0H = 0 且 PT0 = 1 时，定时器 0 中断为较低优先级中断(优先级 1)；
当 PT0H = 1 且 PT0 = 0 时，定时器 0 中断为较高优先级中断(优先级 2)；
当 PT0H = 1 且 PT0 = 1 时，定时器 0 中断为最高优先级中断(优先级 3)。
PX0H，PX0：外部中断 0 优先级控制位。
当 PX0H = 0 且 PX0 = 0 时，外部中断 0 为最低优先级中断(优先级 0)；
当 PX0H = 0 且 PX0 = 1 时，外部中断 0 为较低优先级中断(优先级 1)；
当 PX0H = 1 且 PX0 = 0 时，外部中断 0 为较高优先级中断(优先级 2)；
当 PX0H = 1 且 PX0 = 1 时，外部中断 0 为最高优先级中断(优先级 3)。
中断优先级高字节控制寄存器 IP2H、IP2 的格式见表 5.6 和表 5.7。

表 5.6　中断优先级高字节控制寄存器 IP(不可位寻址)的格式

SFR 符号	地址	bit	B7	B6	B5	B4	B3	B2	B1	B0
IP2H	B6H	name	—	—	—	—	—	—	PSPIH	PS2H

表 5.7 中断优先级控制寄存器 IP2(不可位寻址)的格式

SFR 符号	地址	bit	B7	B6	B5	B4	B3	B2	B1	B0
IP2	B5H	name	—	—	—	—	—	—	PSPI	PS2

PSPIH,PSPI:SPI 中断优先级控制位。

当 PSPIH=0 且 PSPI=0 时,SPI 中断为最低优先级中断(优先级 0);

当 PSPIH=0 且 PSPI=1 时,SPI 中断为较低优先级中断(优先级 1);

当 PSPIH=1 且 PSPI=0 时,SPI 中断为较高优先级中断(优先级 2);

当 PSPIH=1 且 PSPI=1 时,SPI 中断为最高优先级中断(优先级 3)。

PS2H,PS2:串口 2 中断优先级控制位。

当 PS2H=0 且 PS2=0 时,串口 2 中断为最低优先级中断(优先级 0);

当 PS2H=0 且 PS2=1 时,串口 2 中断为较低优先级中断(优先级 1);

当 PS2H=1 且 PS2=0 时,串口 2 中断为较高优先级中断(优先级 2);

当 PS2H=1 且 PS2=1 时,串口 2 中断为最高优先级中断(优先级 3)

中断优先级控制寄存器 IP、IP2、IPH 和 IP2H 的各位都由可用户程序置 1 和清 0,但 IP 寄存器可以按位操作或按字节操作,IP2、IPH 和 IP2H 寄存器的内容只能按字节操作。STC12C5A60S2 单片机复位后 IP、IP2、IPH 和 IP2H 均为 00H,各个中断源均为低优先级中断。

③定时器/计数器控制寄存器 TCON。TCON 为定时器/计数器 T0、T1 的控制寄存器,同时也锁存 T0、T1 溢出中断源和外部请求中断源等,TCON 定时器/计数器控制寄存器(可位寻址)的格式见表 5.8。

表 5.8 定时器/计数器控制寄存器 TCON 的格式

SFR 符号	地址	bit	B7	B6	B5	B4	B3	B2	B1	B0
TCON	88H	name	TF1	TR1	TF0	TR0	IE1	IT1	IE0	IT0

TF1:T1 溢出中断标志。T1 被允许计数以后,从初值开始加 1 计数。当产生溢出时由硬件置 1 TF1,向 CPU 请求中断,一直保持到 CPU 响应 T1 中断时,才由硬件清 0(也可由查询软件清 0)。

TR1:定时器 1 的运行控制位。

TF0:T0 溢出中断标志位。T0 被允许计数以后,从初值开始加 1 计数,当产生溢出时,由硬件置 1 TF0,向 CPU 请求中断,一直保持 CPU 响应该中断时,才由硬件清 0(也可由查询软件清 0)。

TR0:定时器 0 的运行控制位。

IE1:外部中断 1(INT1/P3.3)中断请求标志位。IE1=1,外部中断向 CPU 请求中断,当 CPU 响应该中断时由硬件清 0 IE1。

IT1:外部中断 1 中断触发类型选择位。IT1=0,$\overline{\text{INT1}}$/P3.3 引脚上的低电平信号可触发外部中断 1;IT1=1,外部中断 1 为下降沿触发方式。

IE0:外部中断 0 请求源(INT0/P3.2)标志。IE0=1 外部中断 0 向 CPU 请求中断,当 CPU 响应外部中断时,由硬件清 0 IE0(边沿触发方式)。

IT0:外部中断 0 中断触发类型选择位。IT0 = 0,$\overline{INT0}$/P3.2 引脚上的低电平可触发外部中断 0;IT0 = 1,外部中断 0 为下降沿触发方式。

④串行口控制寄存器 SCON。

SCON 为串行口控制寄存器(可位寻址),格式见表 5.9。

表 5.9 串行口控制寄存器 SCON 的格式

SFR 符号	地址	bit	B7	B6	B5	B4	B3	B2	B1	B0
SCON	98H	name	SM0/FE	SM1	SM2	REN	TB8	RB8	TI	RI

RI:串行口 1 接收中断标志位。若串行口 1 允许接收且接收到有效数据时置 1。RI 为 1 表示串行口 1 正向 CPU 申请中断(接收中断),RI 必须由用户的中断服务程序进行软件清 0。

TI:串行口 1 发送中断标志位。当串行口 1 数据发送完成时,TI 由硬件置 1。TI = 1 表示串行口 1 正在向 CPU 申请中断(发送中断)。值得注意的是,CPU 响应发送中断请求,转向执行中断服务程序时并不将 TI 清 0,TI 必须由用户在中断服务程序中清 0。

SCON 寄存器的其他位与中断无关,在此不作介绍。

5.1.3 中断的优先级

STC12C5A60S2 单片机的所有中断源都具有 4 个中断优先级,每个中断请求源都可编程为高优先级中断或低优先级中断,可实现两级中断服务程序嵌套。

STC12C5A60S2 单片机中断响应的基本规则:

(1)低优先级中断可被高优先级中断所中断,反之不能。

(2)任何一种中断(不管是高级还是低级),一旦得到响应,就不会再被它的同级中断所中断。

当同时收到几个同一优先级的中断请求时,哪一个中断请求能得到服务,取决于内部的中断查询次序,由中断查询次序决定的中断响应优先级又称作自然优先级。中断源的查询次序见表 5.10。

表 5.10 中断源的查询次序

	中断源	查询次序
0	外部中断 0	最高
1	T0 溢出中断	↓
2	外部中断 1	
3	T1 溢出中断	
4	串行口中断 1	
5	ADC 中断	
6	低压检测 LVD	
7	可编程计数器阵列 PCA	
8	串行口中断 2	
9	SPI	最低

5.1.4 中断处理

当某个中断产生后且被 CPU 响应，主程序被中断，接下来将执行如下操作：

(1)当前正被执行的指令执行完毕。

(2)PC 值(主程序的断点地址)被压入栈。

(3)现场保护。

(4)阻止同级别其他中断。

(5)将中断向量地址(即中断服务程序 ISR 的入口地址)装载到程序计数器 PC 中。

(6)执行相应的中断服务程序。

中断服务程序 ISR 完成和该中断相应的一些操作。ISR 以 RETI(中断返回)指令结束，将 PC 值从堆栈中取回，并恢复原来的中断设置，之后从主程序的断点处继续执行。

当某中断被响应时，被装载到程序计数器 PC 中的数值称为中断向量，是同该中断源相对应的中断服务程序的起始地址。各中断源服务程序的入口地址(即中断向量)见表 5.11。

表 5.11 中断源的中断向量

中断源	中断向量
外部中断 0	0003H
定时器/计数器 0	000BH
外部中断 1	0013H
定时器/计数器 1	001BH
串行口 1	0023H
ADC 中断	002BH
低压检测 LVD	0033H
可编程计数器阵列 PCA	003BH
串行口 2	0043H
SPI	004BH

5.1.5 STC12C5A60S2 单片机外部中断编程举例

例 5.1 在单片机 P1 口上接有 8 只 LED，在外部中断 0 输入引脚(P3.2)接 1 只按钮开关 K1，要求将外部中断 0 设置为边沿触发。程序启动时，P1 口上的 8 只 LED 全亮。每按一次按钮开关 K1，使引脚接地，产生一个低电平触发的外中断请求。在中断服务程序中，让低 4 位的 LED 与高 4 位的 LED 交替闪烁 5 次，然后从中断返回，控制 8 只 LED 再次全亮(图 5.4)。

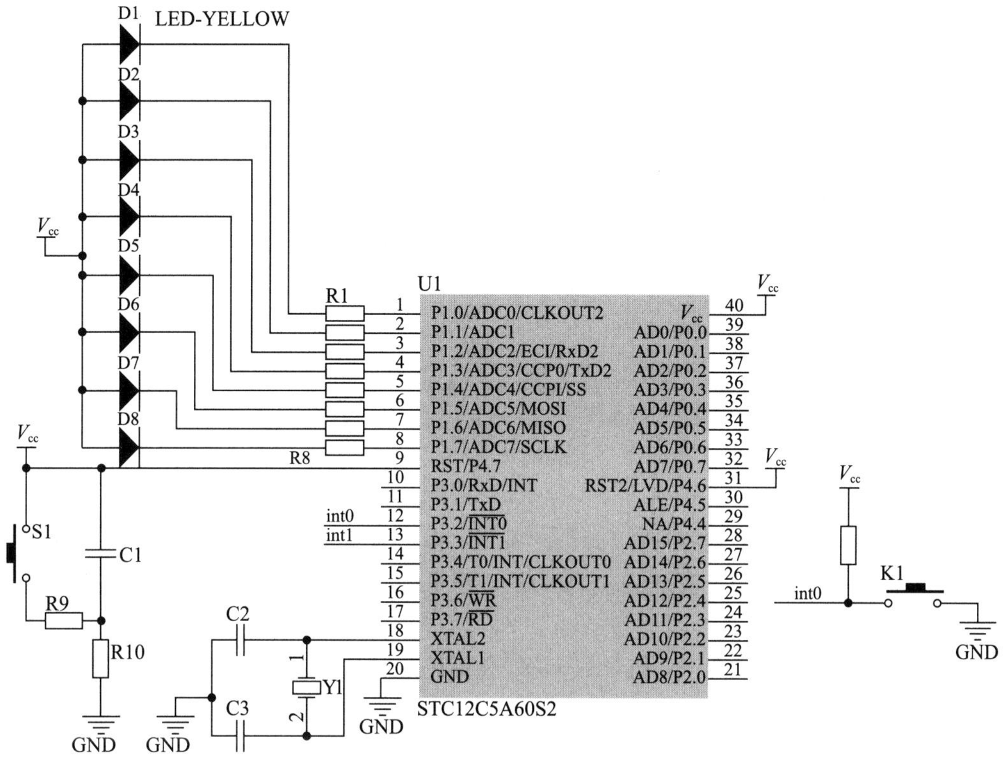

图 5.4　单个外部中断应用电路图

参考 C 语言程序如下：

```
# include<stc12c5a.h>
# define uchar unsigned char
void  Delay(unsigned int i)//延时函数 Delay(),i 形式参数,不能赋初值
{  unsigned int j;
   while(i--)
   for(j=0;j<125;j++)//晶振为 12MHz,j 选择与晶振频率有关
   {;}                     //空循环
}
void  main()                 //主函数
{
 EA = 1;                   //总中断允许
 EX0 = 1;                  //允许外部中断 0 中断
 IT0 = 0;                  //选择外部中断 0 为低电平触发方式
 while(1)                  //主函数无限循环
  {P1 = 0;}                    //P1 口的 8 只 LED 全亮
}
void int0_ISR() interrupt 0  using 1          //外中断 0 的中断服务函数
```

```
    {
      uchar m;
      EX0 = 0;                    //禁止外部中断 0 中断
      for(m = 0;m<5;m++)          //交替闪烁 5 次
    {
        P1 = 0x0f;                //低 4 位 LED 灭,高 4 位 LED 亮
        Delay(400);               //延时
        P1 = 0xf0;                //高 4 位 LED 灭,低 4 位 LED 亮
        Delay(400);               //延时
        EX0 = 1;                  //中断返回前,打开外部中断 0 中断
    }
}
```

例 5.2 设计一中断嵌套程序:要求 K1 和 K2 都未按下时,P1 口 8 只 LED 呈流水灯显示,当按一下 K1 时,产生一个低优先级外中断 0 请求(跳沿触发),进入外中断 0 中断服务程序,上下 4 只 LED 交替闪烁。此时按一下 K2,产生一个高优先级的外中断 1 请求(跳沿触发),进入外中断 1 中断服务程序,使 8 只 LED 全部闪烁。当显示 5 次后,再从外中断 1 返回继续执行外中断 0 中断服务程序,即 P1 口控制 8 只 LED,上、下 4 只 LED 交替闪烁。设置外中断 0 为低优先级,外中断 1 为高优先级。电路如图 5.5 所示。

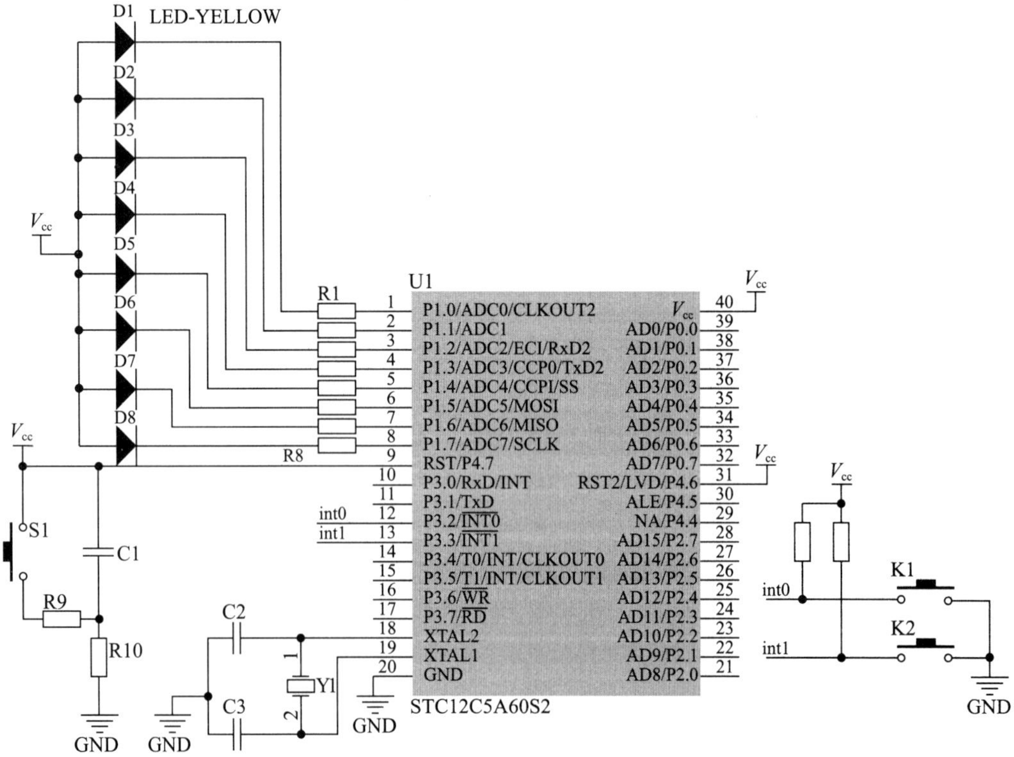

图 5.5　两个外部中断嵌套应用电路图

参考 C 语言程序如下：

```
# include<stc12c5a.h>
# define uchar unsigned char
void Delay(unsigned int i)            //延时函数 Delay()
{
    unsigned int j;
    for(;i>0;i--)
    for(j=0;j<125;j++)
    {;}                               //空函数
}
void  main()  //主函数
{
     uchar display[9]={0xfe,0xfd,0xfb,0xf7,0xef,0xdf,0xbf,0x7f};
                                     //流水灯显示数据组
    uchar   a;
    EA=1;                             //总中断允许
    EX0=1;                            //允许外部中断 0 中断
    EX1=1;                            //允许外部中断 1 中断
    IT0=1;                            //选择外部中断 0 为跳沿触发方式
    IT1=1;                            //选择外部中断 1 为跳沿触发方式
    PX0=0;                            //外部中断 0 为低优先级
    PX1=1;                            //外部中断 1 为高优先级
    for(;;)
    {
     for(a=0;a<9;a++)
     {
        Delay(500);        //延时
        P1=display[a];  //流水灯显示数据送到 P1 口驱动 LED 显示
     }
     }
}
void int0_isr(void)  interrupt 0  using  0//外中断 0 中断函数
{
      for(;;)
      {
        P1=0x0f;         //低 4 位 LED 灭,高 4 位 LED 亮
        Delay(400);        //延时
        P1=0xf0;           //高 4 位 LED 灭,低 4 位 LED 亮
```

```
            Delay(400);          //延时
        }
    }
    void int1_isr(void)  interrupt 2  using 1      //外中断1中断函数
    {
        uchar  m;
        for(m=0;m<5;m++)                          //8位LED全亮全灭5次
        {
          P1=0;                                   //8位LED全亮
          Delay(500);                             //延时
          P1=0xff;                                //8位LED全灭
          Delay(500);                             //延时
        }
    }
```

本例中，如设置外中断1为低优先级，外中断0为高优先级，仍然先按下再松开K1，后按下再松开K2或者设置2个外中断源的中断优先级为同级，均不会发生中断嵌套。

5.2 STC12C5A60S2单片机的定时器/计数器

单片机内部集成的定时器/计数器部件，因为既可以定时，也可以计数，所以称之为定时器/计数器。定时器/计数器和单片机CPU相互独立，定时器/计数器的工作过程是自动完成的，不需要CPU参与。有了定时器/计数器之后，可以把一些简单的计数任务交给定时器/计数器处理，让CPU去处理一些其他复杂的事情，提高单片机的效率，并且定时器还可以实现精确定时的作用。

定时器/计数器实质上是一个加1(或减1)计数器。它随着计数器的输入脉冲进行自加1，也就是每来一个脉冲，计数器就自动加1，当加到计数器为全1时，再输入一个脉冲就使计数器归0，且计数器的溢出使相应的中断标志位置1，向CPU发出中断请求(定时器/计数器中断允许时)。如果定时器/计数器工作于定时模式，则表示定时时间已到；如果工作于计数模式，则表示计数值已满。

5.2.1 定时器/计数器的结构和工作原理

STC12C5A60S2单片机有4个定时器，其中2个16位加1定时器/计数器(T0、T1)，与传统8051的定时器(12 T模式)完全兼容，也可以设置为1 T模式，另外2路可编程逻辑阵列PCA/PWM可以用于定时、外部脉冲捕捉和脉宽调制(PWM)输出，也可以实现2个16位定时器。

2个16位定时器/计数器T0、T1的硬件组成结构如图5.6所示。

图5.6中的TH0、TL0、TH1、TL1，H表示高，L表示低，TH0是定时器0高8位(定时器是16位的)，TL0是定时器0低8位。

TMOD是T0、T1的工作方式寄存器，由它确定T0、T1的工作方式。

TCON 是 T0、T1 的控制寄存器，用于控制 T0、T1 的启动与停止，并且记录 T0、T1 计满溢出标志位(TF0 和 TF1，稍后详细讲解)。

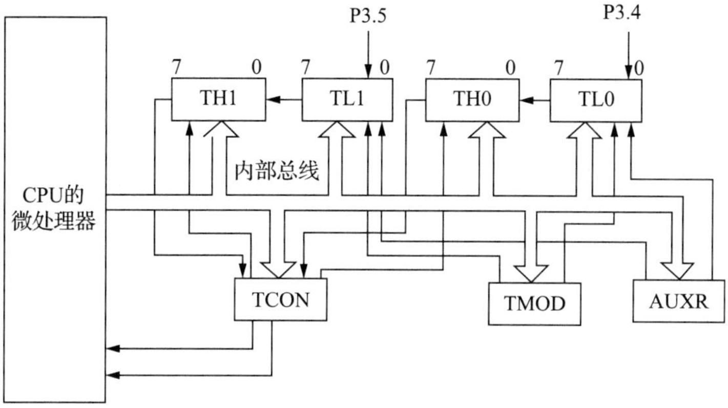

图 5.6　定时器/计数器 T0、T1 的硬件组成结构

AUXR 是辅助寄存器，它内部的 T0x12 和 T1x12 分别用于设定 T0、T1 内部计数脉冲的分频系数。

P3.4、P3.5 分别是 T0、T1 的外部脉冲信号输入端。

定时器/计数器的核心部件是一个加法计数器，其内部原理图如图 5.7 所示。其本质是对脉冲进行计数，只是计数脉冲来源不同：如果计数脉冲来自系统时钟，则为定时方式，此时定时器/计数器每 12 个时钟或者每 1 个时钟得到一个计数脉冲，计数加 1；如果计数脉冲来自单片机外部引脚(T0 为 P3.4，T1 为 P3.5)，则为计数方式，每来一个脉冲加 1。计数器加满(全 1)的时候再加 1 就会归 0，同时使得溢出标志位 TF0 或者 TF1 为 1(这取决于使用的是哪个定时器/计数器)。

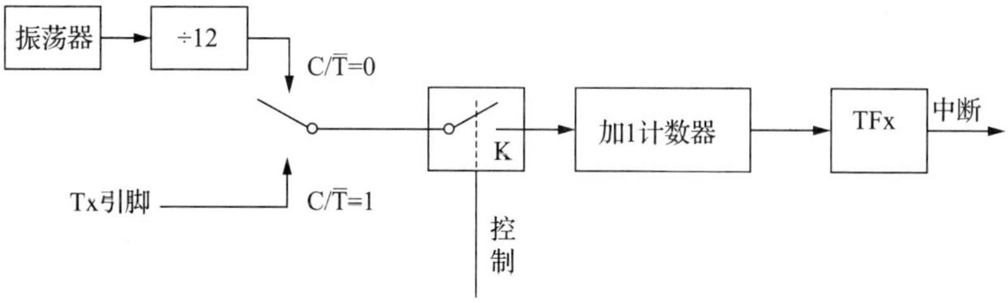

图 5.7　定时器/计数器内部原理图

当定时器/计数器工作在定时模式时，特殊功能寄存器 AUXR 中的 T0x12 和 T1x12 分别决定是系统时钟/12 还是系统时钟/1(不分频)后让 T0 和 T1 进行计数。当定时器/计数器工作在计数模式时，对外部脉冲计数不分频。

定时器/计数器 T0 有 4 种工作方式：方式 0(13 位定时器/计数器)，方式 1(16 位定时器/计数器)，方式 2(8 位自动重装)，方式 3(2 个 8 位定时器/计数器)。定时器/计数器 T1 除方式 3 外，其他工作方式与定时器/计数器 T0 相同，T1 在方式 3 时无效，停止计数。

5.2.2　定时器/计数器的相关寄存器

定时器/计数器的相关寄存器如表 5.12 所示。

表 5.12　定时器/计数器的相关寄存器

符号	地址	位地址及其符号								复位值
		B7	B6	B5	B4	B3	B2	B1	B0	
TCON	88H	TF1	TR1	TF0	TR0	IE1	IT1	IE0	IT0	0000 0000B
TMOD	89H	GATE	$C/\overline{T}$	M1	M0	GATE	$C/\overline{T}$	M1	M0	0000 0000B
TL0	8AH									0000 0000B
TL1	8BH									0000 0000B
TH0	8CH									0000 0000B
TH1	8DH									0000 0000B
AUXR	8EH	T0x12	T1x12	UART_M0x6	BRTR	S2SMOD	BRTx12	EXTRAM	SIBRS	0000 0000B
WAKE_CLKO	8FH	PCAWAKEUP	RXD_PIN_IE	T1_PIN_IE	T0_PI_IE	LVD_WAKE	BRTCLKO	TICLKO	T0CLKO	0000 0000B

(1)定时器/计数器控制寄存器 TCON　TCON 为定时器/计数器 T0、T1 的控制寄存器，同时也锁存 T0、T1 溢出中断源和外部请求中断源等，TCON(可位寻址)格式如表 5.13 所示。

表 5.13　定时器/计数器控制寄存器 TCON 的格式

SFR 符号	地址	bit	B7	B6	B5	B4	B3	B2	B1	B0
TCON	88H	name	TF1	TR1	TF0	TR0	IE1	IT1	IE0	IT0

TF1：定时器/计数器 T1 溢出中断标志。T1 被允许计数以后，从初值开始加 1 计数。当最高位产生溢出时由硬件置 1 TF1，向 CPU 请求中断，一直保持到 CPU 响应中断时，才由硬件清 0 TF1(TF1 也可由程序查询清 0)。

TR1：定时器 T1 的运行控制位。该位由软件置位和清 0。当 GATE(TMOD.7)＝0，TR1＝1 时就允许 T1 开始计数，TR1＝0 时禁止 T1 计数。当 GATE(TMOD.7)＝1，TR1＝1 且 $\overline{\text{INT1}}$ 输入高电平时，才允许 T1 计数。

TF0：定时器/计数器 T0 溢出中断标志。T0 被允许计数以后，从初值开始加 1 计数，当最高位产生溢出时，由硬件置 1 TF0，向 CPU 请求中断，一直保持 CPU 响应该中断时，才由硬件清 0 TF0(TF0 也可由程序查询清 0)。

TR0：定时器 T0 的运行控制位。该位由软件置位和清 0。当 GATE(TMOD.3)＝0，TR0＝1 时就允许 T0 开始计数，TR0＝0 时禁止 T0 计数。当 GATE(TMOD.3)＝1，TR0＝1 且 $\overline{\text{INT0}}$ 输入高电平时，才允许 T0 计数。

IE1：外部中断 1 请求源(INT1/P3.3)标志。IE1＝1，外部中断向 CPU 请求中断，当 CPU 响应该中断时，由硬件清 0 IE1。

IT1：外部中断 1 触发方式控制位。IT1＝0 时，外部中断 1 为低电平触发方式，当 $\overline{\text{INT1}}$(P3.3)输入低电平时，置位 IE1。采用低电平触发方式时，外部中断源(输入 $\overline{\text{INT1}}$)必须保持低电平有效，直到该中断被 CPU 响应，同时在该中断服务程序执行完之后，外部中断源必须被清除(P3.3 要变高)，否则将产生另一次中断。当 IT1＝1 时，则外部中断 1($\overline{\text{INT1}}$)端口由"1"→"0"下降沿跳变，激活中断请求标志位 IE1，向主机请求中断处理。

IE0：外部中断 0 请求源(INT0/P3.2)标志。IE0＝1 外部中断 0 向 CPU 请求中断，当 CPU 响应外部中断时，由硬件清 0 IE0(边沿触发方式)。

IT0：外部中断 0 触发方式控制位。IT0＝0 时，外部中断 0 为低电平触发方式，当 $\overline{\text{INT0}}$(P3.2)输入低电平时，置位 IE0。采用低电平触发方式时，外部中断源(输入 $\overline{\text{INT0}}$)必须保持低电平有效，直到该中断被 CPU 响应，同时在该中断服务程序执行完之后，外部中断源必须被清除(P3.2 要变高)，否则将产生另一次中断。当 IT0＝1 时，则外部中断 0($\overline{\text{INT0}}$)端口由"1"→"0"下降沿跳变，激活中断请求标志位 IE1，向主机请求中断处理。

(2)定时器/计数器工作模式寄存器 TMOD　特殊功能寄存器 TMOD 主要用于对定时器/计数器 T0 和 T1 的工作方式进行确定。TMOD 寄存器各位的功能如图 5.8 所示。

TMOD.7/GATE：定时器 T1 启动方式控制位。该位置 1 时，只有在 $\overline{\text{INT1}}$/P3.3 引脚为高电平且 TR1 控制位置 1 时才可启动定时器/计数器 T1；该位清 0 时，定时器/计数器 T1 只由 TR1 控制位控制启动。

TMOD.3/GATE：定时器 T0 启动方式控制位。该位置 1 时，只有在 $\overline{\text{INT0}}$/P3.2 引脚为

寄存器TMOD各位的功能描述

TMOD 地址：89H 复位值：00H

不可位寻址

7	6	5	4	3	2	1	0
GATE	C/$\overline{T}$	M1	M0	GATE	C/$\overline{T}$	M1	M0
定时器1				定时器0			

图 5.8 定时器/计数器工作模式寄存器 TMOD

高电平且 TR0 控制位置 1 时才可启动定时器/计数器 T0；该位清 0 时，定时器 T0 只由 TR0 控制位控制启动。

TMOD.6/C/T：T1 定时/计数模式选择位。该位清 0 时，T1 工作在定时器模式，对系统时钟脉冲进行计数；该位置 1 时，T1 工作在计数器模式，对 T1/P3.5 脚输入脉冲进行计数。

TMOD.2/C/T：T0 定时/计数模式选择位。该位清 0 时，T0 工作在定时器模式，对系统时钟脉冲进行计数；该位置 1 时，T0 工作在计数器模式，对 T0/P3.4 脚输入脉冲进行计数。

TMOD.5/M1、TMOD.4/M0：定时器 T1 的工作方式选择位。

TMOD.1/M1、TMOD.0/M0：定时器 T0 的工作方式选择位。

定时器/计数器的工作方式如表 5.14 所示。

表 5.14 定时器/计数器的工作方式

M1 M0	工作方式	说明
00	方式 0	13 位定时器/计数器，兼容 8048
01	方式 1	16 位定时器/计数器
10	方式 2	8 位自动重装载定时器/计数器
11	方式 3	T0 分成 2 个独立的 8 位定时器/计数器，T1 此方式停止工作

(3)辅助寄存器 AUXR　STC12C5A60S2 单片机是 1 T 的 8051 单片机，而传统 8051 单片机是 12 T 为 1 个机器周期的单片机，为兼容传统 8051 单片机，定时器 0 和定时器 1 复位后是传统 8051 单片机的速度，即 12 分频。但也可不执行 12 分频，通过设置新增加的特殊功能寄存器 AUXR，将 T0，T1 设置为 1 T。普通 111 条机器指令是固定的，快 3～24 倍，无法改变。

辅助寄存器 AUXR 的格式如表 5.15 所示。

表 5.15 辅助寄存器 AUXR 的格式

SFR 符号	地址	bit	B7	B6	B5	B4	B3	B2	B1	B0
AUXR	8EH	name	T0x12	T1x12	UART_M0x6	BRTR	S2SMOD	BRTx12	EXTRAM	SIBRS

T0x12：定时器 0 速度控制位。T0x12＝0：定时器 0 速度是 8051 单片机定时器的速度，即 12 分频；T0x12＝1：定时器 0 速度是 8051 单片机定时器速度的 12 倍，即不分频。

T1x12：定时器 1 速度控制位。T1x12＝0：定时器 1 速度是 8051 单片机定时器的速度，即 12 分频；T1x12＝1：定时器 1 速度是 8051 单片机定时器速度的 12 倍，即不分频。

如果 UART 串口用 T1 作为波特率发生器，则由 T1x12 位决定 UART 串口是 12 T

还是 1 T。

AUXR 的其他位与定时器/计数器无关，这里不作介绍。

5.2.3 定时器/计数器的工作方式

通过对寄存器 TMOD 中的 M1、M0 的设置，定时器/计数器有 4 种不同的工作方式，下面主要以定时器/计数器 T0 为例进行介绍。

(1)方式 0(13 位定时器/计数器方式) 在方式 0 下，定时器/计数器 0 作为 13 位定时器/计数器，由 TL0 的低 5 位和 TH0 的 8 位所构成，如图 5.9 所示。将定时器的工作方式设置为方式 0，是为了和 8048 单片机的 13 位定时器兼容。

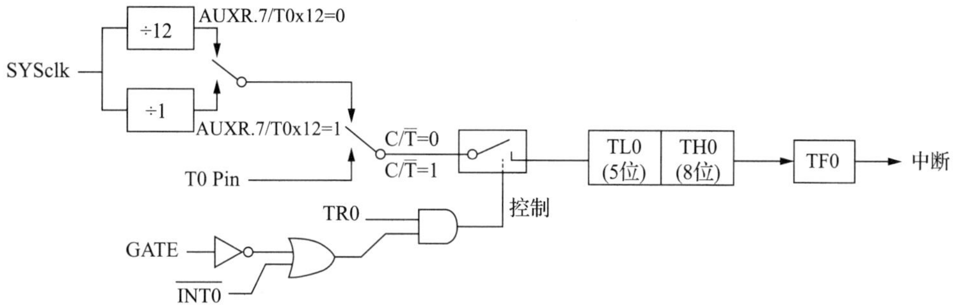

图 5.9 定时器/计数器工作方式 0

TL0 低 5 位溢出向 TH0 进位，TH0 计数溢出置位 TCON 中的溢出标志位 TF0。

GATE(TMOD.3) = 0 时，如 TR0 = 1，则定时器启动计数。GATE = 1 时，允许由外部输入$\overline{INT0}$控制定时器 T0，$\overline{INT1}$控制定时器 T1，这样可实现脉宽测量。TR0 为 TCON 寄存器内的控制位，TCON 寄存器各位的具体功能描述见前面 TCON 寄存器相关内容。

当 $C/\overline{T}=0$ 时，多路开关连接到系统时钟 SYSclk 的分频输出，T0 对时钟周期计数，T0 工作在定时方式。当 $C/\overline{T}=1$ 时，多路开关连接到外部脉冲输入 P3.4/T0，即 T0 工作在计数方式。

STC12C5A60S2 单片机的定时器有 2 种计数速率：一种是 12 T 模式，每 12 个系统时钟加 1，与传统 8051 单片机相同；另一种是 1 T 模式，每个系统时钟加 1，速度是传统 8051 单片机的 12 倍。

T0 的速率由特殊功能寄存器 AUXR 中的 T0x12 决定，如果 T0x12 = 0，T0 工作在12 T 模式；如果 T0x12 = 1，T0 工作在 1 T 模式。

方式 0 的原理对于定时器 T0 及定时器 T1 都是相同的。

(2)方式 1(16 位定时器/计数器方式) 方式 1 除了使用了 TH0 及 TL0 全部 16 位外，其他与方式 0 完全相同。即此方式下定时器/计数器 0 作为 16 位定时器/计数器，如图 5.10 所示。

在方式 1 下，定时器 T0 配置为 16 位定时器/计数器，由 TL0 的 8 位和 TH0 的 8 位所构成。TL0 的 8 位溢出向 TH0 进位，TH0 计数溢出置位 TCON 中的溢出标志位 TF0。

门控位 GATE 的作用和方式 0 相同。TR0 为 T0 的启动控制位。

当 $C/\overline{T}=0$ 时，多路开关连接到系统时钟的分频输出，T0 对时钟周期计数，T0 工作在定时方式；当 $C/\overline{T}=1$ 时，多路开关连接到外部脉冲输入 P3.4/T0，即 T0 工作在计数方式。

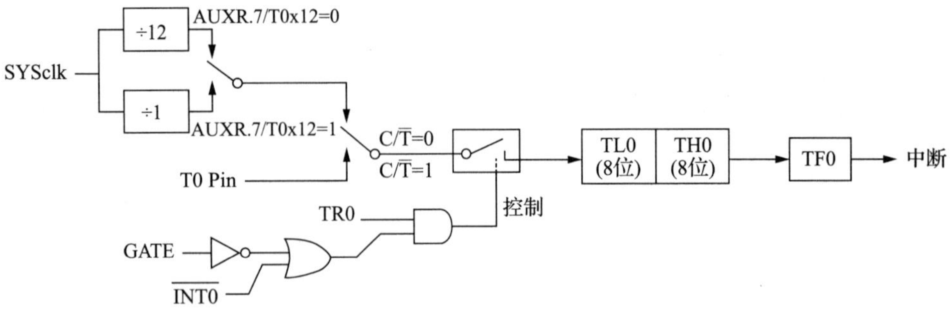

图 5.10　定时器/计数器工作方式 1

定时器在方式 1 下也有 2 种计数速率：1 T 和 12 T，选择设置方法同方式 0。

(3)方式 2(8 位自动重载方式)　在方式 2 下，定时器/计数器 0 作为可自动重装载的 8 位计数器，如图 5.11 所示。

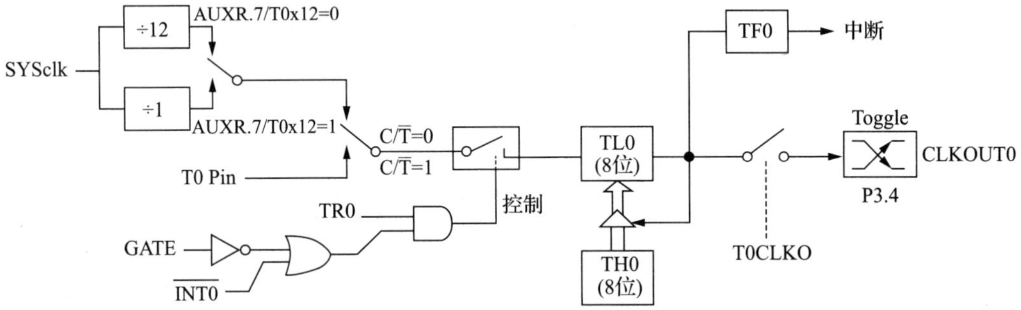

图 5.11　定时器/计数器工作方式 2

T0 的低 8 位 TL0 对脉冲进行加 1 计数，TH0 此时用作保存计数初值。TL0 的溢出不仅置位 TF0，而且将 TH0 的内容(即计数初值)重新装入 TL0，TH0 内容由软件预置，重装时 TH0 内容不变。

在此方式下，当 T0CLKO/WAKE_CLKO.0 = 1 时，P3.4/T0 管脚配置为定时器 0 的时钟输出 CLKOUT0。输出时钟频率＝T0 溢出率/2。

如果 C/$\overline{T}$ = 0，定时器/计数器 T0 对内部系统时钟计数。T0 工作在 1 T 模式(AUXR.7/T0x12 = 1)时的输出时钟频率 = (SYSclk)/(256-TH0)/2；T0 工作在 12 T 模式(AUXR.7/T0x12 = 0)时的输出时钟频率 = (SYSclk)/12/(256-TH0)/2。如果 C/$\overline{T}$ = 1，定时器/计数器 T0 对外部脉冲输入(P3.4/T0)计数，输出时钟频率 = (T0_Pin_CLK)/(256-TH0)/2。

(4)方式 3(2 个 8 位计数器)　定时器/计数器工作方式 3，对定时器 T0，此方式下定时器 0 的 TL0 及 TH0 作为 2 个独立的 8 位计数器。图 5.12 为方式 3 时的定时器 0 逻辑图。TL0 占用定时器 0 的控制位：C/$\overline{T}$、GATE、TR0、$\overline{INT0}$ 及 TF0。TH0 限定为定时器功能(计数器周期)，占用定时器 1 的 TR1 及 TF1。此时，TH0 控制定时器 1 中断。方式 3 是为了增加一个附加的 8 位定时器/计数器而提供的，使单片机具有 3 个定时器/计数器。

方式 3 只适用于定时器/计数器 T0，定时器 T1 处于方式 3 时相当于 TR1 = 0，停止计数，而 T0 可作为 2 个定时器用。

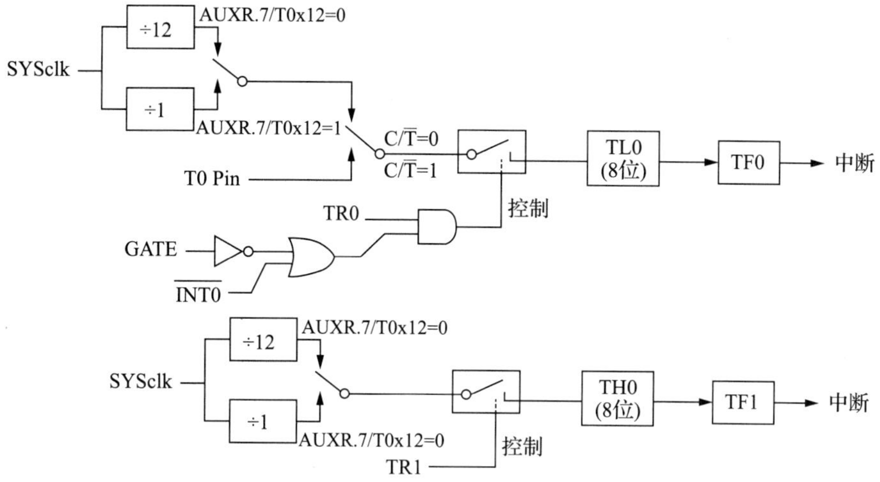

图 5.12 定时器/计数器工作方式 3

5.2.4 定时器/计数器编程举例

(1)定时器/计数器方式 1 应用

例 5.3 单片机的 P1.1 口驱动 1 只 LED。编写控制程序,采用 T0 方式 1 的定时中断方式,使 P1.1 驱动的 LED 每 0.5 s 闪亮一次。已知系统晶振频率为 12 MHz。

①设置 TMOD 寄存器。

TMOD 寄存器的 M1、M0＝01,T0 工作在方式 1;

设置 $C/\overline{T}=0$,为定时器模式;

GATE 位为 0,对 T0 的运行控制仅由 TR0 来控制;

定时器 T1 不使用,各相关位均设为 0;

综上,TMOD 寄存器应初始化为 0x01。

②计算定时器 T0 的计数初值。

设 T0 定时时间 5 ms(即 5×10^{-3}s),则定时中断 100 次的时间为 500 ms,即 0.5 s,设 T0 计数初值为 X,由于晶振的频率为 12 MHz,则定时时间为:

$$定时时间=(2^{16}-X)\times12/晶振频率$$

$$则\ 5\times10^{-3}=(2^{16}-X)\times12/12\times10^{6}$$

得 X＝60 536

转换成十六进制:0xEC78,其中 0xEC 装入 TH0,0x78 装入 TL0。

③设置 IE 寄存器。

本例由于采用定时器 T0 中断,因此需将 IE 寄存器中的 EA、ET0 位置 1。

④启动 T0。

将定时器控制寄存器 TCON 中的 TR0＝1,则启动定时器 T0。

参考 C 语言程序:

```
#include <stc12c5a.h>
char i = 0;
```

```
sbit LED = P1^1;   //LED 控制引脚定义
void main()
{
    TMOD = 0x01;      //定时器 T0 为方式 1
    TH0 = 0xEC;            //设置定时器初值
    TL0 = 0x78;
    LED = 0;          //P1.1 控制 LED 点亮
    EA = 1;                //总中断开
    ET0 = 1;               //开 T0 中断
    TR0 = 1;               //启动 T0
    while(1);         //循环等待
}
void timer0()  interrupt  1//T0 中断程序
{
    TH0 = 0xEC;            //重新赋初值
    TL0 = 0x78;
    i++;            //循环次数加 1
    if(i>=100)
    {
      LED = ~LED;     //LED 控制引脚输出取反
      i = 0;            //重置循环次数
    }
}
```

(2)定时器/计数器方式 2 应用

例 5.4　假设系统时钟为 12 MHz,编写程序实现从 P1.0 引脚上输出一个周期为 500 μs 的方波。

要在 P1.0 上产生周期为 500 μs 的方波,定时器应产生 250 μs 的定时中断,定时时间到则在中断服务程序中对 P1.0 求反。使用定时器 T0,方式 2 定时中断,GATE 不起作用。

下面来计算 T0 初值 X。

设 T0 的初值为 X,有:

$$(2^8-X)\times 1\times 10^{-6}=250\times 10^{-6}$$

即 $256-X=250$,得 $X=6$。将 0x06 装入 TH0 和 TL0。

参考 C 语言程序如下:

```
#include <stc12c5a.h>     //头文件
sbit  P1_0 = P1^0;     //定义特殊功能寄存器 P1 的位变量 P1_0
void  main(void)     //主程序
{
```

```
    TMOD = 0x02;         //设置 T0 为方式 2
    TH0 = 0x06;           //置 T0 重装载值
    TL0 = 0x06;      //置 T0 初值
    TR0 = 1;     //启动 T0
    while(1)     //无限循环
    {
      do{} while(!TF0);       //TF0 为 0 原地循环,为 1 则 T0 溢出,往下执行
      P1_0 = !P1_0;           //P1.0 状态求反
      TF0 = 0;                //TF0 标志清 0
    }
}
```

5.3 STC12C5A60S2 单片机的串行接口

5.3.1 单片机通信概述

(1)并行通信与串行通信　随着多微机系统的广泛应用和计算机网络技术的普及,计算机的通信功能变得越来越重要。计算机通信是指计算机与外部设备或计算机与计算机之间的信息交换。计算机的通信方式有并行通信和串行通信 2 种。

并行通信(图 5.13)通常是将数据字节的各位用多条数据线同时进行传送。发送设备将这些数据位通过对应的数据线传送给接收设备,接收设备可同时接收到这些数据,不需要做任何变换就可直接使用。并行方式主要用于近距离通信,计算机内的总线结构就是并行通信的例子。并行通信的特点如下。

①传输速度快:1 位(bit)时间内可传输 1 个字符。

②通信成本高:每位传输要求 1 个单独的信道支持;因此如果 1 个字符包含 8 个二进制位,则并行传输要求 8 个独立的信道的支持。

③不支持长距离传输:由于信道之间的电容感应,远距离传输时,可靠性较低。

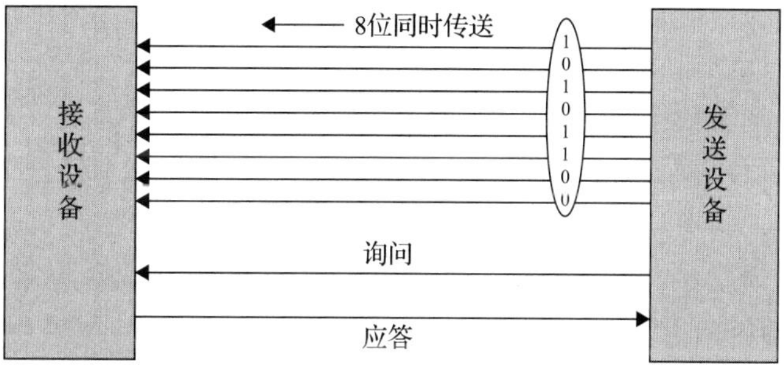

图 5.13　并行通信

串行通信(图 5.14)是将数据字节分成 1 位 1 位的形式在通信线路上依次进行传送。串行数据传输时,数据是 1 位 1 位地在通信线上传输的,先由计算机内的发送设备将并行数据经

并-串转换部件转换成串行方式，再逐位经传输线到达接收设备中，接收设备将数据从串行方式重新转换成并行方式，以供接收方使用。串行通信的特点如下。

①传输速度较低：1 次 1 位。

②通信成本较低：只需 1 个信道。

③支持长距离传输：目前计算机网络中所用的传输方式均为串行传输。

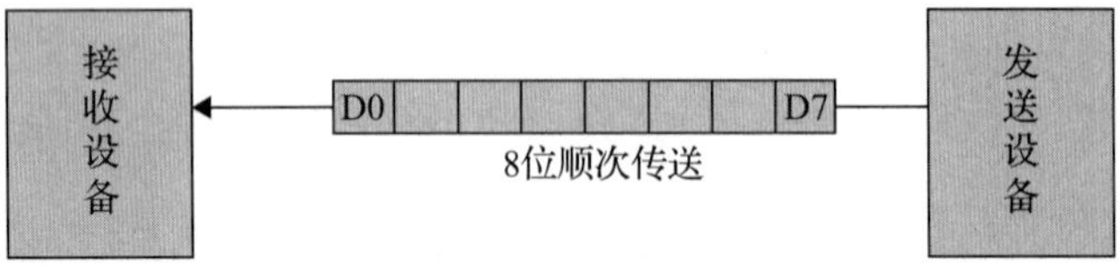

图 5.14 串行通信

根据信息的传送方向，串行通信可以进一步分为单工、半双工和全双工 3 种。信息只能单向传送称为单工；信息能双向传送但不能同时双向传送称为半双工；信息能够同时双向传送称为全双工。

串行通信又分为异步通信和同步通信 2 种方式。在单片机中，主要使用异步通信方式。

（2）异步串行通信　异步串行通信是最常采用的通信方式，采用固定的通信格式，数据以相同的帧格式传送。如图 5.15 所示，每一帧由起始位、数据位、奇偶校验位和停止位组成。

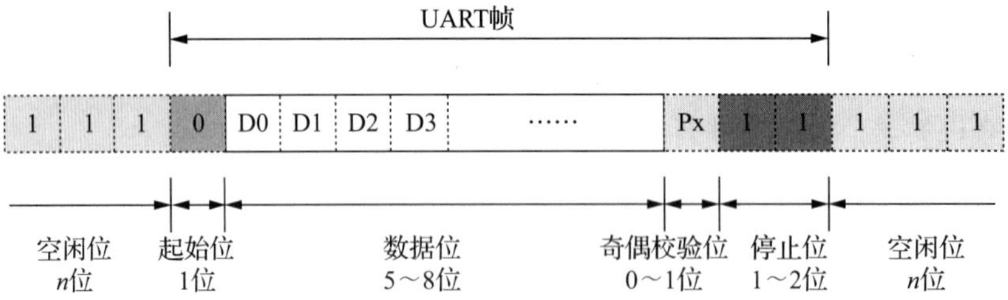

图 5.15 异步串行通信的帧格式

①起始位：在通信线上没有数据传送时处于逻辑“1”状态。当发送设备发送 1 个字符数据时，首先发出一个逻辑“0”信号，这个逻辑低电平就是起始位。起始位通过通信线传向接收设备，当接收设备检测到这个逻辑低电平后，就开始准备接收数据信号。因此，起始位所起的作用就是表示字符传送开始。

②数据位：起始位后面紧接着的是数据位，它可以是 5 位、6 位、7 位或 8 位。数据传送时，低位在前。

③奇偶校验位：用于数据传送过程中的数据检错，数据通信时通信双方必须约定一致的奇偶校验方式。就数据传送而言，奇偶校验位是冗余位，但它表示数据的一种性质，也有的不需要该位。

④停止位：在奇偶校验位或数据位后紧接的是停止位，停止位可以是 1 位，也可以是 1.5 位或 2 位。接收端收到停止位后，知道上一字符已传送完毕，同时，也为接收下一字符做好准备。

若停止位后不是紧接着传送下一字符，则让线路保持为“1”。“1”表示空闲位，线路处于等待状态。存在空闲位是异步通信的特性之一。

（3）波特率（baudrate）　波特率是指数据传送时，每秒传送数据二进制代码的位数，它的单位是位/秒(bit/s 或 b/s)。1 波特率就是 1 b/s。假设数据传送速率是每秒 120 字符,而每个字符格式包括 10 个代码位(1 个起始位、1 个终止位、8 个数据位),这时传送的波特率为:10×120=1 200 b/s,位传送时间宽度 Td=波特率的倒数,即 Td=1/1 200 s=0.883 ms。

在异步串行通信中,接收设备和发送设备保持相同的传送波特率,并以每个字符数据的起始位与发送设备保持同步。起始位、数据位、奇偶校验位和停止位的约定,在同一次传送过程中必须保持一致,这样才能成功地传送数据。

5.3.2 STC12C5A60S2 单片机的通用异步串行接口(UART)

STC12C5A60S2 单片机具有 2 个全双工通用异步串行通信接口(串口 1 和串口 2),串口 1 和串口 2 的功能结构相同。串行通信口结构如图 5.16 所示。每个串行口由 2 个数据缓冲器(发送 SBUF 和接收 SBUF)、1 个移位寄存器、1 个串行控制寄存器和 1 个波特率发生器等组成。每个串行口的数据缓冲器由 2 个互相独立的接收、发送缓冲器构成,可以同时发送和接收数据。发送缓冲器只能写入,不能读出;接收缓冲器只能读出,不能写入,因此 2 个缓冲器可以共用 1 个地址码。串行口 1 的 2 个缓冲器共用的地址码是 99H;串行口 2 的 2 个缓冲器共用的地址码是 9BH。串行口 1 的 2 个缓冲器统称串行通信特殊功能寄存器 SBUF;串行口 2 的 2 个缓冲器统称串行通信特殊功能寄存器 S2BUF。

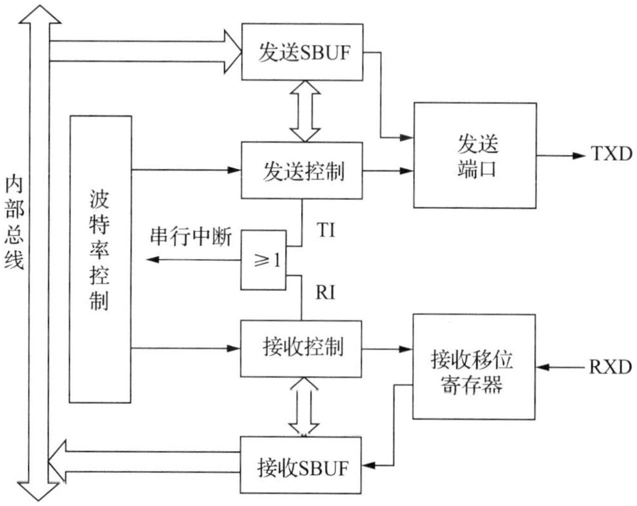

图 5.16 STC12C5A60S2 单片机异步串行通信口结构

STC12C5A60S2 单片机的 2 个串行口都有 4 种工作方式,其中 2 种方式的波特率是可变的,另外 2 种是固定的,以供不同应用场合选用。用户可用软件设置不同的波特率和选择不同的工作方式。主机可通过查询或中断方式对接收/发送进行程序处理,使用十分灵活。

STC12C5A60S2 单片机串行口 1 对应的硬件部分是 TxD/P3.1 和 RxD/P3.0 引脚,串行口 2 对应的硬件部分是 TxD2 和 RxD2,通过设置特殊功能寄存器 AUXR1 中的 S2_P4/AUXR1.4 位,串行口 2(UART2)功能可以在 P1 口和 P4 口之间任意切换。当串行口 2 功能在 P1 口实现时,对应的管脚是 P1.2/RxD2 和 P1.3/TxD2。当串行口 2 功能在 P4 口实现时,对应的管脚是 P4.2/RxD2 和 P4.3/TxD2。

STC12C5A60S2 单片机的串行通信口,除用于数据通信外,还可方便地构成一个或多个并行 I/O 口，或作串-并转换，或用于扩展串行外设等。

(1)串行口 1 的控制寄存器 SCON　STC12C5A60S2 单片机的串行口 1 设有 2 个控制寄存器：串行控制寄存器 SCON 和波特率选择特殊功能寄存器 PCON。串行控制寄存器 SCON 用于选择串行通信的工作方式和某些控制功能，其格式如表 5.16 所示。

表 5.16　串行控制寄存器 SCON(可位寻址)的格式

SFR 符号	地址	bit	B7	B6	B5	B4	B3	B2	B1	B0
SCON	98H	name	SM0/FE	SM1	SM2	REN	TB8	RB8	TI	RI

SM0/FE：当寄存器 PCON 中的 SMOD0/PCON.6 位为 1 时，该位用于帧错误检测。当检测到一个无效停止位时，通过 UART 接收器设置该位。它必须由软件清 0。

当寄存器 PCON 中的 SMOD0/PCON.6 位为 0 时，该位和 SM1 一起指定串行通信的工作方式。

SM0/SM1：串行口工作方式选择位。

SM0/SM1 工作方式功能说明。

00，方式 0，同步移位寄存器输入/输出；

01，方式 1，8 位 UART，波特率可变；

10，方式 2，9 位 UART，波特率固定；

11，方式 3，9 位 UART，波特率可变。

SM2：多机通信控制位。多机通信主要指串口工作在方式 2 或方式 3，SM2 位主要用于方式 2 或方式 3，进行主-从多机通信的控制位。在方式 2 或方式 3 时，如果 SM2 位为 1 且 REN 位为 1，则从机处于地址帧筛选状态。此时可以利用接收到的第 9 位(即 RB8)来筛选地址帧：若 RB8 = 1，说明该帧是地址帧，地址信息可以存入 SBUF，并使 RI 为 1，从机在中断服务程序中再进行地址号比较；若 RB8 = 0，说明该帧不是地址帧，应丢掉且保持 RI = 0。在方式 2 或方式 3 中，如果 SM2 位为 0 且 REN 位为 1，从机处于地址帧筛选被禁止状态。不论收到的 RB8 为 0 或 1，均可使接收到的信息存入 SBUF，并使 RI = 1，此时 RB8 通常为校验位。方式 0 和方式 1 是非多机通信方式，在这 2 种方式时，要设置 SM2 应为 0。

REN：接收允许控制位。由软件置位 REN，即 REN = 1 为允许串行接收状态，可启动串行接收器 RxD，开始接收信息。软件复位 REN，即 REN = 0，则禁止接收。

TB8：在方式 2 或方式 3，它为要发送的第 9 位数据，按需要由软件置位或清 0。例如，可用作数据的校验位或多机通信中表示地址帧/数据帧的标志位。在方式 0 和方式 1 中，该位不用。

RB8：在方式 2 或方式 3，是接收到的第 9 位数据，作为奇偶校验位或地址帧/数据帧的标志位。方式 0 中不用 RB8(置 SM2 = 0)，方式 1 中也不用 RB8(置 SM2 = 0，RB8 是接收到的停止位)。

TI：发送中断请求标志位。在方式 0 中，当串行发送数据第 8 位结束时，由内部硬件自动置位，即 TI = 1，向主机请求中断，响应中断后 TI 必须用软件清 0，即 TI = 0。在其他方式中，则在停止位开始发送时由内部硬件置位，即 TI = 1，响应中断后 TI 必须用软件清 0。

RI：接收中断请求标志位。在方式 0 中，当串行接收到第 8 位结束时由内部硬件自动置位

RI=1,向主机请求中断,响应中断后RI必须用软件清0,即RI=0。在其他方式中,串行接收到停止位的中间时刻由内部硬件置位,即RI=1,向CPU发中断申请,响应中断后RI必须由软件清0。

SCON的所有位可通过整机复位信号复位为全0。SCON的字节地址为98H,可位寻址,各位地址为98H~9FH,可用软件实现位设置。

串行通信的中断请求:当一帧发送完成,内部硬件自动置位TI,即TI=1,请求中断处理;当接收完一帧信息时,内部硬件自动置位RI,即RI=1,请求中断处理。由于TI和RI以"或逻辑"关系向主机请求中断,所以主机响应中断时事先并不知道是TI还是RI请求的中断,必须在中断服务程序中查询TI和RI进行判别,然后分别处理。因此,2个中断请求标志位均不能由硬件自动置位,必须通过软件清0,否则将出现一个请求多个响应的错误。

(2)电源控制寄存器PCON　电源控制寄存器PCON中的SMOD/PCON.7用于设置方式1、方式2、方式3的波特率是否加倍。电源控制寄存器PCON的格式如表5.17所示。

表5.17　电源控制寄存器PCON(不可位寻址)的格式

SFR符号	地址	bit	B7	B6	B5	B4	B3	B2	B1	B0
PCON	87H	name	SMOD	SMOD0	LVDF	POF	GF1	GF0	PD	IDL

SMOD:波特率选择位。当用软件置位SMOD,即SMOD=1,则使串行通信方式1、2、3的波特率加倍;SMOD=0,则各工作方式的波特率不加倍。复位时SMOD=0。

SMOD0:帧错误检测有效控制位。当SMOD0=1,寄存器SCON中的SM0/FE位用于FE(帧错误检测)功能;当SMOD0=0,寄存器SCON中的SM0/FE位用于SM0功能,和SM1一起指定串行口的工作方式。复位时SMOD0=0。

(3)串行口数据缓冲寄存器SBUF　STC12C5A60S2单片机的串行口1缓冲寄存器(SBUF)的地址是99H,实际是2个缓冲器,写SBUF的操作完成待发送数据的加载,读SBUF的操作可获得已接收到的数据。2个操作分别对应2个不同的物理寄存器,1个是只写寄存器,1个是只读寄存器。

在所有的串行通信方式中,在写入SBUF操作的控制下,把数据装入相同的9位移位寄存器,前面8位为数据字节,其最低位为移位寄存器的输出位。根据不同的工作方式会自动将"1"或TB8装入移位寄存器的第9位,并进行发送操作。

串行通道的接收寄存器是一个输入移位寄存器。在方式0时它的字长为8位,其他方式时为9位。当1帧接收完毕,移位寄存器中的数据字节装入串行数据缓冲器SBUF,其第9位则装入SCON寄存器中的RB8位。如果由于SM2使得已接收到的数据无效,RB8和SBUF中内容不变。

由于接收通道内设有输入移位寄存器和SBUF缓冲器,从而能使一帧接收完将数据由移位寄存器装入SBUF后,可立即开始接收下一帧信息,主机应在该帧接收结束后从SBUF缓冲器中将数据取走,否则这一帧数据将丢失。SBUF以并行方式送往内部数据总线。

(4)辅助寄存器AUXR　辅助寄存器AUXR的格式及各位含义如表5.18所示。

表 5.18 辅助寄存器 AUXR(不可位寻址)的格式

SFR 符号	地址	bit	B7	B6	B5	B4	B3	B2	B1	B0
AUXR	8EH	name	T0x12	T1x12	UART_M0x6	BRTR	S2SMOD	BRTx12	EXTRAM	S1BRS

T0x12:定时器 0 速度设置位。

0,定时器 0 的速度是传统 8051 单片机的速度,12 分频;

1,定时器 0 的速度是传统 8051 单片机速度的 12 倍,不分频。

T1x12:定时器 1 速度设置位。

0,定时器 1 的速度是传统 8051 单片机的速度,12 分频;

1,定时器 1 的速度是传统 8051 单片机速度的 12 倍,不分频。

如果 UART 串口用定时器 1 做波特率发生器,T1x12 位就可以控制 UART 串口是12 T 还是 1 T 了。

UART_M0x6:串行口模式 0 的通信速度设置位。

0,UART 串口的模式 0 的速度是传统 12 T 的 8051 单片机的速度,12 分频;

1,UART 串口的模式 0 的速度是传统 12 T 的 8051 单片机速度的 6 倍,2 分频。

BRTR:独立波特率发生器运行控制位。

0,不允许独立波特率发生器运行;

1,允许独立波特率发生器运行。

S2SMOD:串口 2 的波特率加倍控制位。

0,串口 2 的波特率不加倍;

1,串口 2 的波特率加倍。

对于 STC12C5A60S2 单片机,串口 2 只能使用独立波特率发生器作为波特率发生器,不能够选择定时器 1 作为波特率发生器;而串口 1 既可以选择定时器 1 作为波特率发生器,也可以选择独立波特率发生器作为波特率发生器。

BRTx12:独立波特率发生器计数控制位。

0,独立波特率发生器每 12 个时钟计数一次;

1,独立波特率发生器每 1 个时钟计数一次。

EXTRAM:

0,允许使用内部扩展的 1024 字节扩展 RAM。

1,禁止使用内部扩展的 1024 字节扩展 RAM。

S1BRS:串行口波特率发生器选择位。

0,缺省,串行口波特率发生器选择定时器 1,S1BRS 是串口 1 波特率发生器选择位。

1,独立波特率发生器作为串行口的波特率发生器,此时定时器 1 得到释放,可以作为独立定时器使用,串口 1 可以选择定时器 1 作为波特率发生器,也可以选择独立波特率发生器作为波特率发生器。当设置寄存器 AUXR 中的 S1BRS 位(串行口波特率选择位)为 1 时,串行口选择独立波特率发生器作为波特率发生器,此时定时器 1 可以释放出来作为定时器/计数器/时钟输出使用。

(5)独立波特率发生器寄存器 BRT　独立波特率发生器寄存器 BRT(地址为 9CH,复位后为 00H)用于保存重装时间常数。

STC12C5A60S2 单片机是 1 T 的 8051 单片机,复位后兼容传统 8051 单片机。如果 UART 串口用定时器 1 做波特率发生器,AUXR 中的 T1x12/AUXR.6 位就可以控制 UART 串口是 12 T 还是 1 T。

(6)从机地址控制寄存器 SADEN 和 SADDR　为了方便多机通信,STC12C5A60S2 单片机设置了从机地址控制寄存器 SADEN 和 SADDR。其中 SADEN 是从机地址掩模寄存器(地址为 B9H,复位后为 00H),SADDR 是从机地址寄存器(地址为 A9H,复位后为 00H)。

5.3.3　串行口的工作方式

STC12C5A60S2 单片机的串行通信接口有 4 种工作方式,可通过软件编程对 SCON 中的 SM0、SM1 的设置进行选择。其中方式 1、方式 2 和方式 3 为异步通信,每个发送和接收的字符都带有 1 个启动位和 1 个停止位。在方式 0 中,串行口被作为 1 个简单的移位寄存器使用。

(1)串行口 1 工作方式 0　同步移位寄存器方式。

方式 0 可将串行输入/输出数据转换成并行输入/输出数据。以 RxD(P3.0)端作为数据移位的输入/输出端,以 TxD(P3.1)端输出移位脉冲。移位数据的发送和接收以 8 位为 1 帧,不设起始位和停止位,无论输入/输出,均低位在前高位在后。

①数据输出。串行口 1 作为并行输出口使用时,要有“串入并出”的移位寄存器配合(图 5.17)。

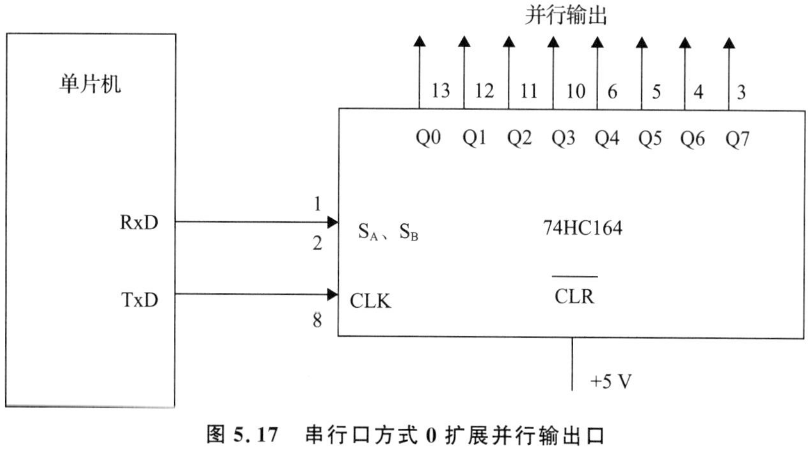

图 5.17　串行口方式 0 扩展并行输出口

在移位时钟脉冲(TxD)的控制下,数据从串行口 RxD 端逐位移入 74HC164SA、SB 端。当 8 位数据全部移出后,SCON 寄存器的 TI 位被自动置 1。其后 74HC164 的内容即可并行输出。74HC164 $\overline{CLR}$ 为清 0 端,输出时 $\overline{CLR}$ 必须为 1,否则 74HC164Q0 ~ Q7 输出为 0。串口方式 0 数据发送的时序如图 5.18 所示。

②数据输入。串行口作为并行输入口使用时,要有“并入串出”的移位寄存器配合(图 5.19)。

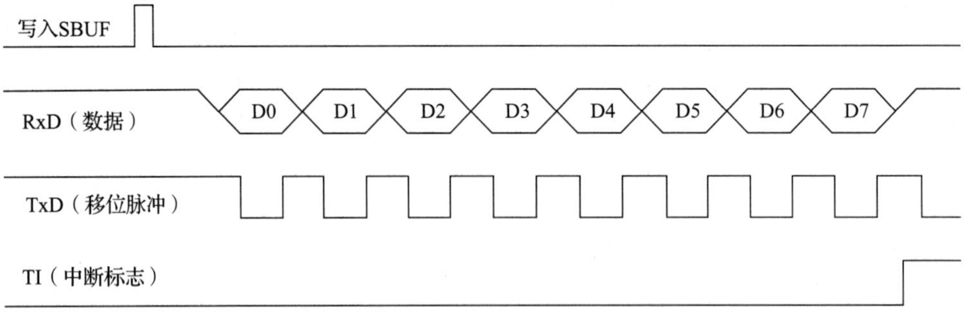

图 5.18 串行口方式 0 扩展输出时序

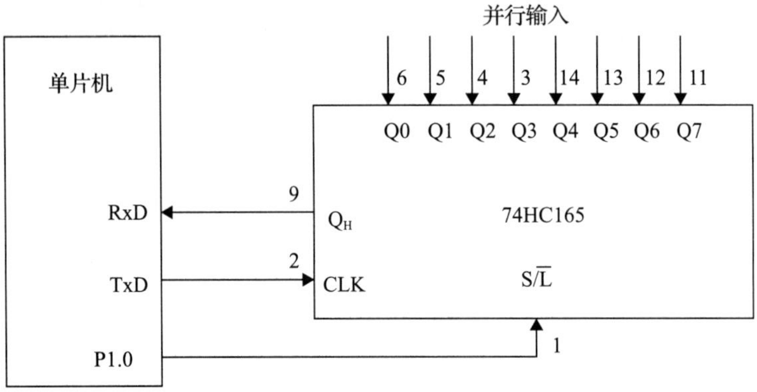

图 5.19 串行口方式 0 扩展并行输入口

74HC165S/$\overline{L}$ 端为移位/置入端，当 S/$\overline{L}$=0 时，从 Q0～Q7 并行置入数据，当 S/$\overline{L}$=1 时，允许从 QH 端移出数据。串行控制寄存器 SCON 中的 REN=1 时，TXD 端发出移位时钟脉冲，从 RXD 端串行输入 8 位数据。当接收到第 8 位数据 D7 后，置位中断标志 RI，表示 1 帧数据接收完成。串行口方式 0 数据输入的时序如图 5.20 所示。

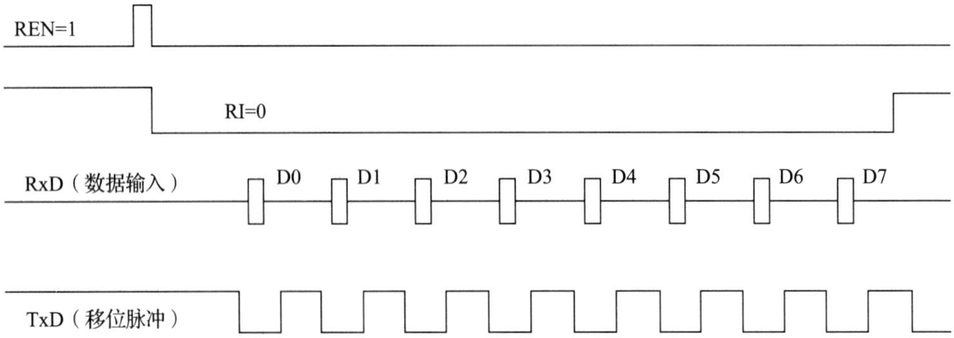

图 5.20 串行口方式 0 扩展输入时序

在方式 0 状态，串行口的通信速度设置位 UART_M0x6/AUXR.5=0 时，其波特率固定为 SYSclk/12。当串行口方式 0 的通信速度设置位 UART_M0x6/AUXR.5=1 时，其波特率固定为 SYSclk/2。串行口数据由 RxD/P3.0 端输入，同步移位脉冲（SHIFTCLOCK）由 TxD/P3.1 输出，发送、接收的是 8 位数据，低位在先。

工作于方式 0 时，必须清 0 多机通信控制位 SM2，使其不影响 TB 8 位和 RB 8 位。由于波特率固定为 SYSclk/12 或 SYSclk/2，无须定时器提供，直接由单片机的时钟作为同步移位脉冲。

(2)串行口 1 工作方式 1　8 位异步收发方式，波特率可变(图 5.21)。

当软件设置 SCON 的 SM0、SM1 为"01"时，串行口 1 则以方式 1 工作。此方式为 8 位 UART 格式，1 帧信息为 10 位：1 位起始位，8 位数据位(低位在先)和 1 位停止位。

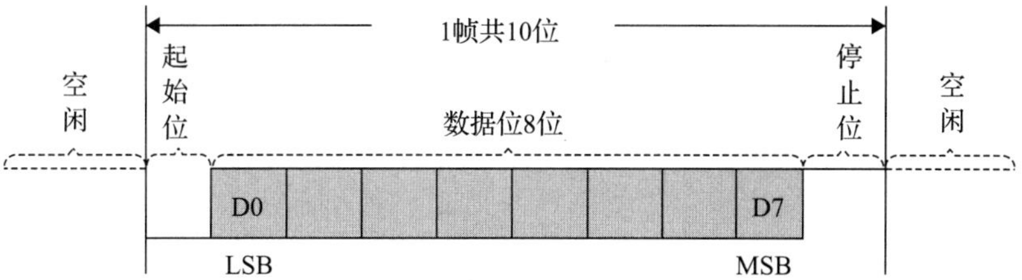

图 5.21　串行口方式 1 帧格式

波特率可变，即可根据需要进行设置。TxD/P3.1 为发送信息端，RxD/P3.0 为接收端接收信息，串行口为全双工发送/接收串行口。图 5.22 和图 5.23 为串行通信方式 1 的发送/接收时序图。

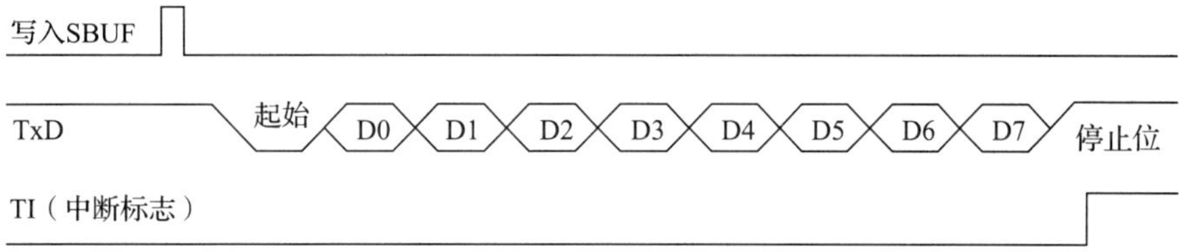

图 5.22　串行方式 1 发送时序

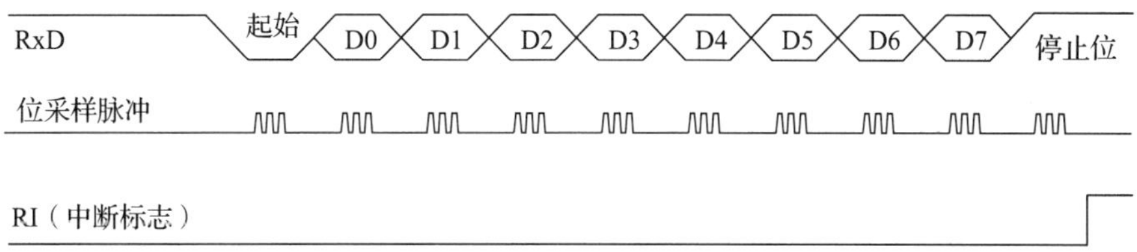

图 5.23　串行方式 1 接收时序

方式 1 的发送过程：串行通信模式发送时，数据由串行发送端 TxD 输出。当主机进行一次写"SBUF"的指令就启动串行通信的发送，写"SBUF"信号还把"1"装入发送移位寄存器的第 9 位，并通知 TX 控制单元开始发送。发送各位的定时与 16 分频计数器同步。

移位寄存器将数据不断右移送 TxD 端口发送，在数据的左边不断移入"0"作补充。当数据的最高位移到移位寄存器的输出位置，紧随其后的是第 9 位"1"，在它的左边各位全为"0"，这个状态条件，使 TX 控制单元作最后一次移位输出，然后使允许发送信号"SEND"失效，完成 1 帧信息的发送，并置位中断请求位 TI，即 TI=1，向主机请求中断处理。

方式 1 的接收过程：当软件置位接收允许标志位 REN，即 REN=1 时，接收器便以选定波特率的 16 分频的速率采样串行接收端口 RxD，当检测到 RxD 端口从"1"→"0"的负跳变时就启动接收器准备接收数据，并立即复位 16 分频计数器，将 1FFH 装入移位寄存器。复位 16 分频计数器使它与输入位时间同步。

(3)串行口 1 工作方式 2　9 位异步收发方式,波特率固定(图 5.24)。

当 SM0、SM1 2 位为 10 时,串行口 1 工作在方式 2。串行口 1 工作方式 2 为 9 位数据异步通信 UART 方式,其 1 帧的信息由 11 位组成:1 位起始位,9 位数据位(低位在先),其中第 9 位数据为可编程位,1 位停止位。发送时可编程位(第 9 位数据)由 SCON 中的 TB8 提供,可由软件设置为 1 或 0,或者可将 PSW 中的奇/偶校验位 P 装入 TB8(TB8 既可作为多机通信中的地址数据标志位,又可作为数据的奇偶校验位)。接收时第 9 位数据装入 SCON 的 RB8。TxD/P3.1 为发送端口,RxD/P3.0 为接收端口,以全双工方式进行发送/接收。

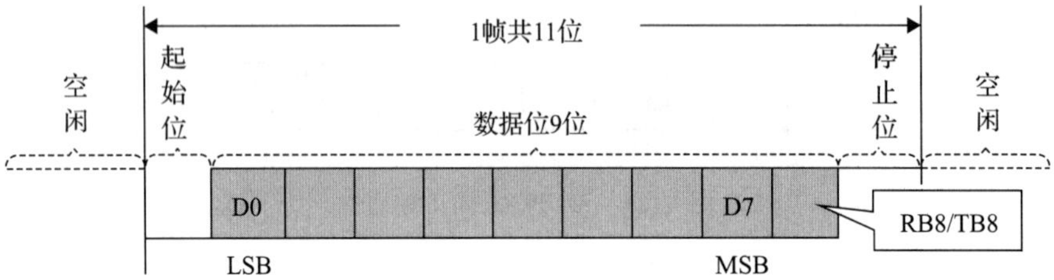

图 5.24　串行口方式 2 帧格式

方式 2 的波特率为:

串行通信方式 2 波特率＝2SMOD/64×(SYSclk 系统工作时钟频率)

上述波特率可通过软件对 PCON 中的 SMOD 位进行设置,当 SMOD＝1 时,选择 1/32(SYSclk);当 SMOD＝0 时,选择 1/64(SYSclk),故称 SMOD 为波特率加倍位。可见,方式 2 的波特率基本上是固定的。

图 5.25 和图 5.26 为串行通信方式 2 的发送/接收时序图。

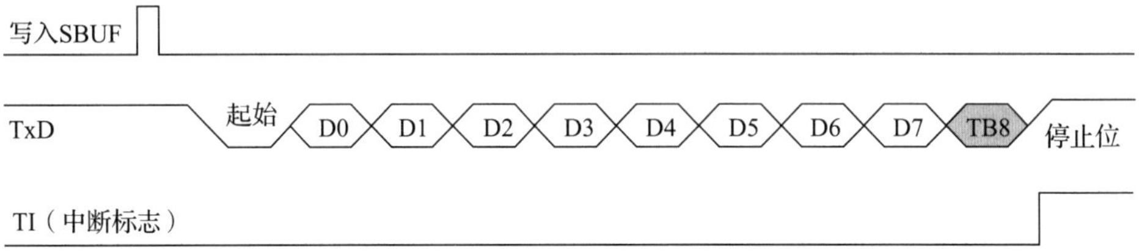

图 5.25　串行通信方式 2 发送时序

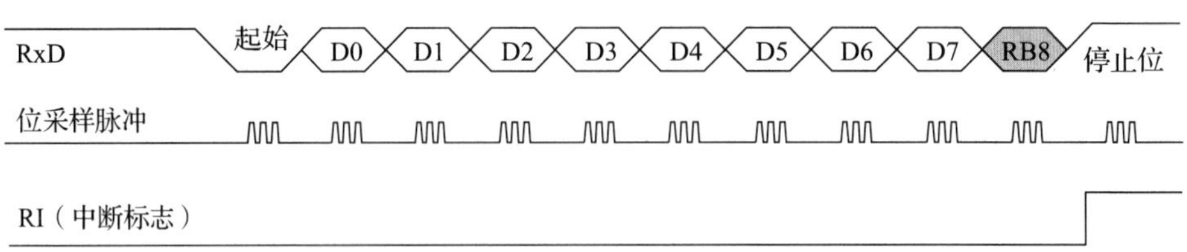

图 5.26　串行通信方式 2 接收时序

由图 5.25 和图 5.26 可知,方式 2 和方式 1 相比,除波特率发生源略有不同,发送时由 TB8 提供给移位寄存器第 9 数据位不同外,其余功能结构均基本相同,其发送/接收操作过程及时序也基本相同。

(4)串行口 1 工作方式 3　9 位异步收发方式,波特率可变。

当 SM0、SM1 2 位为 11 时,串行口 1 工作在模式 3。串行通信方式 3 为 9 位数据异步通信UART方式，其1帧的信息由11位组成：1位起始位，9位数据位(低位在先)，其中第9位数据为可编程位，1位停止位，与方式2的帧格式相同。发送时可编程位(第9位数据)由SCON中的TB8提供，可通过软件设置为1或0，或者可将PSW中的奇/偶校验位P装入TB8(TB8既可作为多机通信中的地址数据标志位，又可作为数据的奇偶校验位)。接收时第9位数据装入SCON的RB8。TxD/P3.1为发送端口，RxD/P3.0为接收端口，以全双工方式进行接收/发送。

方式3的波特率为：

串行通信方式3波特率=2SMOD/32×(定时器/计数器1的溢出率或BRT独立波特率发生器的溢出率)

当T1x12=0时，定时器1的溢出率=SYSclk/12/(256-TH1)；

当T1x12=1时，定时器1的溢出率=SYSclk/(256-TH1)；

当BRTx12=0时，BRT独立波特率发生器的溢出率=SYSclk/12/(256-BRT)；

当BRTx12=1时，BRT独立波特率发生器的溢出率=SYSclk/(256-BRT)。

可见，方式3和方式1一样，其波特率可通过软件对定时器/计数器1或独立波特率发生器的设置进行波特率的选择，是可变的。

方式3和方式2相比，除波特率不同外，其余功能结构均基本相同，其发送/接收操作过程及时序也基本相同。方式3和方式1相比，除发送时由TB8提供给移位寄存器第9位数据不同外，其余功能结构均基本相同，其发送/接收操作过程及时序也基本相同。

5.3.4 UART的应用举例

(1)波特率发生器的计算举例

例5.5 若STC12C5A60S2单片机的时钟为11.059 2 MHz，选用T1的方式2定时作为波特率发生器，12 T模式，波特率为2 400 b/s，求T1的定时初值。

设T1为方式2定时，选SMOD=0。

将已知条件代入下式中：

$$\text{波特率} = \frac{2^{\text{SMOD}}}{32} \times \frac{f_{\text{OSC}}}{12(256 - X)} = 2\ 400$$

从中解得$X=244=$F4H。只要把F4H装入TH1和TL1，则T1发出的波特率为2 400 b/s。这里时钟振荡频率f_{OSC}选为11.059 2 MHz，就可使初值为整数，从而产生精确的波特率。

(2)方式1的应用设计

例5.6 图5.27为单片机甲、乙双机串行通信，双机RXD和TXD相互交叉相连，甲机P1口接8个开关，乙机P1口接8个发光二极管。甲机设置为只能发送不能接收的单工方式。要求甲机读入P1口的8个开关的状态后，通过串行口发送到乙机，乙机将接收到的甲机的8个开关的状态数据送入P1口，由P1口的8个发光二极管来显示8个开关的状态。双方晶振均采用11.059 2 MHz。

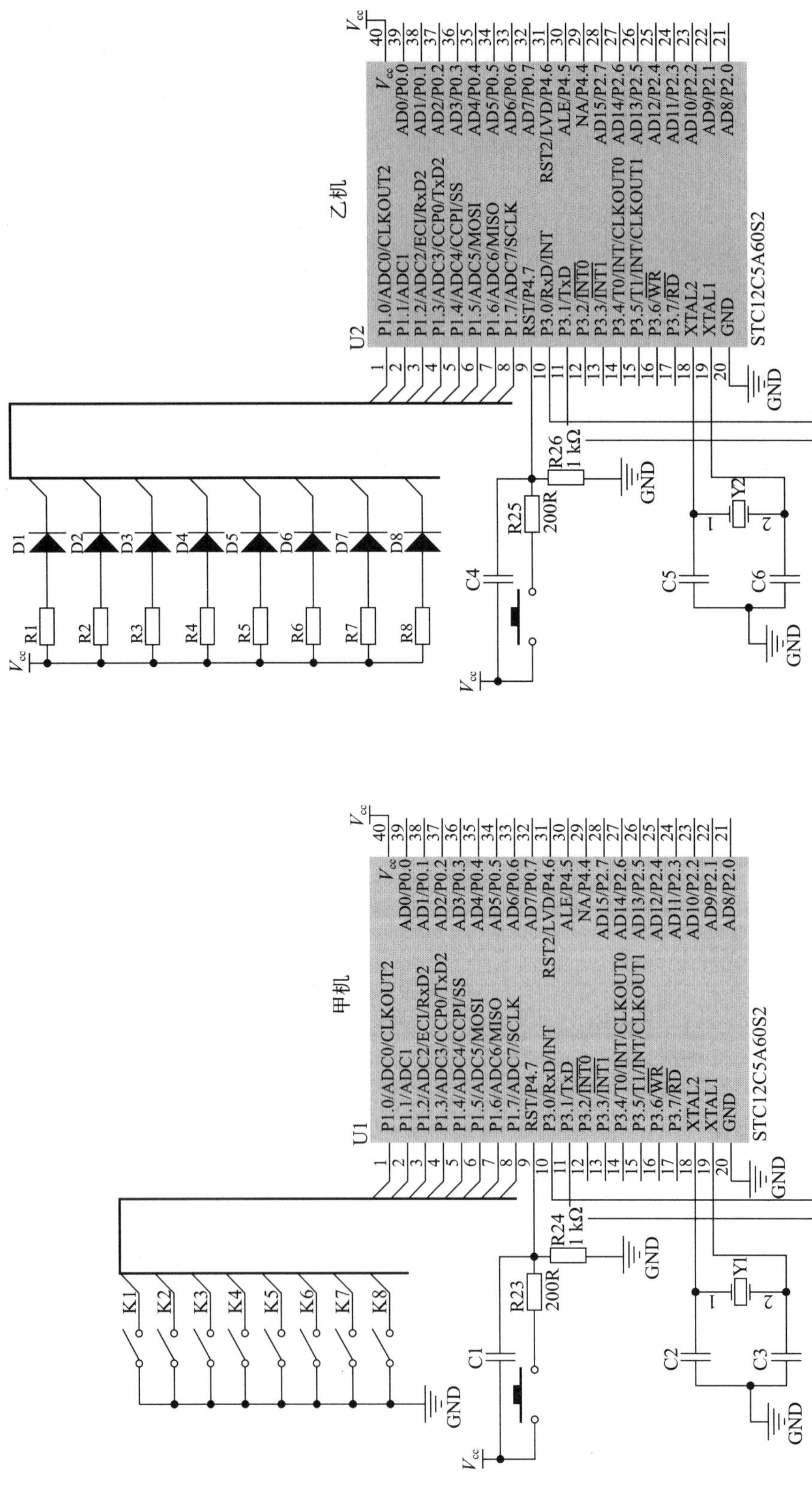

图 5.27　单片机甲、乙双机串行通信

参考程序如下：

```
//甲机串行口方式 1 查询发送程序
#include <stc12c5a.h>
#define uchar  unsigned char
#define uint   unsigned int
void main()
{
    uchar temp = 0;
    TMOD = 0x20;            //设置定时器 T1 为方式 2
    TH1 = 0xfd;             //波特率为 9600b/s
    TL1 = 0xfd;
    SCON = 0x40;       //串口初始化方式 1 发送,不接收
    PCON = 0x00;       //SMOD = 0
    TR1 = 1;           //启动 T1
    P1 = 0xff;     //设置 P1 口为输入
    while(1)
    {
        temp = P1;          //读入 P1 口开关的状态
        SBUF = temp;        //数据送串行口发送
        while(TI == 0);     //如果 TI = 0,未发送完,循环等待
        TI = 0;             //已发送完,把 TI 清 0
        delay();
    }

//乙机串行口方式 1 查询接收程序
#include<stc12c5a.h>
#define uchar  unsigned char
#define uint   unsigned int
void main()
{
    uchar temp = 0;
    TMOD = 0x20;              //设置定时器 T1 为方式 2
    TH1 = 0xfd;                   //波特率为 9600b/s
    TL1 = 0xfd;
    SCON = 0x50;              //设置串口为方式 1 接收,REN = 1
    PCON = 0x00;              //SMOD = 0
    TR1 = 1;                  //启动 T1
    while(1)
```

```
    {
        while(RI == 0);                //若 RI 为 0,未接收到数据
        RI = 0;                        //接收到数据,则把 RI 清 0
        temp = SBUF;                   //读取数据存入 temp 中
        P1 = temp;                     //接收的数据送 P1 口控制 8 个 LED 的亮灭
    }
}
```

乙机也可以采用中断方式接收数据,参考程序如下：

```
# include <stc12c5a.h>
void  main()
{
    TMOD = 0x20;                 //T1 方式 2
    TH1 = 0xfd;                  //波特率为 9600b/s
    TL1 = 0xfd;
    SCON = 0x50;                 //串口方式 1,允许接收 REN = 1
    PCON = 0x00;                 //SMOD = 0
    TR1 = 1;                     //启动 T1
    EA = 1;
    ES = 1;
    while(1)
    {
        ;
    }
}
void serial_ISR() interrupt 4 using 3
{
    unsigned char temp = 0;
    if(RI == 1)
        {
          RI = 0;
          temp = SBUF;            //接收数据写入 temp
          P1 = temp;
        }
        if(TI == 1)
        {
          TI = 0;
        }
}
```

(3)方式 2 和方式 3 的应用设计　方式 2 与方式 1 比有 2 点不同之处：

①方式 2 接收/发送 11 位信息，第 0 位为起始位，第 1～8 位为数据位，第 9 位是程控位，由用户设置的 TB8 位决定，第 10 位是停止位 1。

②方式 2 的波特率变化范围比方式 1 小，方式 2 的波特率＝振荡器频率/n。

当 SMOD = 0 时，$n = 64$。

当 SMOD = 1 时，$n = 32$。

而方式 2 和方式 3 相比，除了波特率的差别外，其他都相同，所以下面介绍的方式 3 应用编程也适用于方式 2。

例 5.7　如图 5.28 所示，甲、乙 2 个单片机进行方式 3(或方式 2)串行通信。甲机把控制 8 个流水灯点亮的数据发送给乙机并点亮其 P1 口的 8 个 LED。方式 3 比方式 1 多了 1 个可编程位 TB8，该位一般作奇偶校验位。乙机接收到的 8 位二进制数据有可能出错，需进行奇偶校验，其方法是将乙机的 RB8 和 PSW 的奇偶校验位 P 进行比较，如果相同则接收数据；否则拒绝接收。

参考程序如下：

```
//甲机发送程序
#include <stc12c5a.h>
sbit  P = PSW^0;      //P 位为 PSW 寄存器的第 0 位，即奇偶校验位
unsigned char Tab[8] = {0xfe,0xfd,0xfb,0xf7,0xef,0xdf,0xbf,0x7f};
//控制流水灯显示数据数组，为全局变量
void main(void)              //主函数
{
      unsigned char i;
      TMOD = 0x20;                    //设置定时器 T1 为方式 2
      SCON = 0xc0;                    //设置串口为方式 3
      PCON = 0x00;                    //SMOD = 0
      TH1 = 0xfd;                     //给 T1 赋初值，波特率设置为 9600b/s
      TL1 - 0xfd;
      TR1 = 1;                        //启动定时器 T1
      while(1)
      {
          for(i = 0;i<8;i ++ )
          {
              Send(Tab[i]);
              delay();                //大约 200ms 发送一次数据
          }
      }
}
void Send(unsigned char dat)          //发送 1 字节数据的函数
{
      TB8 = P;                        //将奇偶校验位作为第 9 位数据发送
```

```
        SBUF = dat;
        while(TI == 0);                    //检测 TI,TI = 0,未发送完
        TI = 0;                            //1 字节发送完,TI 清 0
    }
    void  delay(void)                      //延时约 200ms 的函数
    {
      unsignedcharm,n;
      for(m = 0;m<250;m ++ )
      for(n = 0;n<250;n ++ );
      }
//乙机接收程序
# include <stc12c5a.h>
sbit  P = PSW^0;                           //P 位为 PSW 寄存器的第 0 位,即奇偶校验位
void main(void)                            //主函数
{
     TMOD = 0x20;                          //设置定时器 T1 为方式 2
     SCON = 0xd0;                          //设置串口为方式 3,允许接收 REN = 1
     PCON = 0x00;                          //SMOD = 0
     TH1 = 0xfd;                           //给定时器 T1 赋初值,波特率为 9600b/s
     TL1 = 0xfd;
     TR1 = 1;                              //接通定时器 T1
     REN = 1;                              //允许接收
     while(1)
     {
       P1 = Receive();                     //将接收到的数据送 P1 口显示
     }
}
unsigned  char Receive(void)               //接收 1 字节数据的函数
{
   unsigned char dat;
   while(RI == 0);                         //检测 RI,RI = 0,未接收完,则循环等待
   RI = 0;                                 //已接收 1 帧数据,将 RI 清 0
   ACC = SBUF;                             //将接收缓冲器的数据存于 ACC
   if(RB8 == P)                            //只有偶校验成功才能往下执行,接收数据
   {
        dat = ACC;                         //将接收缓冲器的数据存于 dat
        returndat;                         //将接收的数据返回
   }
}
```

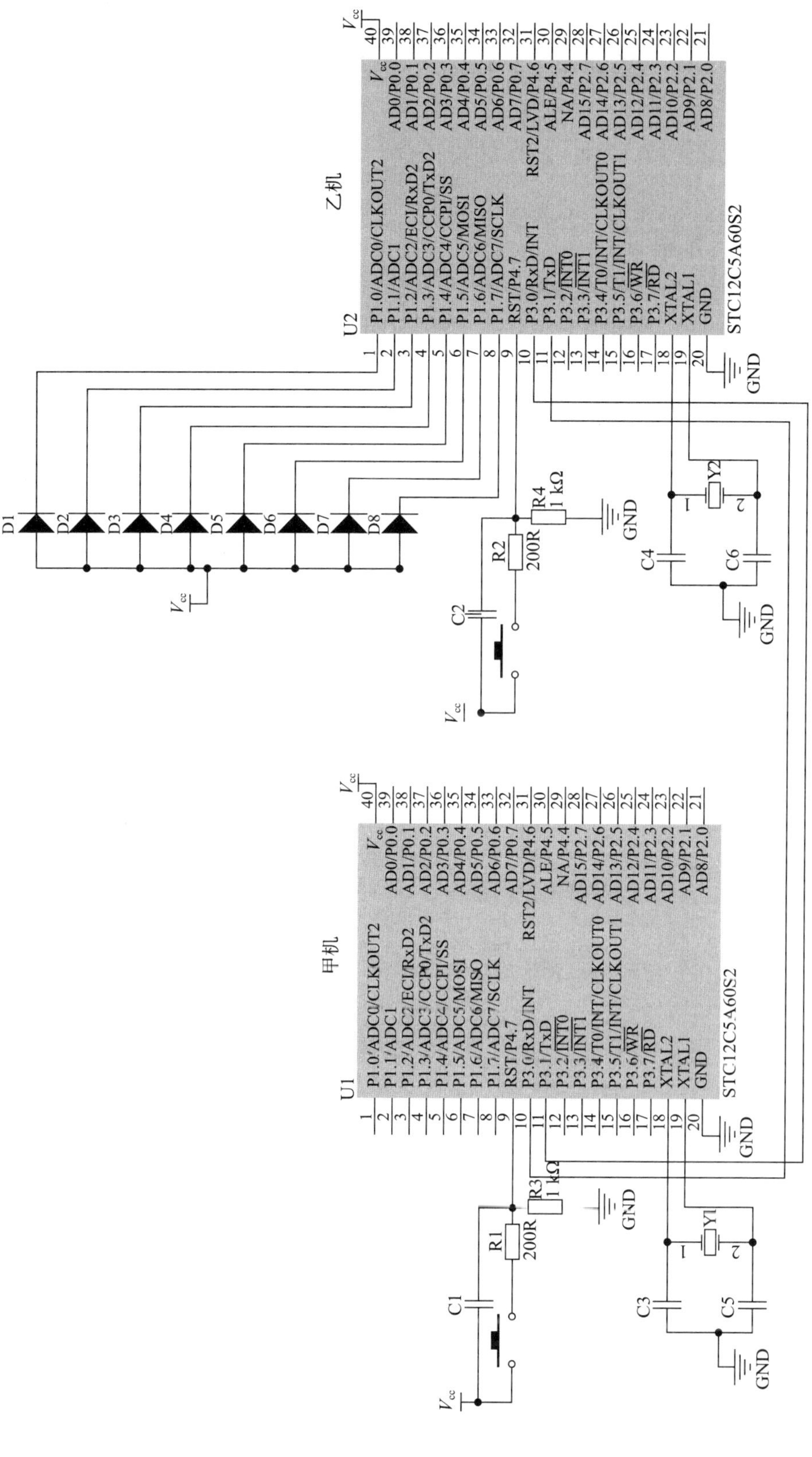

图 5.28　甲、乙 2 个单片机进行方式 3(或方式 2)串行通信

5.4 STC12C5A60S2 单片机的 A/D 转换器(ADC)

5.4.1 STC12C5A60S2 A/D 转换器的结构

STC12C5A60S2 带 A/D 转换器的单片机的 A/D 转换口在 P1 口(P1.7～P1.0),有 8 路 10 位逐次比较式 A/D 转换器,转换速度可达到 250 kHz(25 万次/s)。这个 8 路电压输入型 A/D 转换器可进行温度检测、电池电压检测、按键扫描、频谱检测等。上电复位后 P1 口为弱上拉型 I/O 口,用户可以通过软件设置将 8 路中的任何一路设置为 A/D 转换,不需作为 A/D 使用的口可继续作为 I/O 口使用。

STC12C5A60S2 单片机 A/D 转换器(ADC)的结构如图 5.29 所示,其由多路选择开关、比较器、逐次比较寄存器、10 位 D/A 转换器(DAC)、转换结果寄存器(ADC_RES 和 ADC_RESL)以及 ADC_CONTR 构成。

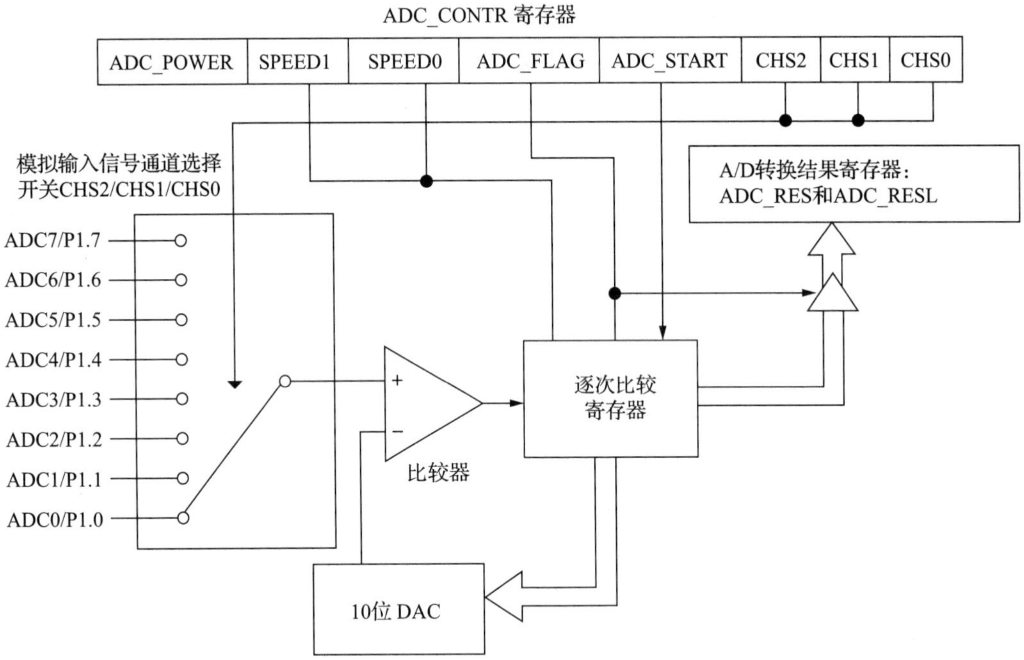

图 5.29 STC12C5A60S2 单片机 A/D 转换器的结构

STC12C5A60S2 单片机的 ADC 是逐次比较型 ADC。逐次比较型 ADC 由一个比较器和 D/A 转换器构成,通过逐次比较逻辑,从最高位(MSB)开始,顺序地对每一输入电压与内置 D/A 转换器输出进行比较,经过多次比较,使转换所得的数字逐次逼近输入模拟量对应值。逐次比较型 A/D 转换器具有速度高、功耗低等优点。

A/D 转换结束后,最终的转换结果保存到 ADC 转换结果寄存器 ADC_RES 和 ADC_RESL,同时,置位 ADC 控制寄存器 ADC_CONTR 中的 A/D 转换结束标志位 ADC_FLAG,以供程序查询或发出中断申请。模拟通道的选择控制由 ADC 控制寄存器 ADC_CONTR 中的 CHS2～CHS0 确定。ADC 的转换速度由 ADC 控制寄存器中的 SPEED1 和 SPEED0 确定。在使用 ADC 之前，应先给 ADC 上电，也就是置位 ADC 控制寄存器中的 ADC_POWER 位。

当 AUXR1.2/ADRJ = 0 时，A/D 转换结果寄存器格式如下：

ADC_RES[7:0]

ADC_B9	ADC_B8	ADC_B7	ADC_B6	ADC_B5	ADC_B4	ADC_B3	ADC_B2

—	—	—	—	—	—	ADC_B1	ADC_B0

ADC_RESL[1:0]

当 AUXR1.2/ADRJ = 1 时，A/D 转换结果寄存器格式如下：

ADC_RES[1:0]

—	—	—	—	—	—	ADC_B9	ADC_B8

ADC_B7	ADC_B6	ADC_B5	ADC_B4	ADC_B3	ADC_B2	ADC_B1	ADC_B0

ADC_RES[7:0]

测量的模拟电压值可以通过下面公式计算：

$$V_{in} = (D/1\ 024) \times V_{cc}$$

其中，D 为转换的 10 位数字量，V_{cc} 为单片机电源电压。

5.4.2 与 A/D 转换相关的寄存器

与 STC12C5A60S2 单片机 A/D 转换相关的寄存器列于表 5.19。

(1)P1 口模拟功能控制寄存器 P1ASF　STC12C5A60S2 单片机的 A/D 转换通道在 P1 口(P1.7～P1.0)复用，上电复位后 P1 口为弱上拉型 I/O 口，用户可以通过软件设置将 8 路中的任何一路设置为 A/D 转换，不需作为 A/D 使用的 P1 口可继续作为 I/O 口使用(建议只作为输入)。需作为 A/D 使用的口需先将 P1ASF 特殊功能寄存器中的相应位置为“1”，将相应的口设置为模拟功能。寄存器 P1ASF 的格式见表 5.20。

当 P1 口中的相应位作为 A/D 使用时，要将 P1ASF 中的相应位置 1，见表 5.21。

(2)ADC 控制寄存器 ADC_CONTR　对 ADC_CONTR 寄存器进行操作，建议直接用 MOV 赋值语句，不要用“与”和“或”语句。寄存器 ADC_CONTR 的格式见表 5.22。

ADC_POWER：ADC 电源控制位。

0，关闭 A/D 转换器电源；

1，打开 A/D 转换器电源。

建议进入空闲模式前将 ADC 电源关闭，即 ADC_POWER = 0。启动 A/D 转换前一定要确认 A/D 电源已打开，A/D 转换结束后关闭 A/D 电源可降低功耗，也可不关闭。初次打开内部 A/D 转换模拟电源，需适当延时，等内部模拟电源稳定后，再启动 A/D 转换。建议启动 A/D 转换后，在 A/D 转换结束之前，不改变任何 I/O 口的状态，这有利于高精度 A/D 转换，若能将定时器/串行口/中断系统关闭更好。

SPEED1，SPEED0：模数转换器转换速度控制位(表 5.23)。

表 5.19 与 A/D 转换相关的寄存器

符号	地址	位地址及其符号								复位值
		B7	B6	B5	B4	B3	B2	B1	B0	
P1ASF	9DH	P17ASF	P16ASF	P15ASF	P14ASF	P13ASF	P12ASF	P11ASF	P10ASF	0000 0000B
ADC_CONTR	BCH	ADC_POWER	SPEED1	SPEED0	ADC_FLAG	ADC_START	CHS2	CHS1	CHS0	0000 0000B
ADC_RES	BDH									0000 0000B
ADC_RESL	BEH									0000 0000B
AUXR1	A2H	—	PCA_P4	SPI_P4	S2_P4	GF2	ADRJ	—	DPS	x000 00x0B
IE	A8H	EA	ELVD	EADC	ES	ET1	EX1	ET0	EX0	0000 0000B
IP	B8H	PPCA	PLVD	PADC	PS	PT1	PX1	PT0	PX0	0000 0000B
IPH	B7H	PPCAH	PLVDH	PADCH	PSH	PT1H	PX1H	PT0H	PX0H	0000 0000B

表 5.20 寄存器 P1ASF 的格式

SFR 符号	地址	bit	B7	B6	B5	B4	B3	B2	B1	B0
P1ASF	9DH	name	P17ASF	P16ASF	P15ASF	P14ASF	P13ASF	P12ASF	P11ASF	P10ASF

表 5.21 P1ASF 中的功能位与 P1 口作为 A/D 使用的设置

P1ASF[7:0]	P1.x 的功能
P1ASF.0=1	P1.0 口作为模拟功能 A/D 使用
P1ASF.1=1	P1.1 口作为模拟功能 A/D 使用
P1ASF.2=1	P1.2 口作为模拟功能 A/D 使用
P1ASF.3=1	P1.3 口作为模拟功能 A/D 使用
P1ASF.4=1	P1.4 口作为模拟功能 A/D 使用
P1ASF.5=1	P1.5 口作为模拟功能 A/D 使用
P1ASF.6=1	P1.6 口作为模拟功能 A/D 使用
P1ASF.7=1	P1.7 口作为模拟功能 A/D 使用

表 5.22 寄存器 ADC_CONTR 的格式

SFR 符号	地址	bit	B7	B6	B5	B4	B3	B2	B1	B0
ADC_CONTR	BCH	name	ADC_POWER	SPEED1	SPEED0	ADC_FLAG	ADC_START	CHS2	CHS1	CHS0

表 5.23 模数转换器转换速度控制位 SPEED1,SPEED0

SPEED1	SPEED0	A/D 转换所需时间
1	1	90 个时钟周期转换 1 次,CPU 工作频率为 21 MHz 时,A/D 转换速度约为 250 kHz
1	0	180 个时钟周期转换 1 次
0	1	360 个时钟周期转换 1 次
0	0	540 个时钟周期转换 1 次

STC12C5A60S2 单片机的 A/D 转换模块使用的时钟是内部 R/C 振荡器所产生的系统时钟,不使用时钟分频寄存器 CLK_DIV 对系统时钟分频后所产生的供给 CPU 工作所使用的时钟。这样做的好处是可以让 ADC 用较高的频率工作,提高 A/D 的转换速度,可以让 CPU 用较低的频率工作,降低系统的功耗。

ADC_FLAG:模数转换器转换结束标志位,当 A/D 转换完成后,ADC_FLAG=1,要由软件清 0。不管是 A/D 转换完成后由该位申请产生中断,还是由软件查询该标志位 A/D 转换是否结束,当 A/D 转换完成后,ADC_FLAG=1,一定要由软件清 0。

ADC_START:模数转换器(ADC)转换启动控制位,设置为 1 时开始转换,转换结束后为 0。

CHS2/CHS1/CHS0:模拟输入通道选择位 CHS2/CHS1/CHS0(表 5.24)。

表 5.24 模拟输入通道选择位 CHS2,CHS1,CHS0

CHS2	CHS1	CHS0	模拟输入通道选择
0	0	0	选择 P1.0 作为 A/D 输入来用
0	0	1	选择 P1.1 作为 A/D 输入来用
0	1	0	选择 P1.2 作为 A/D 输入来用
0	1	1	选择 P1.3 作为 A/D 输入来用
1	0	0	选择 P1.4 作为 A/D 输入来用
1	0	1	选择 P1.5 作为 A/D 输入来用
1	1	0	选择 P1.6 作为 A/D 输入来用
1	1	1	选择 P1.7 作为 A/D 输入来用

程序中需要注意的事项:由于是 2 套时钟,所以设置 ADC_CONTR 控制寄存器后,要等 4 个空操作延时才可以正确读到 ADC_CONTR 寄存器的值,原因是设置 ADC_CONTR 控制寄存器的语句执行后,要经过 4 个 CPU 时钟的延时,其值才能够保证被设置进 ADC_CONTR 控制寄存器。

(3)A/D 转换结果寄存器 ADC_RES 和 ADC_RESL 寄存器 ADC_RES 和 ADC_RESL 用于保存 A/D 转换结果,其格式见表 5.25。

表 5.25 寄存器 ADC_RES 和 ADC_RESL 的格式

助记符号	地址	名称	B7	B6	B5	B4	B3	B2	B1	B0
ADC_RES	BDH	A/D 转换结果寄存器高								
ADC_RESL	BEH	A/D 转换结果寄存器低								
AUXR1	A2H	辅助寄存器 1	—	PCA_P4	SPI_P4	S2_P4	GF2	ADRJ	—	DPS

A/D 转换的结果在寄存器(ADC_RES 和 ADC_RESL)中存放的数据格式由 AUXR1 寄存器的 ADRJ 位进行调整控制。

当 ADRJ = 0 时,10 位 A/D 转换结果的高 8 位存放在 ADC_RES 中,低 2 位存放在 ADC_RESL 的低 2 位中(表 5.26)。

当 ADRJ=1 时,10 位 A/D 转换结果的高 2 位存放在 ADC_RES 的低 2 位中,低 8 位存放在 ADC_RESL 中(表 5.27)。

(4)与 A/D 中断有关的寄存器

①IE。中断允许寄存器(可位寻址)(表 5.28)。

表 5.26　ADRJ=0 时 10 位 A/D 转换结果存放

助记符号	地址	名称	B7	B6	B5	B4	B3	B2	B1	B0
ADC_RES	BDH	A/D 转换结果寄存器高 8 位	ADC_RES9	ADC_RES8	ADC_RES7	ADC_RES6	ADC_RES5	ADC_RES4	ADC_RES3	ADC_RES2
ADC_RESL	BEH	A/D 转换结果寄存器低 2 位	—	—	—	—	—	—	ADC_RES1	ADC_RES0
AUXR1	A2H	辅助寄存器 1						ADRJ=0		

表 5.27　ADRJ=1 时 10 位 A/D 转换结果存放

助记符号	地址	名称	B7	B6	B5	B4	B3	B2	B1	B0
ADC_RES	BDH	A/D 转换结果寄存器高 2 位	—	—	—	—	—	—	ADC_RES9	ADC_RES8
ADC_RESL	BEH	A/D 转换结果寄存器低 8 位	ADC_RES7	ADC_RES6	ADC_RES5	ADC_RES4	ADC_RES3	ADC_RES2	ADC_RES1	ADC_RES0
AUXR1	A2H	辅助寄存器 1						ADRJ=1		

表 5.28　中断允许寄存器 IE 的格式

SFR 符号	地址	bit	B7	B6	B5	B4	B3	B2	B1	B0
IE	A8H	name	EA	ELVD	EADC	ES	ET1	EX1	ET0	EX0

EA:CPU 的中断开放标志位,EA = 1,CPU 开放中断,EA = 0,CPU 屏蔽所有的中断申请。EA 的作用是使中断允许形成多级控制。即各中断源首先受 EA 控制;其次还受各中断源自己的中断允许控制位控制。

EADC:A/D 转换中断允许位。

1,允许 A/D 转换中断;

0,禁止 A/D 转换中断。

②IPH。中断优先级控制寄存器高(不可位寻址)(表 5.29)。

表 5.29　中断优先级控制寄存器高 IPH 的格式

SFR 符号	地址	bit	B7	B6	B5	B4	B3	B2	B1	B0
IPH	B7H	name	PPCAH	PLVDH	PADCH	PSH	PT1H	PX1H	PT0H	PX0H

③IP。中断优先级控制寄存器低(可位寻址)(表 5.30)。

表 5.30　中断优先级控制寄存器低 IP 的格式

SFR 符号	地址	bit	B7	B6	B5	B4	B3	B2	B1	B0
IP	B8H	name	PPCA	PLVD	PADC	PS	PT1	PX1	PT0	PX0

PADCH、PADC:A/D 转换中断优先级控制位。

00,A/D 转换中断为最低优先级中断(优先级 0);

01,A/D 转换中断为较低优先级中断(优先级 1);

10,A/D 转换中断为较高优先级中断(优先级 2);

11,A/D 转换中断为最高优先级中断(优先级 3)。

5.4.3　A/D 转换模块的参考电压源

STC12C5A60S2 单片机的参考电压源是输入工作电压 V_{cc},所以一般不用外接参考电压源。如 7805 的输出电压是 5 V,但实际电压可能是 4.88 ～4.96 V,用户需要精度比较高的话,可在出厂时将实际测出的工作电压记录在单片机内部的 E^2PROM 里面,以供计算。

如果有些用户的 V_{cc}不固定,如电池供电,电池电压在 4.2～5.3 V 漂移,则 V_{cc}不固定,就需要在 8 路 A/D 转换的一个通道外接一个稳定的参考电压源,来计算出此时的工作电压 V_{cc},再计算出其他几路 A/D 转换通道的电压。如可在 ADC 转换通道的第七通道外接一个 1.25 V(或 1 V)的基准参考电压源,由此求出此时的工作电压 V_{cc},再计算出其他几路 A/D 转换通道的电压(理论依据是短时间之内 V_{cc}不变)。

5.4.4　A/D 转换模块的应用程序设计举例

例 5.8　配置 STC12C5A60S2 单片机的 A/D 转换模块,8 个通道依次采集转换 8 路模拟信号，利用串口将各路模拟信号的转换结果发送到 PC 机上的串口助手进行显示。

参考程序如下：

```
#include <reg52.h>
#include <intrins.h>
#define FOSC 18432000L
#define BAUD 9600
typedef  unsigned char  BYTE;
typedef  unsigned int   WORD;
/* ADC 操作寄存器定义 */
#define  ADC_POWER   0x80  //A/D 转换电源控制位
#define  ADC_FLAG    0x10  //A/D 转换完成标志
#define  ADC_START   0x08  //A/D 转换开始控制位
#define  ADC_SPEEDLL 0x00  //540 时钟
#define  ADC_SPEEDL  0x20  //360 时钟
#define  ADC_SPEEDH  0x40  //180 时钟
#define  ADC_SPEEDHH 0x60  //90 时钟
//函数声明
void InitUart();
void InitADC();
void SendData(BYTE dat);
BYTE GetADCResult(BYTE ch);
void Delay(WORD n);
void ShowResult(BYTE ch);
//主函数
void main()
{
     InitUart();  //用来显示 A/D 转换结果
     InitADC();
     while(1)
     {
               ShowResult(0);  //显示通道 0
               ShowResult(1);  //显示通道 1
               ShowResult(2);  //显示通道 2
               ShowResult(3);  //显示通道 3
               ShowResult(4);  //显示通道 4
               ShowResult(5);  //显示通道 5
               ShowResult(6);  //显示通道 6
```

```
            ShowResult(7);  //显示通道 7
        }
}
//串口发送 AD 结果
void ShowResult(BYTE ch)
{
    SendData(ch);  //显示通道号
    SendData(GetADCResult(ch));  //显示 A/D 转换高 8 位结果
    SendData(ADC_LOW2);   //显示 A/D 转换低 2 位结果
}
//获取 AD 转换结果
BYTE GetADCResult(BYTE ch)
{
    ADC_CONTR = ADC_POWER|ADC_SPEEDLL|ch|ADC_START;
    _nop_();      //必须等待查询
    _nop_();
    _nop_();
    _nop_();
    while(!(ADC_CONTR&ADC_FLAG));  //等待完成标志
    ADC_CONTR& = ~ADC_FLAG;          //关闭 A/D 转换
    returnADC_RES;                   //返回 A/D 转换结果
}
//串口初始化函数
void InitUart()
{
    SCON = 0x5a;  //8 位数据,无校验
    TMOD = 0x20;  //T1 自动重装载
    TH1 = TL1 = -(FOSC/12/32/BAUD);   //设置波特率
    TR1 = 1;  //启动 T1
}
//ADC 初始化函数
void  InitADC()
{
    P1ASF = 0xff;     //打开 8 通道 A/D 转换函数
    ADC_RES = 0;      //清除上一次结果
    ADC_CONTR = ADC_POWER|ADC_SPEEDLL;
    Delay(2);               //A/D 转换上电延迟
```

```
}
//串口发送 1 个字节到 PC
void Send Data(BYTE dat)
{
    while(!TI);      //等待上一次数据发送
    TI = 0;          //清除 TI 标志
    SBUF = dat;      //发送当前数据
}
```

5.5 STC12C5A60S2 单片机 PCA/PWM 应用

STC12C5A60S2 单片机集成了两路可编程计数器阵列(PCA)模块,可用于软件定时器、外部脉冲的捕捉、高速输出以及脉宽调制(PWM)输出。

5.5.1 特殊功能寄存器

(1)PCA 工作模式寄存器 CMOD　PCA 工作模式寄存器 CMOD 的格式见表 5.31。

表 5.31　PCA 工作模式寄存器格式

SFR 符号	地址	bit	B7	B6	B5	B4	B3	B2	B1	B0
CMOD	D9H	name	CIDL	—	—	—	CPS2	CPS1	CPS0	ECF

CIDL:空闲模式下是否停止 PCA 计数的控制位。

0,空闲模式下 PCA 计数器继续工作;

1,空闲模式下 PCA 计数器停止工作。

· CPS2、CPS1、CPS0:PCA 计数脉冲源选择控制位。PCA 计数脉冲选择见表 5.32。

表 5.32　PCA 计数脉冲选择

CPS2	CPS1	CPS0	选择 PCA/PWM 时钟源输入
0	0	0	系统时钟/12,SYSclk/12
0	0	1	系统时钟/2,SYSclk/2
0	1	0	定时器 0 的溢出脉冲。由于定时器 0 可以工作在 1 T 模式,所以可以达到一个时钟就溢出,从而达到最高频率 CPU 工作时钟 SYSclk。通过改变定时器 0 的溢出率,可以实现可调频率的 PWM 输出
0	1	1	ECI/P1.2(或 P4.1)脚输入的外部时钟(最大速率= SYSclk/2)
1	0	0	系统时钟,SYSclk
1	0	1	系统时钟/4,SYSclk/4
1	1	0	系统时钟/6,SYSclk/6
1	1	1	系统时钟/8,SYSclk/8

ECF:PCA 计数溢出中断使能位。

0,禁止寄存器 CCON 中 CF 位的中断;

1,允许寄存器 CCON 中 CF 位的中断。

(2)PCA 控制寄存器 CCON　PCA 控制寄存器 CCON 的格式见表 5.33。

表 5.33　PCA 控制寄存器 CCON 的格式

SFR 符号	地址	bit	B7	B6	B5	B4	B3	B2	B1	B0
CCON	D8H	name	CF	CR	—	—	—	—	CCF1	CCF0

CF:PCA 计数器阵列溢出标志位。当 PCA 计数器溢出时,CF 由硬件置位。如果 PCA 工作模式寄存器 CMOD 的 ECF 位置位,则 CF 标志可用来产生中断。CF 位可通过硬件或软件置位,但只可通过软件清 0。

CR:PCA 计数器阵列运行控制位。该位通过软件置位,用来启动 PCA 计数器阵列计数。该位通过软件清 0,用来关闭 PCA 计数器。

CCF1:PCA 模块 1 中断标志位。当出现匹配或捕获时,该位由硬件置位。该位必须通过软件清 0。

CCF0:PCA 模块 0 中断标志位。当出现匹配或捕获时,该位由硬件置位。该位必须通过软件清 0。

(3)PCA 比较/捕获寄存器 CCAPM0 和 CCAPM1　PCA 模块 0 的比较/捕获寄存器 CCAPM0(地址 DAH)的格式见表 5.34。

表 5.34　PCA 模块 0 的比较/捕获寄存器 CCAPM0 的格式

SFR 符号	地址	bit	B7	B6	B5	B4	B3	B2	B1	B0
CCAPM0	DAH	name	ECOM0	CAPP0	CAPN0	MAT0	TOG0	PWM0	ECCF0	ECOM0

B7:保留为将来之用。

ECOM0:允许比较器功能控制位。当 ECOM0 = 1 时,允许比较器功能。

CAPP0:正捕获控制位。当 CAPP0 = 1 时,允许上升沿捕获。

CAPN0:负捕获控制位。当 CAPN0 = 1 时,允许下降沿捕获。

MAT0:匹配控制位。当 MAT0 = 1 时,PCA 计数值与模块的比较/捕获寄存器的值的匹配将置位 CCON 寄存器的中断标志位 CCF0。

TOG0:翻转控制位。当 TOG0 = 1 时,工作在 PCA 高速输出模式,PCA 计数器的值与模块的比较/捕获寄存器的值的匹配将使 CCP0 脚翻转(CCP0/PCA0/PWM0/P1.3 或 CCP0/PCA0/PWM0/P4.2)。

PWM0:脉宽调节模式。当 PWM0 = 1 时,允许 CEX0 脚用作脉宽调节输出(CCP0/PCA0/PWM0/P1.3 或 CCP0/PCA0/PWM0/P4.2)。

ECCF0:使能 CCF0 中断。使能寄存器 CCON 的比较/捕获标志 CCF0,用来产生中断。

PCA 模块 1 的比较/捕获寄存器 CCAPM1(地址 DBH)的格式见表 5.35。

表 5.35　PCA 模块 1 的比较/捕获寄存器 CCAPM1 的格式

SFR 符号	地址	bit	B7	B6	B5	B4	B3	B2	B1	B0
CCAPM1	DBH	name	—	ECOM1	CAPP1	CAPN1	MAT1	TOG1	PWM1	ECCF1

CCAPM1:PCA 模块 1 的比较/捕获寄存器。

B7:保留。

ECOM1:允许比较器功能控制位。当 ECOM1 = 1 时,允许比较器功能。

CAPP1:正捕获控制位。当 CAPP1 = 1 时,允许上升沿捕获。

CAPN1:负捕获控制位。当 CAPN1 = 1 时,允许下降沿捕获。

MAT1:匹配控制位。当 MAT1 = 1 时,PCA 计数值与模块的比较/捕获寄存器的值的匹配将置位 CCON 寄存器的中断标志位 CCF1。

TOG1:翻转控制位。当 TOG1 = 1 时,工作在 PCA 高速输出模式,PCA 计数器的值与模块的比较/捕获寄存器的值的匹配将使 CCP1 脚翻转(CCP1/PCA1/PWM1/P1.4 或 CCP1/PCA1/PWM1/P4.3)。

PWM1:脉宽调节模式。当 PWM1 = 1 时,允许 CEX1 脚用作脉宽调节输出(CCP1/PCA1/PWM1/P1.4 或 CCP1/PCA1/PWM1/P4.3)。

ECCF1:使能 CCF1 中断。使能寄存器 CCON 的比较/捕获标志 CCF1,用来产生中断。

PCA 模块的工作模式设定见表 5.36。

表 5.36　PCA 模块的工作模式设定(CCAPMn 寄存器,n = 0,1)

ECOMn	CAPPn	CAPNn	MATn	TOGn	PWMn	ECCFn	模块功能
0	0	0	0	0	0	0	无此操作
1	0	0	0	0	1	0	8 位 PWM,无中断
1	1	0	0	0	1	1	8 位 PWM 输出,由低变高可产生中断
1	0	1	0	0	1	1	8 位 PWM 输出,由高变低可产生中断
1	1	1	0	0	1	1	8 位 PWM 输出,由低变高或者由高变低均可产生中断
x	1	0	0	0	0	x	16 位捕获模式,由 CCPn/PCAn 的上升沿触发
x	0	1	0	0	0	x	16 位捕获模式,由 CCPn/PCAn 的下降沿触发
x	1	1	0	0	0	x	16 位捕获模式,由 CCPn/PCAn 的跳变触发
1	0	0	1	0	0	x	16 位软件定时器
1	0	0	1	1	0	x	16 位高速输出

(4) PCA 的 16 位计数器　低 8 位 CL 和高 8 位 CH。

CL 和 CH 地址分别为 E9H 和 F9H,复位值均为 00H,用于保存 PCA 的装载值。

(5) PCA 捕捉/比较寄存器　CCAPnL(低位字节)和 CCAPnH(高位字节)。

当 PCA 模块用于捕获或比较时，它们用于保存各个模块的 16 位捕捉计数值；当 PCA 模块用于 PWM 模式时，它们用来控制输出的占空比。其中，n=0,1，分别对应模块 0 和模块 1。复位值均为 00H。它们对应的地址如下。

CCAP0L—EAH、CCAP0H—FAH：模块 0 的捕捉/比较寄存器。

CCAP1L—EBH、CCAP1H—FBH：模块 1 的捕捉/比较寄存器。

(6)PCA 模块 PWM 寄存器 PCA_PWM0 和 PCA_PWM1

PCA_PWM0：PCA 模块 0 的 PWM 寄存器。

PCA 模块 0 的 PWM 寄存器格式见表 5.37。

表 5.37 PCA 模块 0 的 PWM 寄存器 PCA_PWM0 格式

SFR 符号	地址	bit	B7	B6	B5	B4	B3	B2	B1	B0
PCA_PWM0	F2H	name	—	—	—	—	—	—	EPC0H	EPC0L

EPC0H：在 PWM 模式下，与 CCAP0H 组成 9 位数。

EPC0L：在 PWM 模式下，与 CCAP0L 组成 9 位数。

PCA_PWM1：PCA 模块 1 的 PWM 寄存器。

PCA 模块 1 的 PWM 寄存器格式见表 5.38。

表 5.38 PCA 模块 1 的 PWM 寄存器 PCA_PWM1 格式

SFR 符号	地址	bit	B7	B6	B5	B4	B3	B2	B1	B0
PCA_PWM1	F3H	name	—	—	—	—	—	—	EPC1H	EPC1L

(7)将单片机的 PCA/PWM 功能从 P1 口设置到 P4 口的寄存器 AUXR1

辅助寄存器 1 AUXR1 的格式见表 5.39。

表 5.39 辅助寄存器 1 AUXR1 的格式

SFR 符号	地址	bit	B7	B6	B5	B4	B3	B2	B1	B0
AUXR1	A2H	name	—	PCA_P4	SPI_P4	S2_P4	GF2	ADRJ	—	DPS

PCA_P4：0，缺省 PCA 在 P1 口；1，PCA/PWM 从 P1 口切换到 P4 口，ECI 从 P1.2 切换到 P4.1 口，PCA0/PWM0 从 P1.3 切换到 P4.2 口，PCA1/PWM1 从 P1.4 切换到 P4.3 口。

SPI_P4：0，缺省 SPI 在 P1 口；1，SPI 从 P1 口切换到 P4 口，SPICLK 从 P1.7 切换到 P4.3 口，MISO 从 P1.6 切换到 P4.2 口，MOSI 从 P1.5 切换到 P4.1 口，SS 从 P1.4 切换到 P4.0 口。

S2_P4：0，缺省 UART2 在 P1 口；1，UART2 从 P1 口切换到 P4 口，TxD2 从 P1.3 切换到 P4.3 口，RxD2 从 P1.2 切换到 P4.2 口。

GF2：通用标志位。

ADRJ：0，10 位 A/D 转换结果的高 8 位放在 ADC_RES 寄存器，低 2 位放在 ADC_RESL 寄存器；1，10 位 A/D 转换结果的最高 2 位放在 ADC_RES 寄存器的低 2 位，低 8 位放在 ADC_RESL 寄存器。

DPS:0,使用缺省数据指针 DPTR0;1,使用另一个数据指针 DPTR1。

5.5.2 PCA/PWM 模块的结构

STC12C5A60S2 单片机有 2 路可编程计数器阵列 PCA/PWM 模块,通过 AUXR1 寄存器可以设置 PCA/PWM 从 P1 口切换到 P4 口。

每个 PCA/PWM 模块可编程工作在 4 种模式下:上升/下降沿捕获、软件定时器、高速输出或可调制脉冲输出。

STC12C5A60S2 单片机的 PCA/PWM 模块的结构如图 5.30 所示。PCA 含有一个特殊的 16 位计数器,有 2 个 16 位的捕获/比较模块与之相连,模块 0 连接 P1.3/CCP0(可以切换到 P4.2/CCP0 /MISO 口),模块 1 连接 P1.4/CCP1(可以切换到 P4.3/CCP1/SCLK 口)。

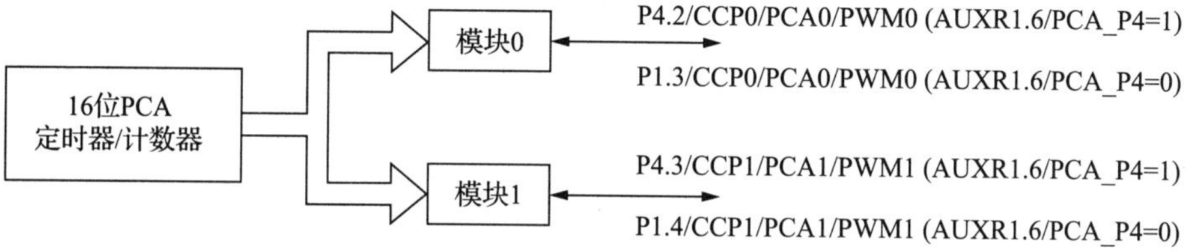

图 5.30 PCA/PWM 模块的结构

PCA 定时器/计数器的结构如图 5.31 所示。

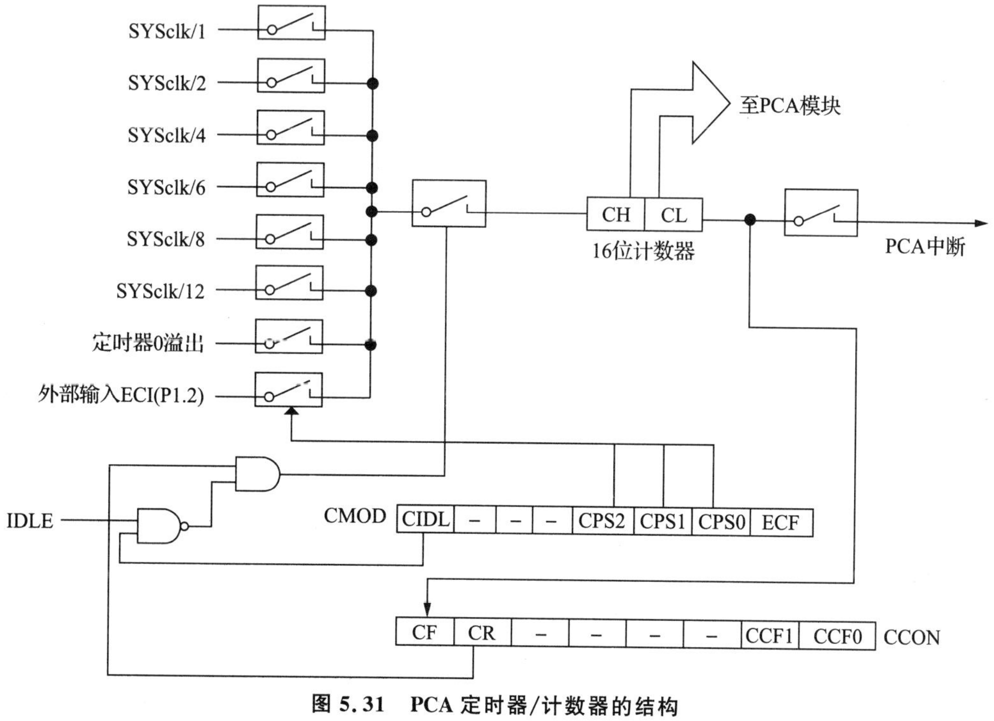

图 5.31 PCA 定时器/计数器的结构

寄存器 CH 和 CL 的内容是正在自由递增计数的 16 位 PCA 定时器的值。PCA 定时器是 2 个模块的公共时间基准,可通过编程工作在:1/12 系统时钟、1/8 系统时钟、1/6 系统时钟、1/4 系统时钟、1/2 系统时钟、系统时钟、定时器 0 溢出或 ECI 脚的输入(STC12C5A60S2 单片机在 P1.2 口)。

定时器的计数源由 CMOD 特殊功能寄存器中的 CPS2、CPS1 和 CPS0 位来确定。CMOD 特殊功能寄存器还有 2 个位与 PCA 相关。它们分别是:CIDL,空闲模式下允许停止 PCA;ECF,置位时,使能 PCA 中断,当 PCA 定时器溢出时将 PCA 计数溢出标志 CF(CCON.7)置位。

CCON 特殊功能寄存器包含 PCA 的运行控制位(CR)和 PCA 定时器标志(CF)以及各个模块的标志(CCF1/CCF0)。通过软件置位 CR 位(CCON.6)来运行 PCA,CR 位被清 0 时 PCA 关闭。当 PCA 计数器溢出时,CF 位(CCON.7)被置位,如果 CMOD 寄存器的 ECF 位置位,就产生中断。CF 位只可通过软件清除。CCON 寄存器的位 0 和位 1 是 PCA 各个模块的标志(位 0 对应模块 0,位 1 对应模块 1),当发生匹配或比较时由硬件置位。这些标志也只能通过软件清除。模块 0 和模块 1 共用一个中断向量,PCA 的中断系统如图 5.3 所示。

PCA 的每个模块都对应一个特殊功能寄存器。它们分别是:模块 0 对应 CCAPM0,模块 1 对应 CCAPM1,特殊功能寄存器包含了相应模块的工作模式控制位。当模块发生匹配或比较时,ECCFn 位(CCAPMn.0,n = 0,1 由工作的模块决定)使能 CCON 特殊功能寄存器的 CCFn 标志来产生中断。

PWM(CCAPMn.1)用来使能脉宽调制模式。

当 PCA 计数值与模块的捕获/比较寄存器的值相匹配时,如果 TOG 位(CCAPMn.2)置位,模块的 CEXn 输出将发生翻转。

当 PCA 计数值与模块的捕获/比较寄存器的值相匹配时,如果匹配位 MATn(CCAPMn.3)置位,CCON 寄存器的 CCFn 位将被置位。

CAPNn(CCAPMn.4)和 CAPPn(CCAPMn.5)用来设置捕获输入的有效沿。CAPNn 位使能下降沿有效,CAPPn 位使能上升沿有效。如果 2 位都置位,则 2 种跳变沿都被使能,捕获可在 2 种跳变沿产生。

通过置位 CCAPMn 寄存器的 ECOMn 位(CCAPMn.6)来使能比较器功能。

每个 PCA 模块还对应另外 2 个寄存器,CCAPnH 和 CCAPnL。当出现捕获或比较时,它们用来保存 16 位的计数值。当 PCA 模块用在 PWM 模式中时,它们用来控制输出的占空比。

5.5.3 PCA 模块的工作模式

(1)捕获模式　PCA 模块工作于捕获模式的结构如图 5.32 所示。要使一个 PCA 模块工作在捕获模式,寄存器 CCAPMn 的 2 位(CAPNn 和 CAPPn)或其中任何一位必须置 1。PCA 模块工作于捕获模式时,对模块的外部 CCPn 输入(CCP0/P1.3,CCP1/P1.4)的跳变进行采样。当采样到有效跳变时,PCA 硬件就将 PCA 计数器阵列寄存器(CH 和 CL)的值装载到模块的捕获寄存器(CCAPnL 和 CCAPnH)。

如果 CCON 特殊功能寄存器中的位 CCFn 和 CCAPMn 特殊功能寄存器中的位 ECCFn 位被置位,将产生中断。可在中断服务程序中判断哪一个模块产生了中断,并注意中断标志位的软件清 0 问题。

(2)16 位软件定时器模式　如图 5.33 所示。

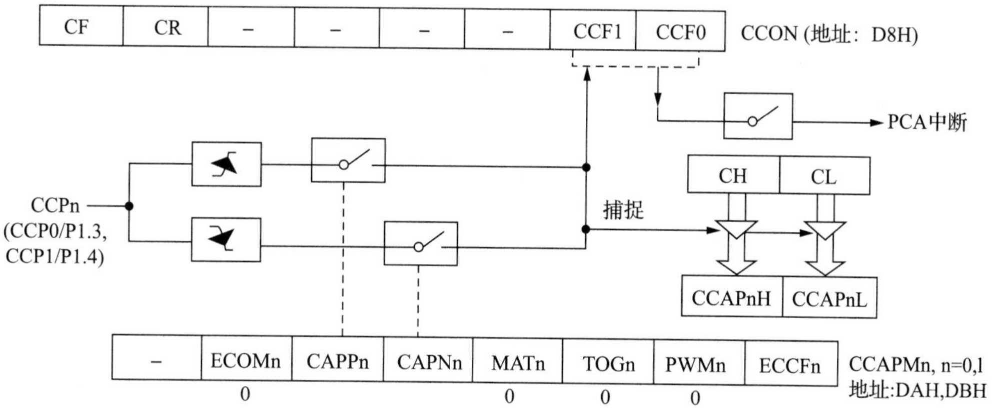

图 5.32 PCA 捕获模式

通过置位 CCAPMn 寄存器的 ECOM 和 MAT 位，可使 PCA 模块用作软件定时器(图 5.33)。

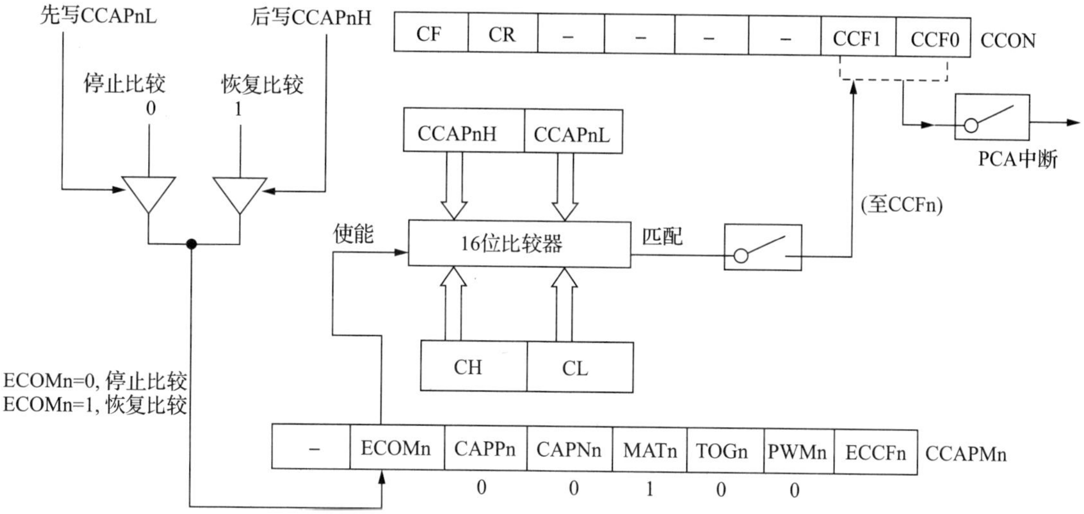

图 5.33 PCA 模块的 16 位软件定时器模式

PCA 定时器的值与模块捕获寄存器的值相比较，当两者相等时，如果位 CCFn(在 CCON 特殊功能寄存器中)和位 ECCFn(在 CCAPMn 特殊功能寄存器中)都置位，将产生中断。

[CH,CL]每隔一定的时间自动加 1，时间间隔取决于选择的时钟源。例如，当选择的时钟源为 SYSclk/12，每 12 个时钟周期[CH,CL]加 1。当[CH,CL]增加到等于[CCAPnH, CCAPnL]时，CCFn = 1，产生中断请求。如果每次 PCA 模块中断后，在中断服务程序中断给[CCAPnH,CCAPnL]增加一个相同的数值，那么下次中断来临的间隔时间 T 也是相同的，从而实现了定时功能。定时时间的长短取决于时钟源的选择以及 PCA 计数器计数值的设置。下面举例说明 PCA 计数器计数值的计算方法。

假设，系统时钟频率 SYSclk = 18.432 MHz，选择的时钟源为 SYSclk/12，定时时间 T 为 5 ms，则 PCA 计数器计数值为：

PCA 计数器的计数值 = T/((1/SYSclk)×12) = 0.005/((1/18432000)×12) = 7 680 (10

进制数)=1E00H (16 进制数)

也就是说,PCA 计时器计数 1E00H 次,定时时间才是 5 ms,这也就是每次给[CCAPnH,CCAPnL]增加的数值(步长)。

(3)高速输出模式　该模式中(图 5.34),当 PCA 计数器的计数值与模块捕获寄存器的值相匹配时,PCA 模块的 CCPn 输出将发生翻转。要激活高速输出模式,CCAPMn 寄存器的 TOGn、MATn 和 ECOMn 位必须都置位。

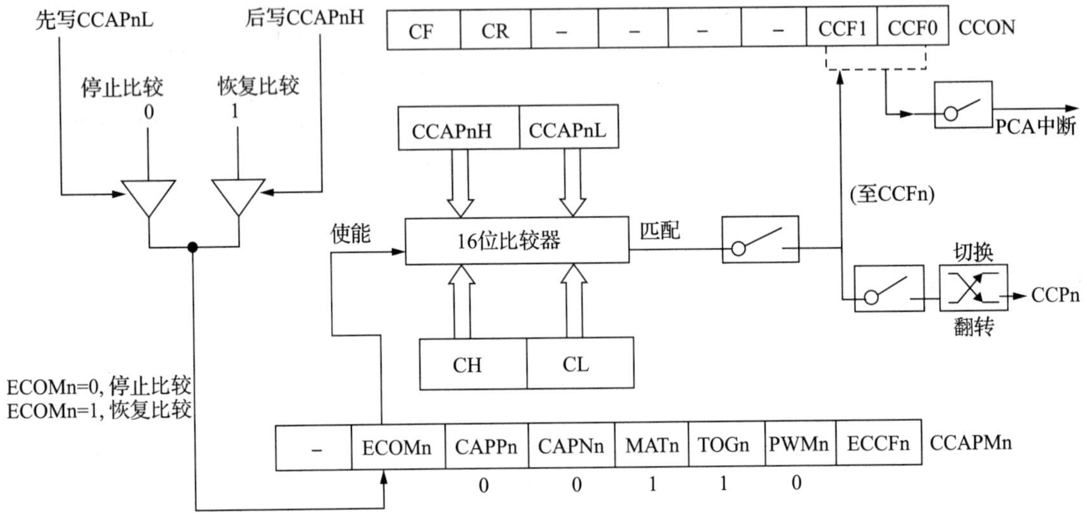

图 5.34　PCA 模块的高速输出模式

CCAPnL 的值决定了 PCA 模块 n 的输出脉冲频率。当 PCA 时钟源是 SYSclk/2 时,输出脉冲的频率 f 为:

$$f = SYSclk/(4 \times CCAPnL)$$

其中,SYSclk 为系统时钟频率。由此,可以得到 CCAPnL 的值 CCAPnL = SYSclk/(4×f)。如果计算出的结果不是整数,则进行四舍五入取整,即:

$$CCAPnL = INT(SYSclk/(4 \times f) + 0.5)$$

其中,INT( )为取整运算,直接去掉小数。例如,假设 SYSclk = 20 MHz,要求 PCA 高速脉冲输出 125 kHz 的方波,则 CCAPnL 中的值应为:

$$CCAPnL = INT(20000000/(4 \times 125000) + 0.5) = INT(40 + 0.5) = 40 = 28H$$

5.5.4　脉宽调制

脉宽调制(PWM,pulse width modulation)是一种使用程序来控制波形占空比、周期、相位波形的技术,在三相电机驱动、D/A 转换等场合有广泛的应用。STC12C5A60S2 单片机的 PCA 模块可以通过程序设定,使其工作于 8 位 PWM 模式。PWM 模式的结构如图 5.35 所示。

所有 PCA 模块都可用作 PWM 输出,输出频率取决于 PCA 定时器的时钟源。

由于所有模块共用仅有的 PCA 定时器,所以它们的输出频率相同。各个模块的输出占空

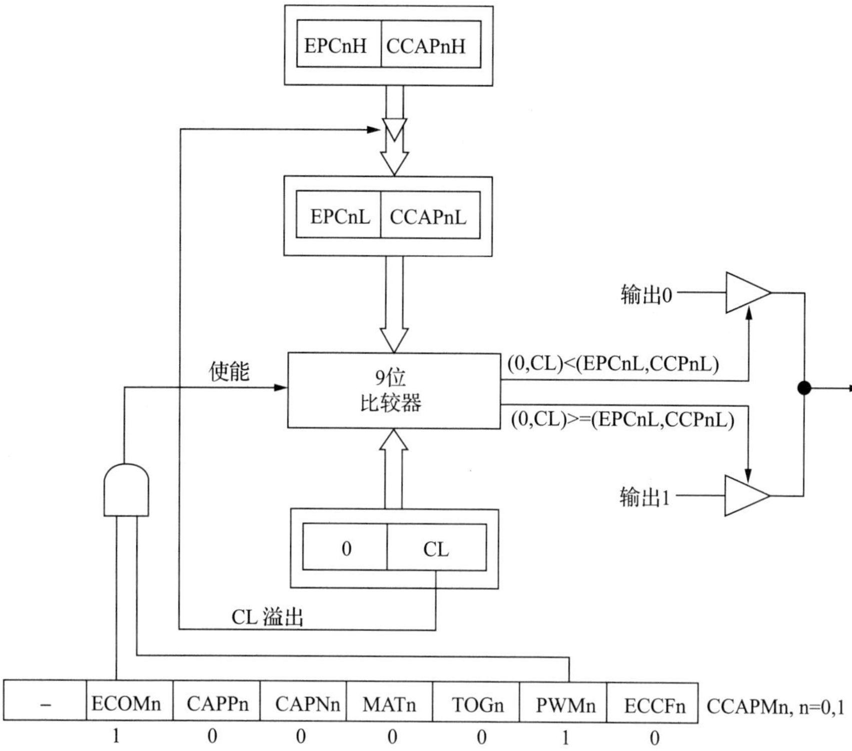

图 5.35 PCA 的 PWM 模式/可调制脉冲宽度输出模式

比是独立变化的，与使用的捕获寄存器[EPCnL，CCAPnL]有关。当寄存器 CL 的值小于[EPCnL，CCAPnL]时，输出为低；当寄存器 CL 的值等于或大于[EPCnL，CCAPnL]时，输出为高。当 CL 的值由 FF 变为 00 溢出时，[EPCnH，CCAPnH]的内容装载到[EPCnL，CCAPnL]。这样就可实现无干扰地更新 PWM。要使能 PWM 模式，模块 CCAPMn 寄存器的 PWMn 和 ECOMn 位必须置位。

由于 PWM 是 8 位的，所以 PWM 的频率=PCA 时钟输入源频率/256。

PCA 时钟输入源可以从以下 8 种中选择一种：SYSclk，SYSclk/2，SYSclk/4，SYSclk/6，SYSclk/8，SYSclk/12，定时器 0 的溢出，ECI/P3.4 输入。

第 6 章　单片机外部并行扩展设计

6.1　单片机外部并行扩展结构

6.1.1　单片机的三总线结构

STC12C5Axx 系列单片机在一块半导体芯片上集成了一台微型计算机系统的基本部分，具有体积小、质量轻、价格便宜、耗电少等优点。STC12C5Axx 系列单片机的所有程序存储器都是片上 Flash 存储器，不能访问外部程序存储器，没有外部访问使能信号 $\overline{EA}$ 和程序存储启用信号 $\overline{PSEN}$。但在实际应用中，由于 STC12C5A60S2 单片机片内只集成了 1 280 B 的 RAM，对某些应用程序可能不够，需对内部数据存储器进行外部扩展，最大可至 64 kB。

大多数微型计算机 CPU 外部都有独立的系统总线，但是 STC12C5Axx 系列单片机由于引脚数少，其数据线和地址线是分时复用的，而且 I/O 口线兼用。为了将复用线分离出来，以便同单片机片外的芯片正确地连接，需要在单片机外部增加地址锁存器，扩展系统的三总线，从而构成完整的系统总线，如图 6.1 所示。

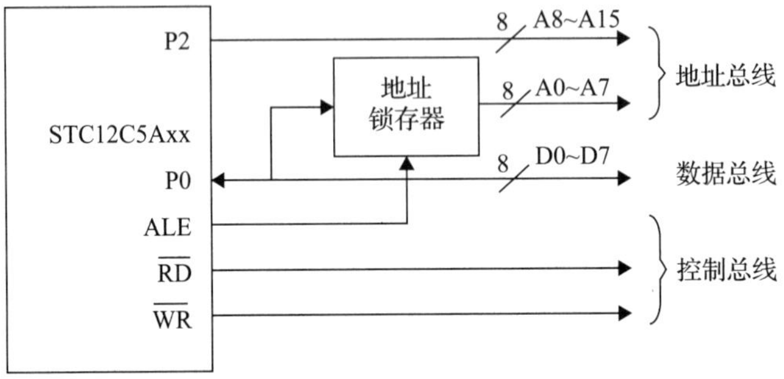

图 6.1　单片机的三总线结构

(1)数据总线　数据总线用于传送数据。STC12C5Axx 系列单片机数据总线的位数与处理数据的字长一致，均为 8 位，由 P0 口提供。数据总线是双向的，实现数据的输出(写出)和输入(读入)。

(2)地址总线　地址总线用于传送地址信号，以便进行存储单元和 I/O 端口的选择。它是单向的，只能由单片机发出。STC12C5Axx 系列单片机地址线最多为 16 根，其中高 8 位地址线由 P2 口提供，因为 P2 口具有输出锁存的功能，能保持高 8 位地址信息；低 8 位地址线由 P0 口提供，因为 P0 口是地址/数据分时复用的通道口，所以不能保存低 8 位地址信息，需要外接地址锁存器，可用 ALE 信号的下降沿作为锁存信号。地址总线的数目决定了可直接访问的存储单元的数目，因此存储器扩展最大可达 64 kB。

(3)控制总线　控制总线是单片机发出的一组用于片外 RAM 和 I/O 口读/写操作控制的信号线。扩展系统时常用的控制信号如下。

ALE:地址锁存信号,用于实现对低 8 位地址的锁存。

$\overline{RD}$:片外数据存储器读信号。

$\overline{WR}$:片外数据存储器写信号。

STC12C5Axx 系列单片机系统的扩展主要包括存储器的扩展和 I/O 口的扩展,图 6.2 为 STC12C5Axx 系列单片机扩展后的结构框图。

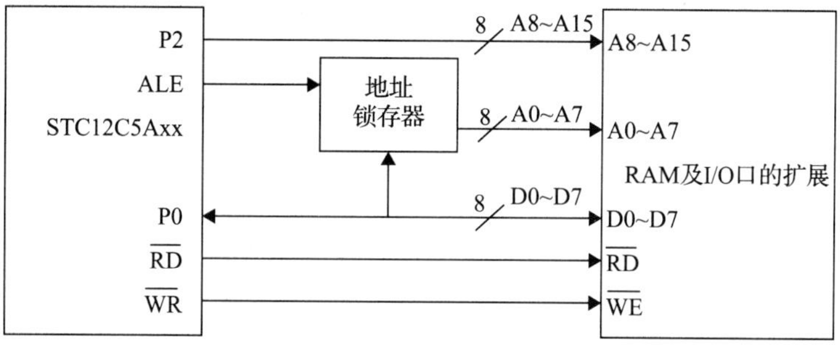

图 6.2　扩展后的单片机结构框图

6.1.2　地址锁存器

在进行系统扩展时,经常使用 74LS373、74LS273、8282、8212 等芯片作为地址锁存器。但后三者的接法稍繁,多用硬件且价格稍贵,因此 STC12C5Axx 系列单片机系统中,更多采用 74LS373 作为地址锁存器。

74LS373 是一种带输出三态门的 8D 锁存器,其芯片引脚如图 6.3 所示。其中 1D~8D 为 8 个输入端,接至单片机的 P0 口;1Q~8Q 为 8 个输出端,提供的是地址的低 8 位;G 为数据输入端,接至单片机的地址锁存信号 ALE,为 1 时锁存器输出状态同输入状态;由 1 变 0 时数据存入锁存器中;OE 为输出允许端,为 0 时三态门打开,为 1 时三态门关闭,输出呈高阻状态。

74LS377 是一种 8D 触发器,它的 $\overline{E}$ 端是控制端、CLK 端是时钟端,当它的控制端为低电平时只要在 CLK 端产生一个正跳变,0D~7D 将被锁存到 0Q~7Q 端输出,在其他情况下 0Q~7Q 端的输出保持不变。其芯片引脚如图 6.4 所示。

图 6.3　74LS373 引脚

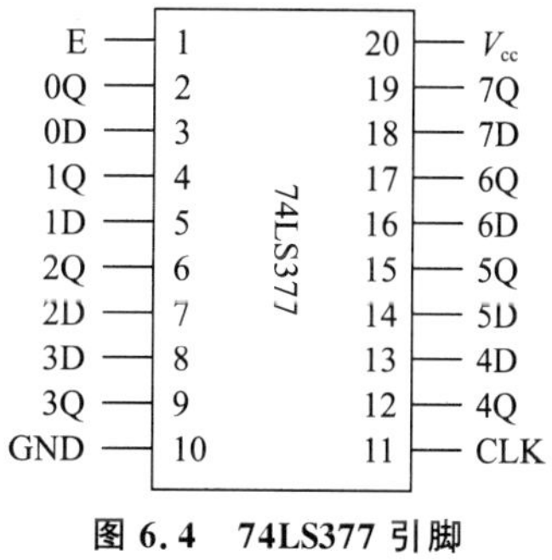

图 6.4　74LS377 引脚

6.1.3　总线驱动器

单片机应用系统中,通常要在扩展的三总线上挂接很多负载,如存储器、并行接口、A/D

接口、显示器接口等。但总线端口的驱动能力是有限的，一般只能驱动几个 LSTTL 负载或十几个 MOS 电路负载，因此常常需要进行总线驱动。

在系统总线中，地址总线和控制总线是单向的，地址总是从 CPU 的控制器向外发送，每一个控制信号的方向也是唯一确定的，因此地址总线和控制总线的驱动器可以选用单向的，如单向驱动器 74LS244。74LS244 芯片内部有 2 个 4 位的三态缓冲器，一片 74LS244 可以扩展一个 8 位输入口。

系统中的数据总线是双向的，其驱动器也要选用双向的，如 74LS245。74LS245 是一种三态输出的 8 总线收发驱动器，无锁存功能。它的 $\overline{G}$ 端和 DIR 端是控制端，当它的 $\overline{G}=0$ 时，如果 DIR=1，则 74LS245 将 A 端数据传送至 B 端；如果 DIR=0，则 74LS245 将 B 端数据传送至 A 端。在其他情况下不传送数据，并输出高阻态。74LS244 和 74LS245 的芯片引脚如图 6.5 所示。

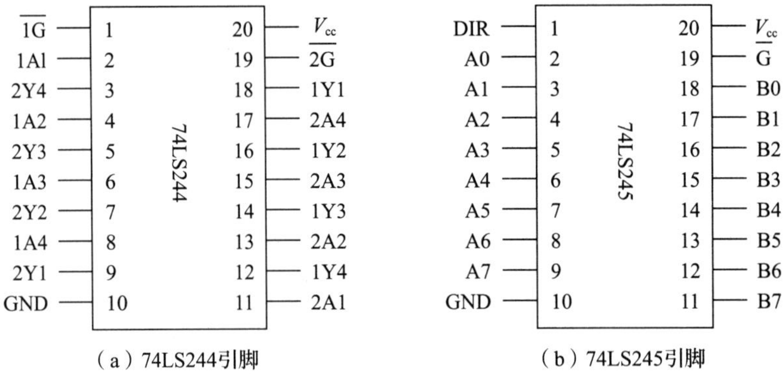

图 6.5 常用驱动器的引脚

可采用 P2 口外接单向的总线驱动器 74LS244，如图 6.6(a)所示。74LS244 的 2 个控制端均接地，相当于 8 个三态门均打开，驱动器输入线与 P2 口对应相连。P0 口与 74LS245 输入线对应相连，控制端接地，保证数据线畅通。8051 的和信号经与门后接到 DIR 端，使得 CPU 读外部数据存储器或外部程序存储器时 74LS245 输入，其他时间输出，如图 6.6(b)所示。

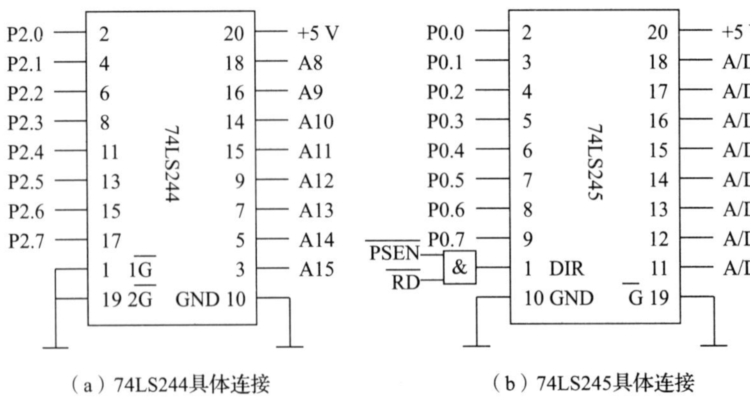

图 6.6 常用驱动器的具体连接

6.2 单片机外部并行扩展设计

6.2.1 外部地址空间分配

在扩展 RAM 存储器芯片以及 I/O 接口芯片时，把片外的 64 kB 地址空间分配给各芯片，使每一地址只对应一个存储单元，避免单片机对一个单元地址访问时，发生数据冲突，这就是存储器空间地址的分配问题。

如何选择一个存储单元的地址，需要同时具备 2 个条件：一个是片选有效，另一个是片内单元选择。即 P2、P0 给出的 16 位地址状态对应片选有效且选中一个片内单元地址。

在系统外扩的多片存储器芯片中，单片机发出的地址信号用于选择某个存储器单元，因此必须进行 2 种选择：一是必须选中该存储器芯片，即“片选”，只有被“选中”的存储器芯片才能被读/写，未被选中的芯片不能被读/写；二是在“片选”的基础上还要进行“单元选择”。每个外扩的芯片都有“片选”引脚，同时每个芯片也都有多条地址引脚，以便对其进行单元选择。需要注意的是，“片选”和“单元选择”都是由单片机一次发出的地址信号来完成选择的。

常用的存储器地址空间分配方法通常有 2 种：译码法和线选法。

6.2.2 译码法扩展电路设计

译码法就是使用译码器对单片机的高位地址进行译码，将译码器的译码输出作为存储器芯片的片选信号。这种方法能够有效地利用存储器空间，适用于多芯片的存储器扩展。

常用译码器芯片：74LS138(3-8 译码器)、74LS139(双 2-4 译码器)、74LS154(4-16 译码器)等，译码法又分为完全译码和部分译码 2 种。

(1)完全译码　地址译码器使用全部地址线，地址与存储单元一一对应，也就是 1 个存储单元只占用 1 个唯一的地址。

用译码法扩展外部数据存储器的接口电路如图 6.7 所示。图中数据存储器选用 62128，该芯片地址线为 A0～A13，这样，单片机剩余地址线为 2 条，采用 2-4 译码器 74LS139 可扩展 4 片 62128，各 62128 芯片的地址范围如表 6.1 所示。

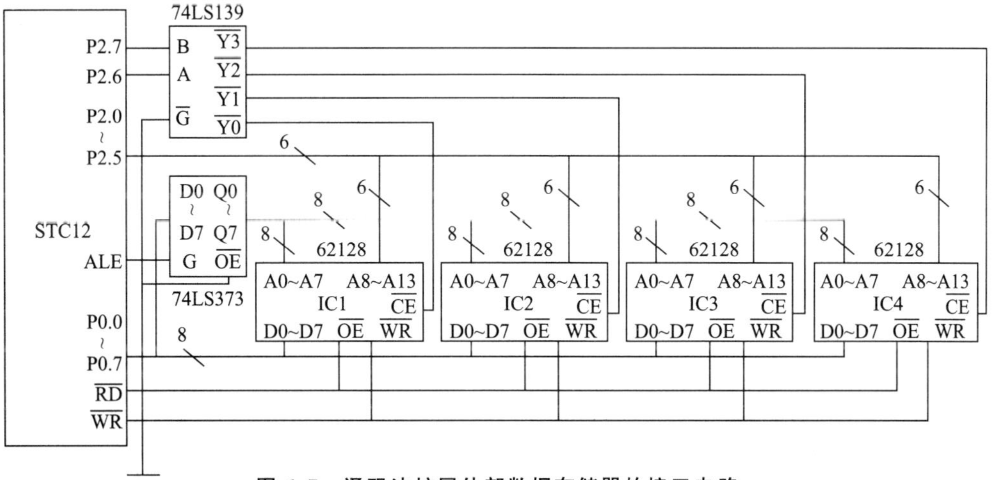

图 6.7　译码法扩展外部数据存储器的接口电路

表 6.1　各 62128 芯片的地址空间分配

2-4 译码器输入		2-4 译码器有效输出	选中芯片	地址范围	存储容量/kB
P2.7	P2.6				
0	0	$\overline{Y0}$	IC1	0000H～3FFFH	16
0	1	$\overline{Y1}$	IC2	4000H～7FFFH	16
1	0	$\overline{Y2}$	IC3	8000H～BFFFH	16
1	1	$\overline{Y3}$	IC4	C000H～FFFFH	16

下面介绍典型的译码器芯片 74LS138。74LS138 是 3-8 译码器，有 3 个数据输入端，经译码后产生 8 种状态，其引脚如图 6.8 所示，真值表如表 6.2 所示。由表 6.2 可见，当译码器的输入为某一固定编码时，其 8 个输出引脚 $\overline{Y0}$～$\overline{Y7}$ 中仅有 1 只引脚输出为低电平，其余为高电平，而输出低电平的引脚恰好作为某一存储器或 I/O 接口芯片的片选信号。

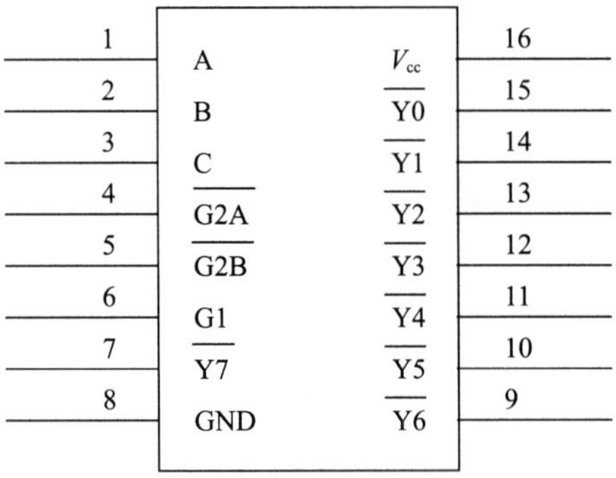

图 6.8　74LS138 引脚

表 6.2　74LS138 真值表

输入端						输出端							
G1	$\overline{G2A}$	$\overline{G2B}$	C	B	A	$\overline{Y7}$	$\overline{Y6}$	$\overline{Y5}$	$\overline{Y4}$	$\overline{Y3}$	$\overline{Y2}$	$\overline{Y1}$	$\overline{Y0}$
1	0	0	0	0	0	1	1	1	1	1	1	1	0
1	0	0	0	0	1	1	1	1	1	1	1	0	1
1	0	0	0	1	0	1	1	1	1	1	0	1	1
1	0	0	0	1	1	1	1	1	1	0	1	1	1
1	0	0	1	0	0	1	1	1	0	1	1	1	1
1	0	0	1	0	1	1	1	0	1	1	1	1	1
1	0	0	1	1	0	1	0	1	1	1	1	1	1
1	0	0	1	1	1	0	1	1	1	1	1	1	1
其他状态			×	×	×	1	1	1	1	1	1	1	1

注：1 表示高电平，0 表示低电平，×表示任意。

如果要扩 8 片 8 kB 的 RAM 6264，如何通过 74LS138 把 64 kB 空间分配给各个芯片？由 74LS138 真值表知，可把 G1 接到 +5 V，$\overline{G2A}$、$\overline{G2B}$接地，P2.7、P2.6、P2.5（高 3 位地址线 A15～A13）分别接到 74LS138 的 C、B、A 端，由于对高 3 位地址译码，则译码器的 8 个输出 $\overline{Y0}$～$\overline{Y7}$，可分别接到 8 片 6264 的各个“片选”端，实现 8 选 1 片选。而低 13 位地址 P2.4～P2.0 与 P0.7～P0.0（即 A12～A0）完成对选中的 6264 芯片中各个存储单元的“单元选择”。这样就把 64 kB 存储器空间分成了 8 个 8 kB 空间，分配 64 kB 地址空间后各外扩的存储空间的地址如图 6.9 所示。

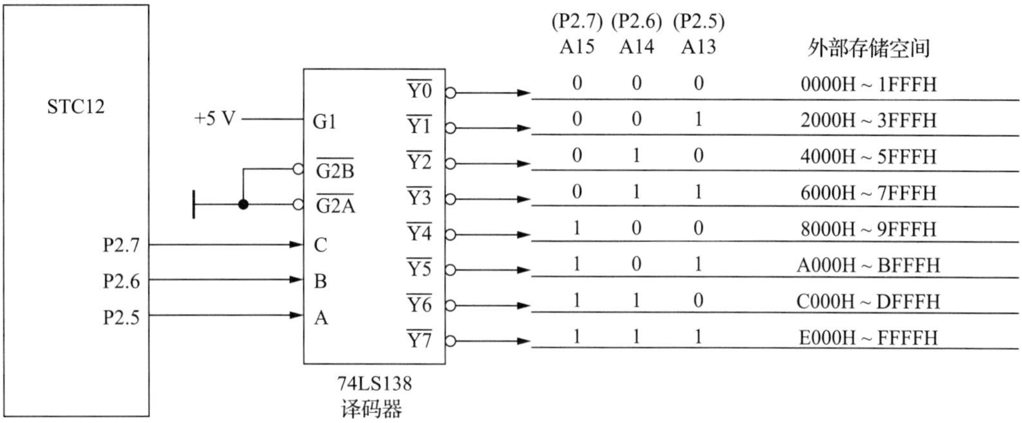

图 6.9　译码法分配 64 kB 地址空间后各存储空间的地址

当单片机发出 16 位地址码时，每次只能选中一片芯片以及该芯片的唯一存储单元。

(2)部分译码　地址译码器仅使用部分地址线，地址与存储单元并不是一一对应的，而是 1 个存储单元占用了几个地址，即地址重叠。图 6.10 的 P2.7(即 A15)悬空，未参与译码，若按 0 处理，则地址空间分配如图 6.10 所示；若按 1 处理，则地址空间分配为 8000H～0FFFFH，即出现 1 个单元占用 2 个地址的现象。但是 P2.7 为 0 或 1，并不影响后面硬件电路的工作，只要在编程时选择 1 组地址范围即可。

为避免地址重叠，有些设计中把 P2.7 与 G1（或$\overline{G2A}$、或$\overline{G2B}$）直接相连，或通过反相器再相连，以使得单元与地址一一对应，实际上这是没有必要的，硬件电路设计应尽量简化。

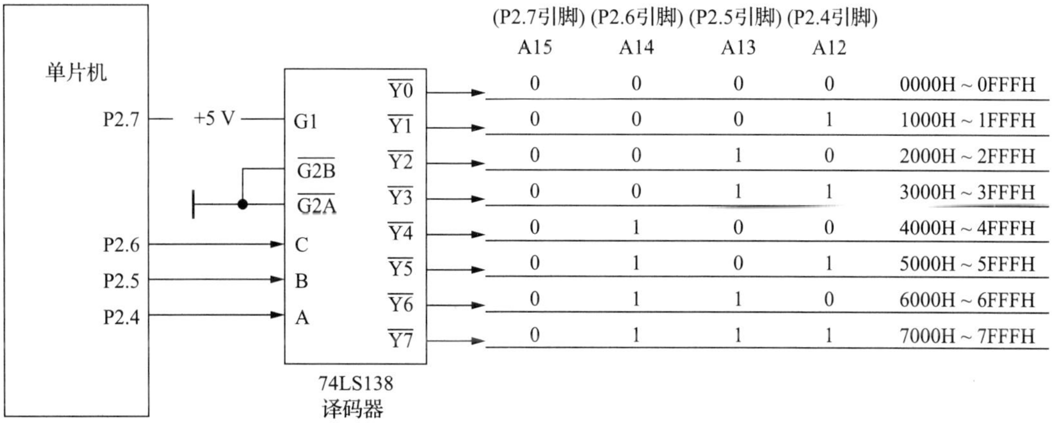

图 6.10　部分译码分配 64 kB 地址空间后各存储空间的地址

采用译码器划分的地址空间块都是相等的，如果将地址空间块划分为不等的块，可采用可编程逻辑器件 FPGA 实现非线性译码逻辑来代替译码器。

6.2.3 线选法扩展电路设计

线选法就是直接以某一高位地址线作为存储芯片（或 I/O 接口芯片）的片选控制信号，为此只需把高位地址线与存储芯片的片选信号直接连接。线选法的优点是电路简单明了，无须增加额外电路，省去了硬件地址译码器电路，体积小，成本低，适用于小规模单片机系统的存储器扩展；缺点是可寻址的芯片数目受到限制，存储空间不连续。线选法适用于单片机外扩芯片数目不多的系统扩展。

图 6.11 为用线选法扩展外部数据存储器的电路。数据存储器选用 6264，该芯片地址线为 A0～A12，故单片机剩余地址线为 3 条。

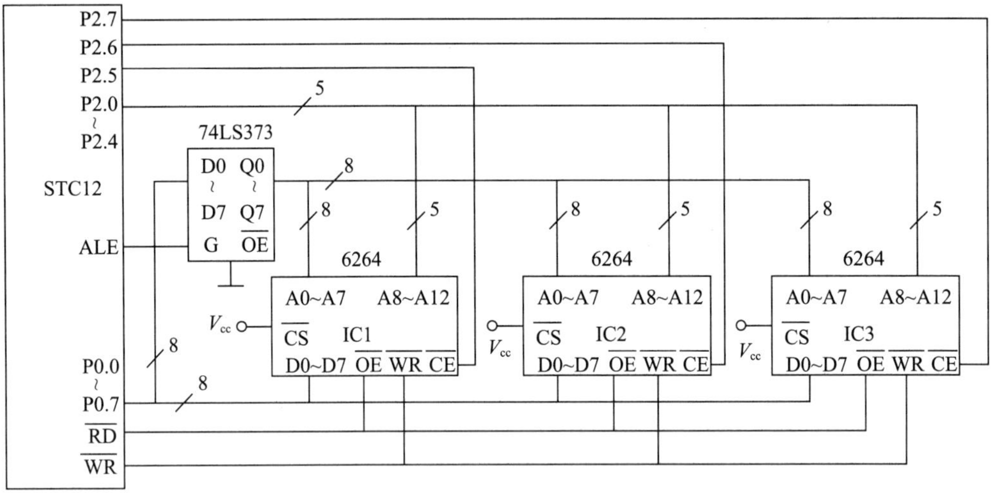

图 6.11 线选法扩展外部数据存储器的电路

用线选法可扩展 3 片 6264，3 片 6264 对应的地址空间如表 6.3 所示。

表 6.3 3 片 6264 对应的地址空间

P2.7	P2.6	P2.5	选中芯片	地址范围	容量/kB
1	1	0	IC1	C000H～DFFFH	8
1	0	1	IC2	A000H～BFFFH	8
0	1	1	IC3	6000H～7FFFH	8

6.2.4 译码法与线选法相结合的扩展电路设计

单片机外部扩展的电路一般为数据存储器（RAM）及其他 I/O 扩展设备（如开关量输入输出、键盘显示接口芯片、并行 A/D 和 D/A 转换器、液晶模块 LCD、打印机、专用并行接口芯片等）。数据存储器需要的地址空间范围要稍大一些，而其他 I/O 控制设备一般不需要太多的地址单元，两者对地址范围需要不等。此时采用可编程逻辑器件实现地址分配的电路设计方法最有效，同时也可以考虑译码法与线选法相结合的扩展电路设计方法。

图 6.12 给出了译码法与线选法相结合的扩展电路设计方法，高位地址 A15、A14 作为线选，A12、A11、A10 为译码电路中 74LS138 译码器输入，A13 用于译码法与线选法分割。

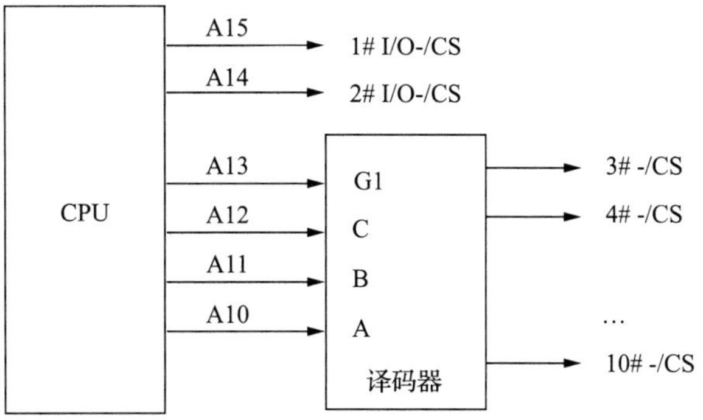

图 6.12 译码法与线选法相结合的扩展电路设计方法

各外部扩展设备的地址空间如表 6.4 所示，1# 、2# 外部 I/O 设备分配地址空间各为 8 kB，译码器输出 3# ～10# 设备分配地址空间各为 1 kB。

表 6.4 各外部扩展设备的地址空间

A15	A14	A13	A12	A11	A10	选中芯片	地址范围	容量/kB
0	1	0	×	×	×	1#	4000H～5FFFH	8
1	0	0	×	×	×	2#	8000H～9FFFH	8
1	1	1	0	0	0	3#	E000H～E3FFH	1
1	1	1	0	0	1	4#	E400H～E7FFH	1
⋮	⋮	⋮	⋮	⋮	⋮	⋮	⋮	⋮
1	1	1	1	1	1	10#	FC00H～FFFFH	1

6.2.5 外部 RAM 扩展设计

MCS-51 芯片的 RAM 存储器可以作为工作寄存器、堆栈、软件标志和数据缓冲器，但在实时数据采集和处理应用系统中，仅靠片内 RAM 存储器的 128 B 是远远不够的，因而必须扩展外部数据存储器。按其工作方式，常用的数据存储器有静态存储器（SRAM）和动态存储器（DRAM）2 种。在单片机应用系统中为避免 DRAM 的刷新问题，通常使用 SRAM。SRAM 只要加上电源，所存信息就能可靠保存。DRAM 必须在一定的时间内不停地刷新才能保持其中存储的数据。

目前，常用的 SRAM 芯片有 6116（2 kB×8）、6264（8 kB×8）、62128（16 kB×8）、62256（32 kB×8）等。

6116 为 24 脚封装，6264、62128、62256 为 28 脚封装。常用的 RAM 引脚图如图 6.13 所示。

各引脚功能如下。

- A0～A14：地址输入线。
- D0～D7：双向三态数据线。
- $\overline{CE}$：片选信号输入线。对于 6264 芯片，当 26 脚（CS）为高电平且 $\overline{CE}$ 为低电平时才选

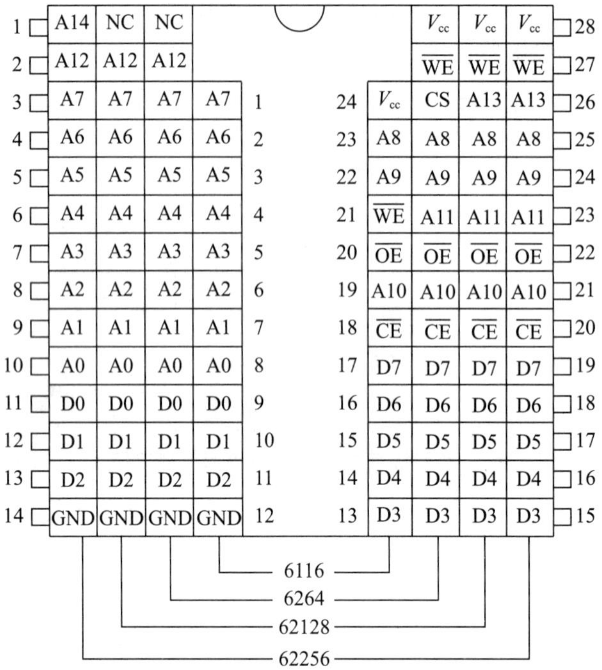

图 6.13 常用的 RAM 引脚图

中该片。

- $\overline{OE}$:读选通信号输入线,低电平有效。
- $\overline{WE}$:写允许信号输入线,低电平有效。
- V_{cc}:工作电源为+5 V。
- GND :地。

RAM 存储器有读出、写入、维持 3 种工作方式(表 6.5)。

表 6.5 RAM 存储器工作方式

工作方式	信号			
	$\overline{CE}$	$\overline{OE}$	$\overline{WE}$	D0～D7
读出	0	0	1	数据输出
写入	0	1	0	数据输入
维持*	1	×	×	高阻态

注:对于 CMOS 的静态 RAM,$\overline{CE}$ 为高电平,电路处于降耗状态。此时,V_{cc} 电压可降至 3 V 左右。

6.3 STC 单片机的显示接口设计

6.3.1 单片机控制发光二极管显示

发光二极管可用来指示系统的工作状态,制作节日彩灯、广告牌匾等。由于发光材料的改进,目前大部分发光二极管的工作电流为 1～5 mA,内阻为 20～100 Ω。发光二极管工作电流越大，显示亮度越高。为保证发光二极管的正常工作，同时减少功耗，限流电阻的选择十分重要，若供电电压为+5 V，则一般限流电阻可选 1～3 kΩ。

如果 P0 口作为通用 I/O 使用，由于漏极开路，需要外接上拉电阻。而 P1～P3 口内部已有 30 kΩ 左右的上拉电阻。下面讨论 P1～P3 口与 LED 发光二极管的驱动连接问题。

使用单片机的并行端口 P1～P3 直接驱动发光二极管，与 P1、P2、P3 口相比，P0 口每位可驱动 8 个 LSTTL 输入，而 P1～P3 口每一位的驱动能力只有 P0 口的一半。当 P0 口的某位为高电平时，可提供 400 μA 的拉电流；当 P0 口某位为低电平(0.45 V)时，可提供 3.2 mA 的灌电流，而 P1～P3 口内部有 30 kΩ 左右的上拉电阻，如果高电平输出，则从 P1、P2 和 P3 口输出的拉电流 I_d仅为几百微安，驱动能力较弱，亮度较差，如图 6.14(a)所示。如果端口引脚为低电平，能使灌电流 I_s从单片机的外部流入内部，则将大大增加流过的灌电流值，如图 6.14(b)所示。所以，任何一个端口要想获得较大的驱动能力，应采用低电平输出。

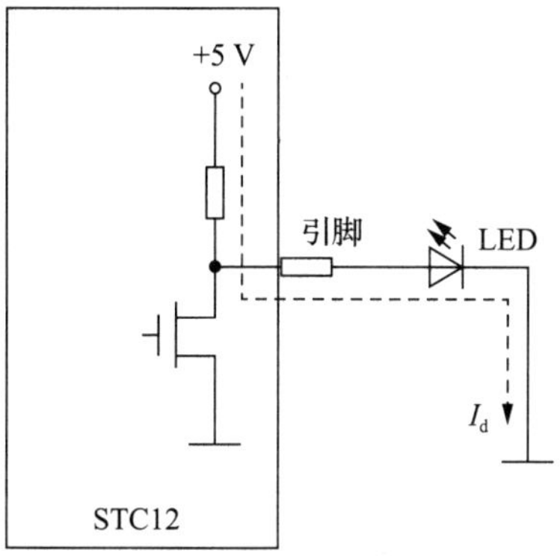

(a) 不恰当的连接：高电平驱动

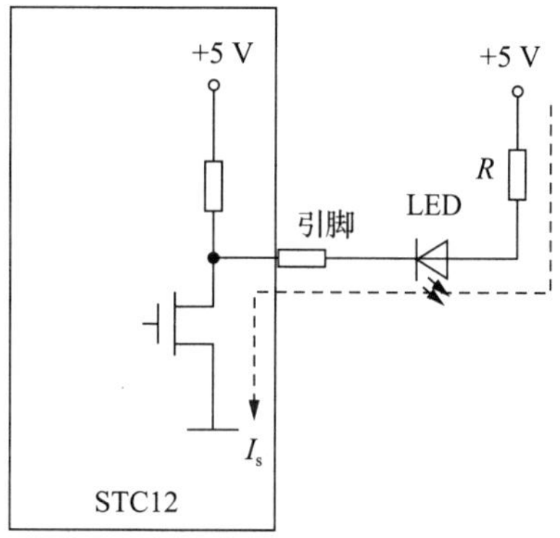

(b) 恰当的连接：低电平驱动

图 6.14 单片机的并行端口直接驱动发光二极管

如果一定要高电平驱动，可在单片机与发光二极管之间加驱动电路，如 74LS04、74LS244 等。

6.3.2 单片机控制 LED 数码管的显示

(1)LED 数码管的显示原理 LED 数码管是常见的显示器件，为“8”字形，共计 8 段(包括小数点段在内)或 7 段(不包括小数点段)，每一段对应一个发光二极管，有共阳极和共阴极 2 种，如图 6.15 所示。共阳极数码管的阳极连接在一起，公共阳极接到+5 V 上；共阴极数码管的阴极连接在一起，通常此公共阴极接地。

对于共阴极数码管来说，当某个发光二极管的阳极为高电平时，发光二极管点亮，相应的段被显示。同样，共阳极数码管的阳极连接在一起，公共阳极接+5 V，当某个发光二极管的阴极接低电平时，该发光二极管被点亮，相应的段被显示。

为了使 LED 数码管显示不同的字符，要把某些段点亮，就要为数码管的各段提供 1 字节的二进制代码，即段码。习惯上以“a”段对应字型码字节的最低位。各种字符的段码如表 6.6 所示。

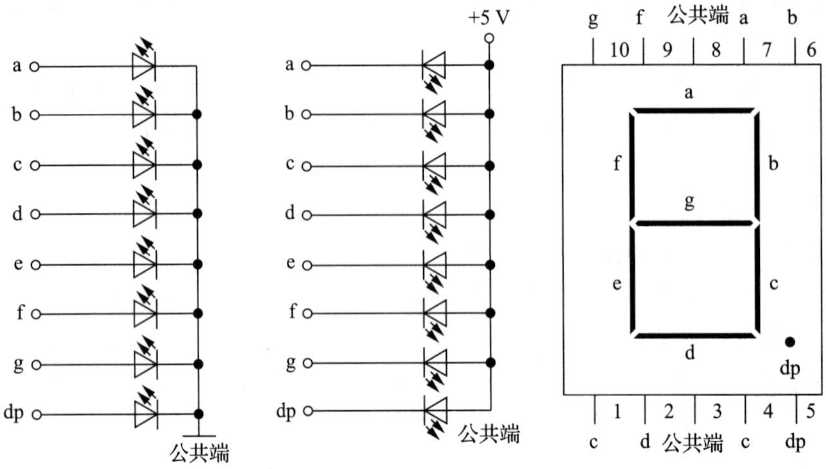

(a) 共阴极　　(b) 共阳极　　(c) 外形及引脚

图 6.15　8 段 LED 数码管结构及外形

表 6.6　LED 数码管的段码

显示字符	共阴极字型码	共阳极字型码	显示字符	共阴极字型码	共阳极字型码
0	3FH	C0H	C	39H	C6H
1	06H	F9H	d	5EH	A1H
2	5BH	A4H	E	79H	86H
3	4FH	B0H	F	71H	8EH
4	66H	99H	P	73H	8CH
5	6DH	92H	U	3EH	C1H
6	7DH	82H	T	31H	CEH
7	07H	F8H	y	6EH	91H
8	7FH	80H	H	76H	89H
9	6FH	90H	L	38H	C7H
A	77H	88H	“灭”	00H	FFH
b	7CH	83H	…	…	…

如要在数码管上显示某一字符，只需将该字符的段码加到各段上即可。

例如，想在共阳极数码管上显示“2”，需要把“2”的段码“A4H”加到数码管各段。通常的方法是：将欲显示字符的段码做成一个表(数组)，从表中查找到显示的字符相应的段码，然后由单片机把该段码输出到数码管的各个段上，同时数码管的公共端接+5 V，此时在数码管上就显示出字符“2”。

下面通过一个实例介绍单片机如何控制 LED 数码管显示字符。

例 6.1　用单片机控制一个共阳极 8 段 LED 数码管，循环显示数字 0～9，反复循环显示。该实例的原理电路如图 6.16 所示。

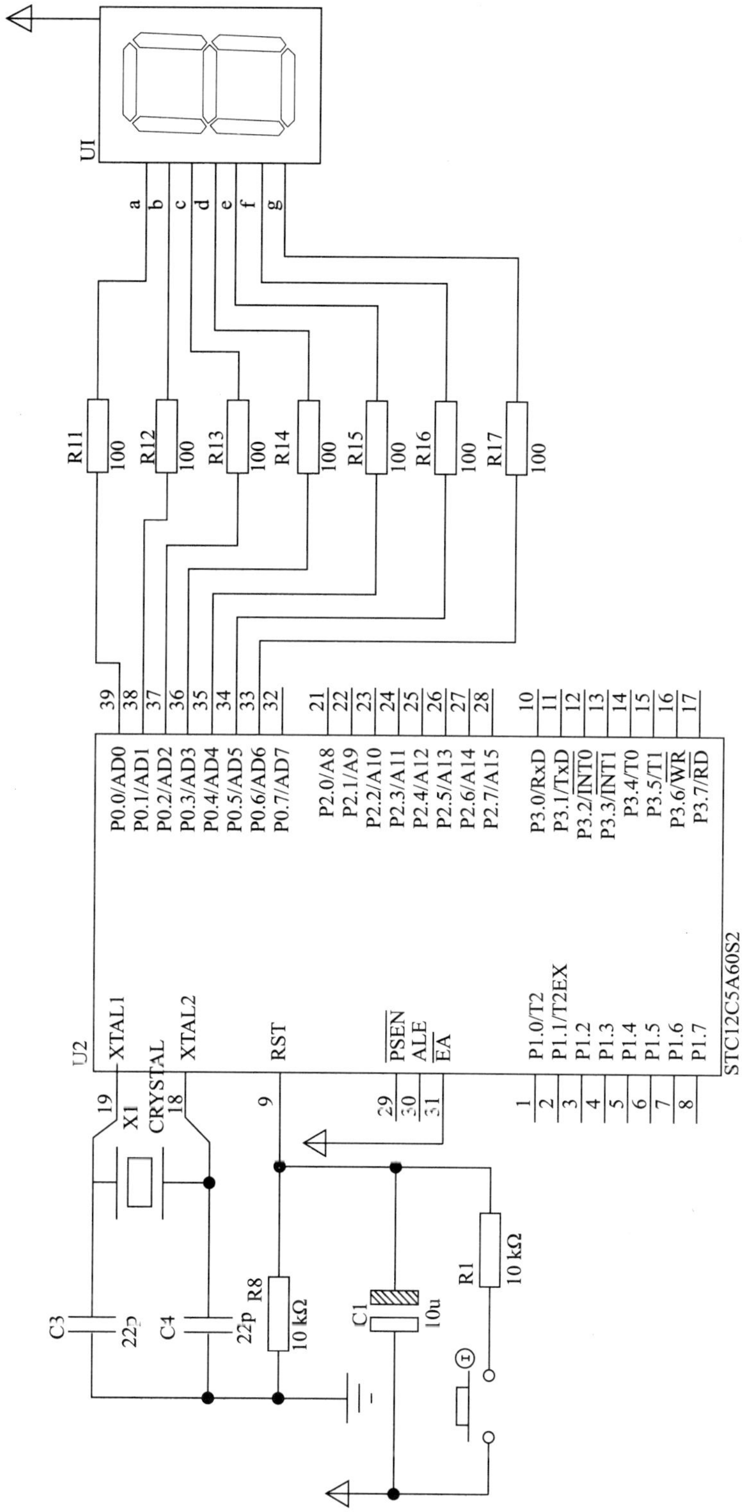

图 6.16　单片机控制一个共阳极 8 段 LED 数码管的原理

参考程序如下：

```
#include "reg51.h"
#define uchar unsigned char
#define uint unsigned int
uchar code seg[] = {0xc0,0xf9,0xa4,0xb0,0x99,0x92,0x82,0xf8,0x80,0x90};
//0~9 的段码
void delayms(uint j);
void main(void)
{
    uchar i;
    while(1)
    {
        for(i = 0;i< = 9;i++)
        {
            P0 = seg[i];
            delayms(1000);
        }
    }
}   void delayms(uint j)
{
        uchar i;
        while(j--)
        {
            for(i = 0;i<125;i++);
        }
}
```

(2)LED 数码管的静态显示与动态显示　单片机控制 LED 数码管有 2 种显示方式：静态显示和动态显示。

①静态显示。静态显示就是指无论多少位 LED 数码管，都同时处于显示状态。多位 LED 数码管工作于静态显示方式时，各位的共阴极（或共阳极）连接在一起并接地（或接 +5 V）；每位数码管的段码线（a～dp）分别与一个单片机控制的 8 位 I/O 口锁存器输出相连。送往各个 LED 数码管所显示字符的段码一经确定，则相应 I/O 口锁存器锁存的段码输出将维持不变，直到送入下一个显示字符的段码。因此，静态显示方式的显示无闪烁，亮度较高，软件控制比较容易。

图 6.17 为 4 位 LED 数码管静态显示电路，各个数码管可独立显示，只要向控制各位 I/O 口锁存器写入相应的显示段码，该位就能保持相应的显示字符。这样在同一时间，每一位显示的字符可以各不相同。但是，静态显示方式占用 I/O 口线较多。对于图 6.17 所示电路，要占

用 4 个 8 位 I/O 口(或锁存器)。如果数码管数目增多,则需要增加 I/O 口的数目。

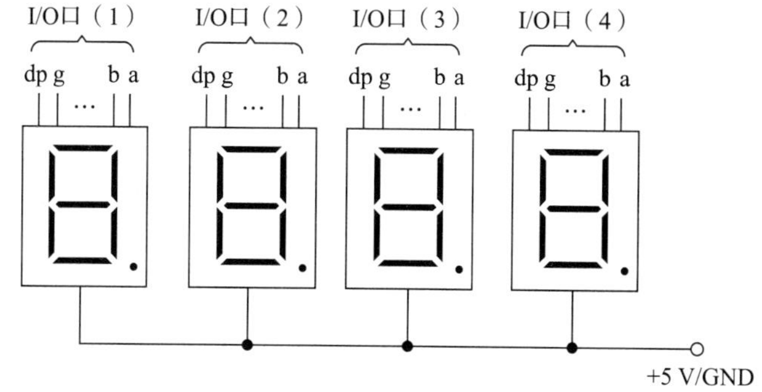

图 6.17　数码管静态显示电路

②动态显示。显示位数较多时,静态显示所占用的 I/O 口多,为节省 I/O 口的数目,常采用动态显示方式。将所有 LED 数码管显示器的段码线相应段并联在一起,由一个 8 位 I/O 端口控制,而各显示位的公共端分别由另一单独的 I/O 端口线控制。

图 6.18 为一个 4 位 8 段 LED 数码管动态显示电路的示意图。其中单片机向 I/O(1)端口发出欲显示字符的段码,而显示器的位点亮控制使用 I/O(2)端口中的 4 位口线。所谓动态显示就是每一时刻,只有 1 位位选线有效,即选中某一位显示,其他各位位选线都无效,不显示。每隔一定时间逐位地轮流点亮各数码管(扫描),由于数码管的余辉和人眼的“视觉暂留”作用,只要控制好每位数码管点亮显示的时间和间隔,则可造成“多位同时亮”的假象,达到 4 位同时显示的效果。

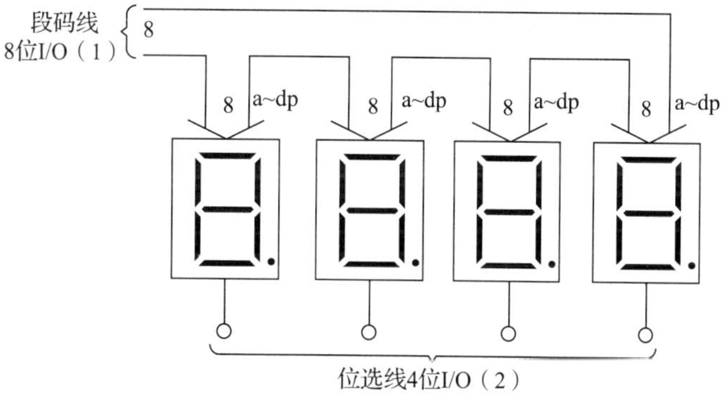

图 6.18　4 位 8 段 LED 数码管动态显示电路

各位数码管轮流点亮的时间间隔(扫描间隔)应根据实际情况而定。发光二极管从导通到发光有一定的延时,如果点亮时间太短,发光太弱,人眼无法看清;时间太长,则产生闪烁现象,而且时间越长,占用单片机时间也越多。另外,显示位数增多,也将占用单片机的大量时间,因此动态显示的实质是以执行程序的时间来换取 I/O 端口数目的减少。下面介绍单片机控制数码管动态显示的实例。

例 6.2　用单片机控制 8 只数码管,分别显示单个数字 1~8。程序运行后,单片机控制左边第 1 个数码管显示 1,其他不显示,延时之后,控制左边第 2 个数码管显示 2,其他不显示……直至第 8 个数码管显示 8,其他不显示,反复循环上述过程。本例原理电路如图 6.19 所示。

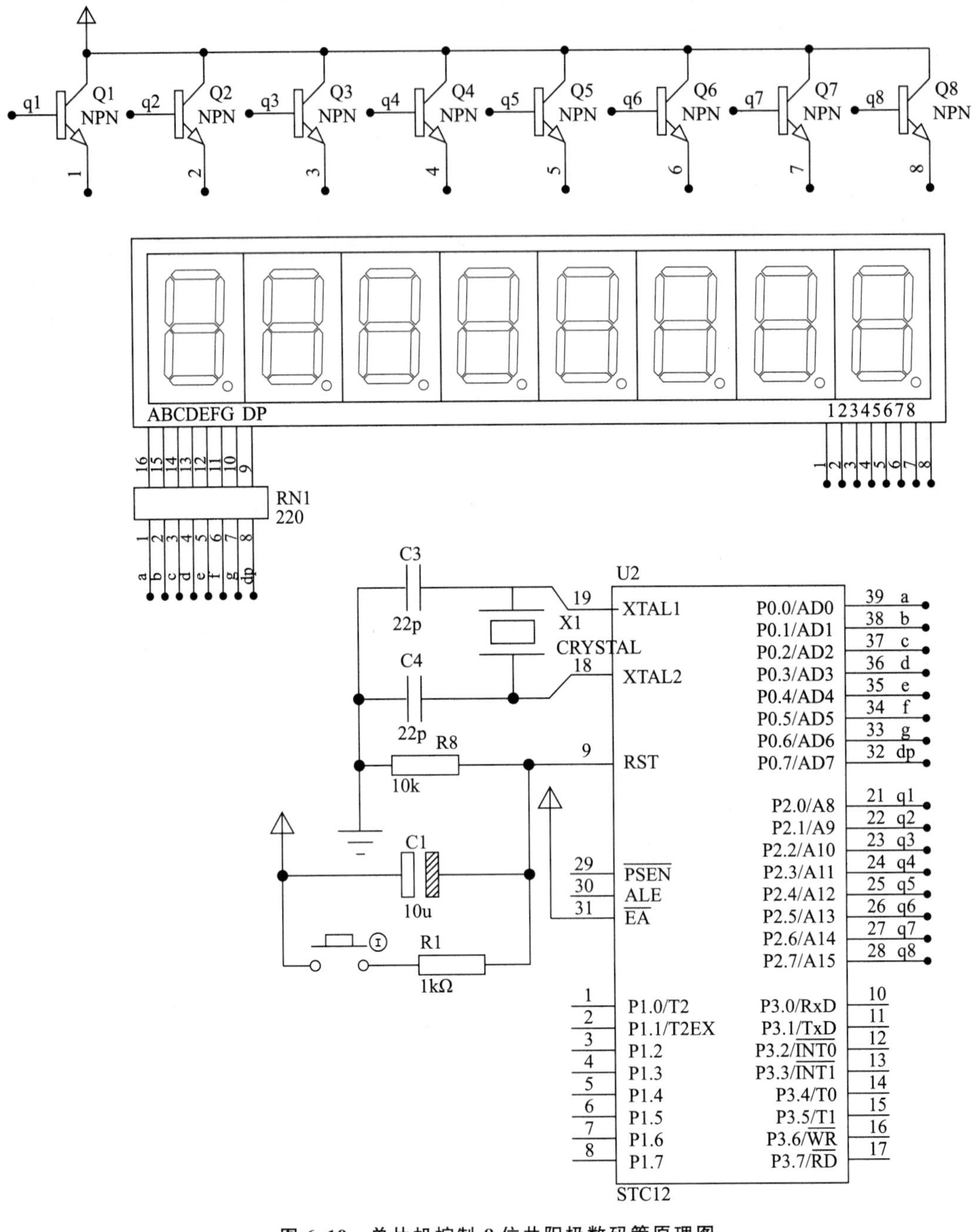

图 6.19　单片机控制 8 位共阳极数码管原理图

如图 6.19 所示的动态显示电路，P0 口输出段码，P2 口输出位扫描位控码，通过由 8 个 NPN 晶体管组成的位驱动电路对 8 个数码管进行位控扫描。由于是虚拟仿真，即使扫描速度加快，数码管的余辉也不能像实际电路那样体现出来。如果对实际的硬件显示电路进行快速扫描，由于数码管的余辉和人眼的“视觉暂留”作用，只要控制好每位数码管显示的时间和间隔，则可造成“多位同时亮”的假象，达到同时显示的效果。虚拟仿真做不到这一点，所以在仿真运行下，只能是一位一位地点亮显示，不能看到同时显示的效果。本例可使我们详细了解动态扫描显示的实际过程。如果采用实际的硬件电路，用软件控制快速扫描的频率，即可看到“多位同时点亮”的效果。

参考程序如下：

```
# include <reg51.h>
# include <intrins.h>
# define uchar unsigned char
# define uint unsigned int
uchar code dis_code[] = {0xc0,0xf9,0xa4,0xb0,0x99,0x92,0x82,0xf8,0x80,0x90};
//0～9 共阳极段码表
void  delay(unit t)     //延时函数
{
    uchar i;
    while(t--)
         for(i=0;i<125;i++);
}
void  main()
{
    uchar i,j;
    while(1)
    {
        j=0x01;
        for(i=0;i<8;i++)
        {
            P0=dis_code[i];      //P0 口输出段码
            P2=j;                //P2 口输出位选码 j
            delayms(5);          //延时，控制每位显示的时间
            P2=0x00;             //消隐，关闭所有位
            j=j<<1;         //准备下一个位选码
        }
    }
}
```

6.3.3　字符型液晶 LCD1602 显示原理

(1)LCD 简介　液晶显示器(LCD，liquid crystal display)是平面超薄的显示设备。LCD 的构造是在 2 片平行的玻璃之间放置液态的晶体，2 片玻璃中间有许多垂直和水平的细小电线，通过对这些小电线通断电来控制杆状水晶分子改变方向，就能将光线折射，产生画面。液晶显示器功耗很低，适用于使用电池的电子设备。

液晶显示器在电子设计中的应用十分广泛，我们身边的热水器控制器、空调遥控器、数码

照相机、示波器、车载播放器，特别是手持设备，如手机、MP3、MP4、游戏机等，几乎都离不开LCD，图 6.20 是 LCD 的一些应用。

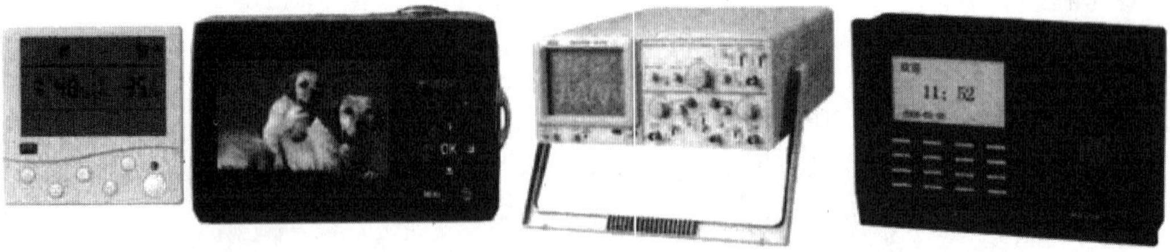

图 6.20　LCD 在电子产品中的应用

(2)认识 LCD1602　液晶屏通常是按照显示字符的行数或液晶点阵的行、列数命名的。例如，下面要介绍的“LCD1602”表示的意思就是每行可以显示 16 个字符，一共可以显示 2 行。这类 LCD 通常都是字符型，只能显示 ASCII 码字符，如数字、大小写字母、各种符号等；有些除了显示 ASCII 码字符，还能显示日文片假名(因为它的驱动模块是日本人设计的)。RT1602C 实物图如图 6.21 所示。

图 6.21　RT1602C 实物图

LCD1602 采用标准的 14 脚(无背光)或 16 脚(带背光)接口。图 6.21 所示的 RT1602C 是 16 脚产品，也就是带背光的 LCD1602，其引脚说明如表 6.7 所示。

表 6.7　LCD1602 引脚说明

编号	符号	引脚说明	编号	符号	引脚说明
1	V_{SS}	电源地	9	D2	数据口
2	V_{DD}	电源正极	10	D3	数据口
3	VO	液晶显示对比度调节端	11	D4	数据口
4	RS	数据/命令选择引脚(H/L)	12	D5	数据口
5	R/W	读/写选择引脚(H/L)	13	D6	数据口
6	E	使能信号	14	D7	数据口
7	D0	数据口	15	BLA	背光电源正极
8	D1	数据口	16	BLK	背光电源负极

(3)LCD1602 的指令说明　LCD1602 的读/写操作、屏幕和光标的控制都是通过指令编程来实现的，模块内部的控制器共有 11 条控制指令，如表 6.8 所示。

表 6.8 LCD1602 指令表

序号	指令	RS	R/W	D7	D6	D5	D4	D3	D2	D1	D0
1	清屏显示	0	0	0	0	0	0	0	0	0	1
2	光标复位	0	0	0	0	0	0	0	0	1	0
3	设置输入模式	0	0	0	0	0	0	0	1	I/D	S
4	显示开/关控制	0	0	0	0	0	0	1	D	C	B
5	光标或字符移位	0	0	0	0	0	1	S/C	R/L	0	0
6	设置显示模式	0	0	0	0	1	DL	N	F	0	0
7	设置字符发生存储器地址	0	0	0	1	字符发生存储器地址					
8	设置显示数据存储器地址	0	0	1	显示数据存储器地址						
9	读取忙标志和当前指针地址	0	1	BF	当前指针地址						
10	写数据到 CGRAM 或 DDRAM	1	0	要写入的数据							
11	从 CGRAM 或 DDRAM 读数据	1	1	读取到的数据							

注:1 为高电平,0 为低电平。

①清屏显示指令 0x01。

RS	R/W	D7	D6	D5	D4	D3	D2	D1	D0
0	0	0	0	0	0	0	0	0	1

清除所有显示数据,同时对数据指针进行清 0,光标回到原点(显示在屏幕左上角)。

②光标复位指令 0x02。

RS	R/W	D7	D6	D5	D4	D3	D2	D1	D0
0	0	0	0	0	0	0	0	1	0

光标回到原点,与清屏指令不同的是此时显示数据仍然存在。

③设置输入模式指令。

RS	R/W	D7	D6	D5	D4	D3	D2	D1	D0
0	0	0	0	0	0	0	1	I/D	S

I/D=1,读/写一个字符后数据指针加 1 (increase),光标右移。

I/D=0,读/写一个字符后数据指针减 1 (decrease),光标左移。

S=1,当写一个字符后,整屏左移(I/D=1) 或右移(I/D=0),可得到光标不动、屏幕移动的效果。

S=0,当写一个字符时,整屏显示不动;字符和光标右移(I/D=1) 或左移(I/D=0)。

④显示开/关控制指令。

RS	R/W	D7	D6	D5	D4	D3	D2	D1	D0
0	0	0	0	0	0	1	D	C	B

D=1,整屏显示开; D=0,整屏显示关。

C=1,显示光标; C=0,不显示光标。

B=1,光标闪烁；B=0,光标不闪烁。

⑤光标或字符移位指令。

RS	R/W	D7	D6	D5	D4	D3	D2	D1	D0
0	0	0	0	0	1	S/C	R/L	0	0

S/C=1,整屏左移(R/L=0)或右移(R/L=1),同时光标跟随移动。

S/C=0,只移动光标(R/L=1 光标右移；R/L=0 光标左移),不移动文字。

⑥设置显示模式指令。

RS	R/W	D7	D6	D5	D4	D3	D2	D1	D0
0	0	0	0	1	DL	N	F	0	0

DL=0,4 位总线；DL=1,8 位总线。

N=1,双行显示；N=0,单行显示。

F=1,显示 5×10 的点阵字符；F=0,显示 5×7 的点阵字符。

⑦设置字符发生存储器（CGRAM）地址。

RS	R/W	D7	D6	D5	D4	D3	D2	D1	D0
0	0	0	1	字符发生存储器地址					

使用该指令后,可以读取 CGRAM 中的数据,也可以将自定义的字符模块数据写入 CGRAM。

⑧设置显示数据存储器(DDRAM)地址。

RS	R/W	D7	D6	D5	D4	D3	D2	D1	D0
0	0	1	显示数据存储器地址						

显示模式为单行显示时,显示数据存储器地址范围是 00H～4FH;显示模式为双行显示时,显示数据存储器地址范围是:第 1 行 0～27H,第 2 行 40～67H。

⑨读取忙标志和当前指针地址。

RS	R/W	D7	D6	D5	D4	D3	D2	D1	D0
0	1	BF	当前指针地址						

BF 为忙标志。BF=1,标志液晶正在进行内部操作,禁止读/写操作；BF=0,允许读/写操作。理论上在执行每条指令之前都要进行读/写使能检测,确认模块的忙标志(BF)为低电平,否则此指令失效。实际上,由于单片机的操作速度慢于液晶控制器的反应速度,可以不进行读/写使能检测或只进行简单的延时即可。

⑩写入数据。

RS	R/W	D7	D6	D5	D4	D3	D2	D1	D0
1	0	要写入的数据							

数据写入 CGRAM 还是 DDRAM 和该指令前面的指令有关。如果前面执行的是设置 CGRAM 地址指令，则数据就会写入 CGRAM；如果前面执行的是设置 DDRAM 地址指令，则数据就会写入 DDRAM。

⑪读取数据。

RS	R/W	D7	D6	D5	D4	D3	D2	D1	D0
1	1	读取到的数据							

与写入数据指令同理，读取的数据是 CGRAM 的还是 DDRAM 的，和该指令前面执行的指令有关。

⑫LCD 初始化流程。通常 LCD1602 都有一个初始化(复位)过程，常见的初始化过程如下。

a. 延时 15 ms。

b. 写指令 38H(该指令不做忙信号检测)。

c. 延时 5 ms。

d. 写指令 38H(该指令不做忙信号检测)。

e. 延时 1 ms。

f. 写指令 38H(该指令不做忙信号检测)。

g. 写指令 38H：设置显示屏格式(8 位总线、双行显示、5×7 点阵字符)。

h. 写指令 08H：关闭显示。

i. 写指令 01H：清屏。

j. 写指令 06H：光标移动方向设置。

k. 写指令 0CH：开显示屏、不显示光标(也可根据需要设置显示光标)。

以上是常见 LCD1602 的初始化过程，特别是 a. ～c. 0x38 指令的写入，其目的不是设置液晶的显示格式，而是等待液晶模块内部完成初始化，之后才是具体设置过程。不一定要严格按照上面的指令来设置，也可以根据需要进行，例如要显示光标，可以写指令 0EH；让光标闪烁，可以写指令 0FH。

⑬LCD 内部地址映射图。LCD1602 的控制器内部带有 80 B 的 DDRAM 显示数据存储器，对应关系如图 6.22 所示。

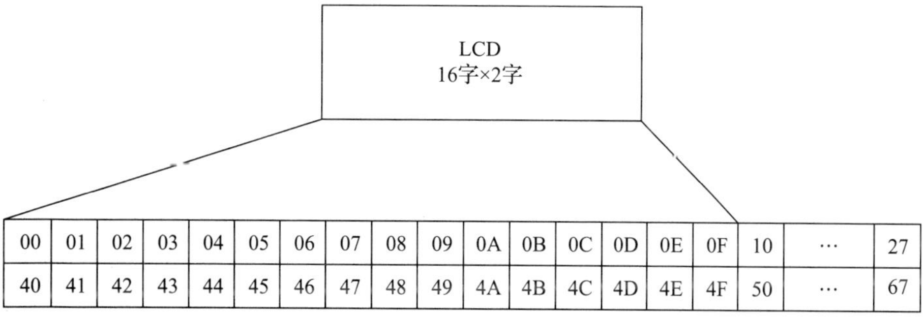

图 6.22　LCD1602 内部 DDRAM 地址映射图

向 DDRAM 中的 00～0FH、40～4FH 地址中的任一处写入显示数据时，LCD 都可以立即显示出来；而写入 10～27H、50 ～57H 地址时，必须通过移屏指令将其移入可显示区域方可正常显示。

⑭LCD1602 读/写操作时序图。图 6.23 所示是 LCD1602 读操作时序图。要注意的是，读操作时 R/W 引脚是高电平，数据在 E 引脚为高电平时输出。其中，PW_{EN} 的最小值是230 ns，t_{cycE} 的最小值是 500 ns。

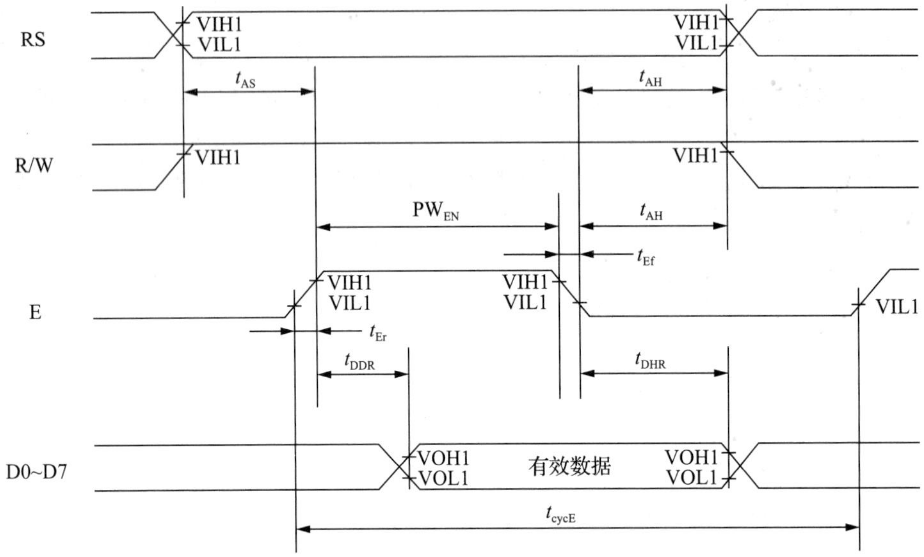

图 6.23　LCD1602 读操作时序图

图 6.24 所示是 LCD1602 写操作时序图，要注意的是，写操作时 R/W 引脚是低电平，E 引脚下降沿有效，其中 PW_{EN} 的最小值是 230 ns，t_{cycE} 的最小值是 500 ns。

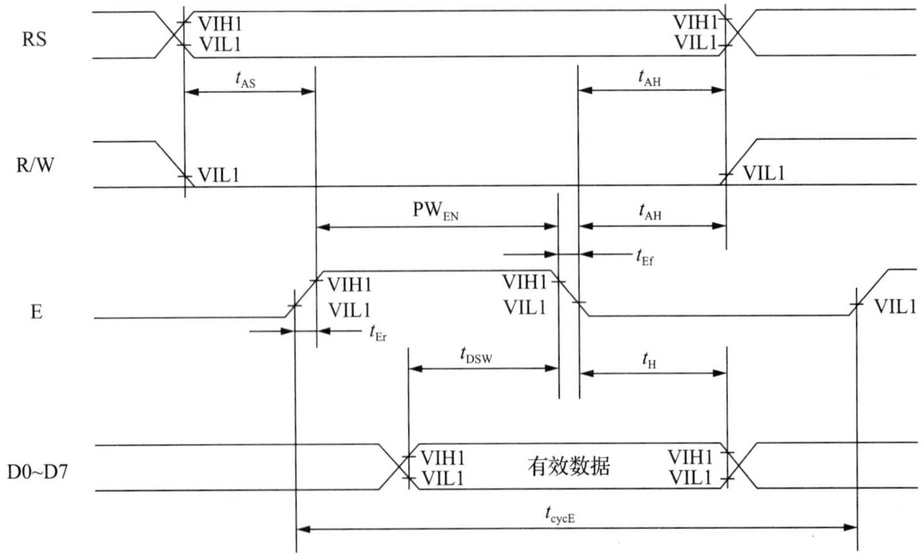

图 6.24　LCD1602 写操作时序图

6.4 STC单片机的键盘接口设计

键盘具有向单片机输入数据、命令等功能，是人与单片机对话的主要手段。

键盘由若干按键按照一定的规则组成。每一个按键实质就是一个按钮开关，按构造可分为有触点开关按键和无触点开关按键。常见的触点开关按键的键盘有触摸式键盘、薄膜键盘、导电橡胶式键盘和按键式键盘等，最常用的是按键式键盘。无触点开关按键有电容式按键、光电式按键和磁感应按键等。按键的实际应用也很多，几乎不亚于LED、数码管的应用，拿计算机来说，主机上的电源键、复位键，显示器上的电源键、菜单键、设置键，鼠标，键盘都是靠按键来工作的。毫不夸张地说，几乎所有的电器都要用到按键，因为它是单片机和用户交互的最基本的输入器件(图6.25)。

图6.25 按键实物图

下面介绍按键式键盘的工作原理、工作方式以及键盘的接口设计与软件编程。

6.4.1 键盘接口设计需解决的问题

(1)键盘的任务 键盘的任务有以下3项：①判别是否有键按下，若有，进入下一步；②识别哪一个键被按下，并求出相应的键值；③根据键值，找到相应键值的处理程序入口。

(2)键盘输入的特点 如图6.26(a)所示，键盘中一个按键开关的两端分别连接在行线和列线上，列线接地，行线通过电阻接到+5 V上。理想的状态下当按键开关的机械触点断开、闭合时，其行线输出电压波形如图6.26(b)所示。

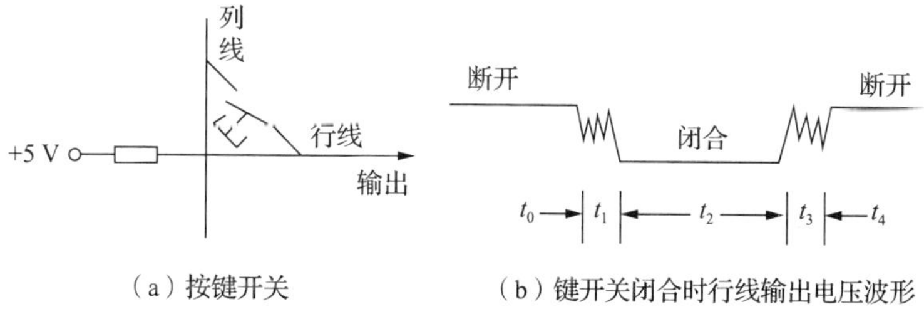

(a)按键开关　　(b)键开关闭合时行线输出电压波形

图6.26 键盘开关及其行线波形

在实际中，由于按键的机械触点有弹性作用，在闭合及断开的瞬间均有抖动过程，如图

6.26(b)所示的 t_1 和 t_3 分别为键的闭合和断开过程中的抖动期(呈现一串负脉冲),抖动时间长短与开关的机械特性有关,一般为 5～10 ms,t_2 为稳定的闭合期,其时间由按键动作确定,一般为十分之几秒到几秒,t_0、t_4 为断开期。因而在实际系统中使用按键时,需要消除抖动杂波。

(3)按键的识别　按键的闭合与否,反映在行线输出电压上就呈现出高电平或低电平,单片机通过对行线电平的高低状态的检测,便可确认按键是按下还是松开。为了确保单片机对一次按键动作只确认一次按键有效(所谓按键有效,是指按下按键后,一定要再松开),必须消除抖动期 t_1 和 t_3 的影响。

(4)如何消除按键的抖动　常用的按键去抖动方法有 2 种。

①用软件延时来消除按键抖动,其基本思想是:在检测到有键按下时,该键所对应的行线为低电平,执行一段延时 10 ms 的子程序后,确认该行线电平是否仍为低电平,如果仍为低电平,则确认该行确实有键按下。当按键松开时,行线的低电平变为高电平,执行一段延时 10 ms 的子程序后,检测该行线为高电平,说明按键确实已经松开。采取以上措施,可消除 2 个抖动期 t_1 和 t_3 的影响。可以用一个流程图来描述消除抖动的处理方式,如图 6.27 所示。

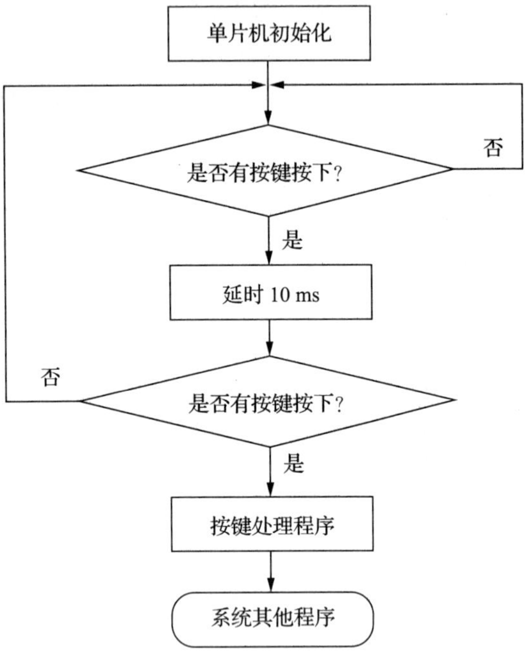

图 6.27　按键消除抖动流程

②采用专用的键盘/显示器接口芯片,这类芯片中都有自动去抖动的硬件电路。

键盘主要分为 2 类:非编码键盘和编码键盘。非编码键盘是指所按下按键的键号信息不能直接得到,而要通过软件来获取。编码键盘是指当按键按下后,能直接得到按键的键号,如专用的键盘接口芯片。

非编码键盘按键直接与单片机相连接,该类键盘通常用在系统功能比较简单、需要处理的任务较少、按键数量较少的场合,具有成本低、电路简单等优点。

常见的非编码键盘有独立式键盘和矩阵式键盘 2 种结构。下面首先介绍独立式键盘的接口设计。

6.4.2　独立式键盘接口设计实例

独立式键盘的特点是各键相互独立,每个按键各接一条 I/O 口线,通过检测 I/O 口线的电平状态,很容易判断哪个键被按下。图 6.28 所示为一独立式键盘,8 个按键 k1～k8 分别接到单片机的 P1.0～P1.7 引脚上,上拉电阻保证按键未按下时,对应的 I/O 口线为稳定的高电平。当某一按键按下时,对应的 I/O 口线就变成了低电平,与其他按键相连的 I/O 口线仍为高电平。因此,只需读入 I/O 口线的状态,判别是否为低电平,就能很容易识别出哪个键被按下。由于独立式键盘各按键相互独立,互不影响,因此识别按键号的软件编写简单,非常适用于按键数目较少的场合,如果按键数目较多,则要占用较多的 I/O 口线。

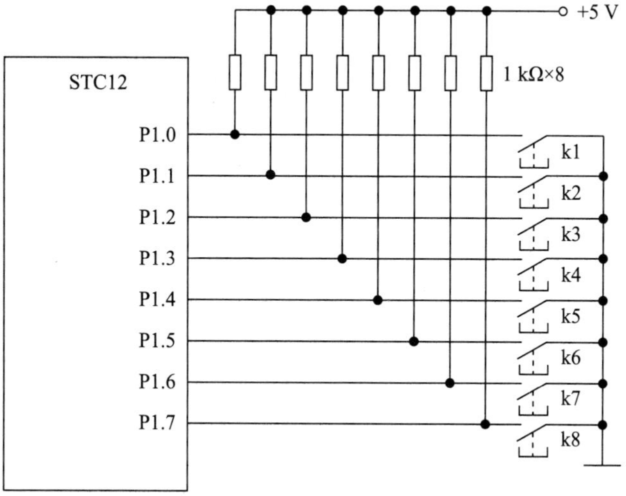

图 6.28　独立式键盘接口电路

对于图 6.28 所示的独立式键盘，采用查询方式来实现对键盘扫描，根据按下的不同按键，来对其进行处理。

键盘扫描程序如下：

```
# include <reg51.h>
void key_scan(void)
{
unsigned char keyval
do
    {
    P1 = 0xFF;              //P1 口为输入
    Keyval = P1;            //从 P1 口读入键盘状态
    Keyval = ~keyval;        //键盘状态求反
    switch(keyval)
    {
        case 1: ……;        //处理按下的 k1 键,"……"为该键处理程序,以下同
        break;      //跳出 switch 语句
        case 2: ……;        //处理按下的 k2 键
        break;      //跳出 switch 语句
        case 4: ……;        //处理按下的 k3 键
        break;      //跳出 switch 语句
        case 8: ……;        //处理按下的 k4 键
        break;      //跳出 switch 语句
        case 16: ……;      //处理按下的 k5 键
        break;          //跳出 switch 语句
```

```
            case 32：……；      //处理按下的 k6 键
            break；          //跳出 switch 语句
            case 64：……；      //处理按下的 k7 键
            break；          //跳出 switch 语句
            case 128：……；      //处理按下的 k8 键
            break；          //跳出 switch 语句
            default：
            break；          //无按下键处理

        }
    }
    while(1)；
    }
```

上面介绍了独立式键盘的查询方式。为提高单片机扫描键盘的工作效率，可采用中断扫描方式，只有在键盘有按键按下时，才进行扫描与处理。该方式的键盘实时性强，工作效率高。

设计一个采用中断扫描方式的独立式键盘，只有在键盘有按键按下时才进行处理，接口原理电路见图 6.29。当键盘中有按键按下时，8 路输入与非门 74LS30 的输出经过 74LS04 反相后向单片机的中断请求输入引脚 $\overline{\text{INT0}}$，发出低电平的中断请求信号，单片机响应中断，进入外部中断$\overline{\text{INT0}}$的中断函数，在中断函数中，判断按键是否真的按下。如确实按下，则把标志 keyflag 置 1，并得到按下按键的键值，然后从中断返回，根据键值跳向该键的处理程序。

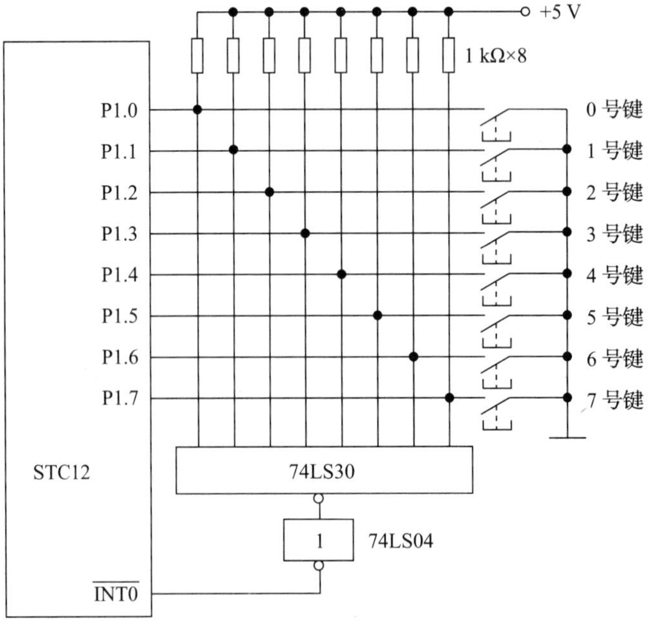

图 6.29　中断扫描方式的独立式键盘的接口电路

参考程序如下：

```
#include <reg51.h>
#include <absacc.h>
#define uchar unsigned char
#define TRUE1
#define FALSE 0
bit keyflag;                        //keyflag 为按键按下的标志位
uchar keyval;                       //keyval 为键值
void delay10ms(void);               //软件延时 10 ms 函数
void main(void)
{
    IE = 0x81;                      //总中断允许 EA = 1,允许 INT0 中断
    IP = 0x01;                      //设置 INT0 为高优先级
    Keyflag = 0;                    //设置按键按下标志为 0
    do
    {
        if(keyflag)                 //如果按键按下标志 keyflag = 1,则有键按下
        {
          keyval = ~keyval;         //键值取反
          switch(keyval)            //根据按下键的键值进行分支跳转
          {
              case 1:…;             //处理 0 号键
              break;
              case 2:…;             //处理 1 号键
              break;
              case 4:…;             //处理 2 号键
              break;
              case 8:…;             //处理 3 号键
              break;
              case 16:…;            //处理 4 号键
              break;
              case 32:…;            //处理 5 号键
              break;
              case 64:…;            //处理 6 号键
              break;
              case 128:…;           //处理 7 号键
              break;
              default;
              break;             //无效按键,例如多个键同时按下
```

```
            }
            keyflag = 0;                    //清除按键按下标志
        }
    }while(TRUE);
}
void into() interrupt 0                     //有键按下,则执行 INT0 的中断函数
{
    uchar reread key;                       //reread key 为重读键值变量;
    IE = 0x80;                              //屏蔽 INT0 中断
    keyflag = 0;                            //把按键按下标志 keyflag 清 0
    P1 = 0xff;                              //向 P1 口写 1,设置 P1 口为输入
    keyval = P1;                            //从 P1 口读入键盘的状态
    delay 10ms();                           //延时 10 ms
    reread_key = P1;                        //再次从 P1 口读取键盘状态
    if(keyval == reread_key)                //比较两次读取的键盘值,如相同,则键按下
    {
        keyflag = 1;                        //按键按下标志 keyflag 为 1
    }
    IE = 0x81;                              //重新允许 INT0 中断
}
```

当没有键按下时,标志 keyflag=0,程序一直执行"do{ }while()"循环。当有键按下时,则 74LS04 的输出端产生低电平,向单片机的$\overline{\text{INT0}}$引脚发出中断请求信号,单片机响应中断,执行中断函数。如果确实有按键按下,在中断函数中把 keyflag 置 1,并得到键值。当执行完中断函数后,再进入"do{ } while ()"循环,此时由于"if(keyflag)"中的 keyflag = 1,则可根据键值 keyval 执行"switch(keyval)"分支语句,进行已按下的按键的处理。

6.4.3 矩阵式键盘接口设计实例

矩阵式(也称行列式)键盘用于按键数目较多的场合,它由行线和列线组成,按键位于行、列的交叉点上。如图 6.33 所示,一个 4×4 的行、列结构可构成一个 16 键的键盘,只需要一个 8 位的并行 I/O 口即可。如果采用 8×8 的行、列结构,可以构成一个 64 键的键盘,只需要 2 个 8 位的并行 I/O 口即可。很明显,在按键数目较多的场合,矩阵式键盘要比独立式键盘节省较多的 I/O 口线。

下面介绍矩阵式键盘的程序设计。

对图 6.30 的矩阵式键盘,编写查询式的键盘处理程序。

程序首先应判断键盘有无按键按下,即把所有行线 P1.0~P1.3 均置为低电平,然后检测各列线的状态,若列线不全为高电平,则表示键盘中有按键按下;若所有列线均为高电平,说明键盘中无按键按下。

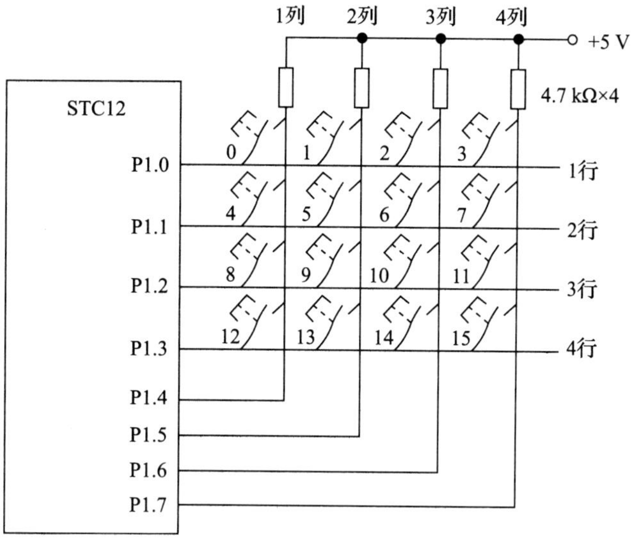

图 6.30　矩阵式(行列式)键盘的接口电路

在确认有键按下后,即查找按键的位置,其方法是:依次将行线置为低电平,再逐行检查各列线的电平状态,若某列为低电平,则该列线与行线交叉处的按键就是闭合的按键。

判断有无按键按下,以及获取键值的参考程序如下:

```
#include <reg51.h>
#define uchar unsigned char
#define uint unsigned int
void main(void)
{
    uchar key;
    while(1)
    {
        Key = keyscan();            //调用键盘扫描函数,返回的键值送到变量 key
        delay();                    //延时
    }
void delay10ms(void);               //延时函数
{
    uchar i;
    for(i = 0;i<200;i += );
}
uchar key_scan(void)                //键盘扫描函数
{
    uchar code_h;                   //行扫描值
```

```
        uchar code_l;                    //列扫描值
        P1 = 0xf0;                       //P1.0~P1.3 行线输出都为 0,准备读列状态
        it((P1&f0) = 0xf0)                 //如果 P1.4~P1.7 不全为 1,可能有键按下
        {
            delay10ms(void);              //延时去抖动
            if(P1&f0)! = 0xf0)            //重读 P1.4~P1.7,若还是不全为 1,有键按下
            code_h = 0xfe;                //P1.0 行线置为 0,开始行扫描
            while((code_h&0x10)! = 0xf0); //判断是否扫描到最后一行
            {
                P1 = code_h;              //P1 口输出行扫描值
                if(P1&0xf0)! = 0xf0);       //如果 P1.4~P1.7 不全为 1,该行有键按下
                {
                    code_l = (P1&0xf0|0x0f); //保留 P1 口高 4 位,低 4 位变为 1,作为
列值
                    return((~code_h) + (~code_l));
                                            //键值 = 行扫描值 + 列扫描值,键值返主程序
                }
                else                          //若该行无键按下,往下执行
                code_h = (code_h<<1)|0x01;      //行扫描值左移,准备扫描下一行
            }
        }
    }
    return(0);                              //无键按下,返回 0
}
```

6.5 STC 单片机的 A/D 和 D/A 接口设计

6.5.1 12 位 A/D 转换器 MAX197 接口电路设计

MAX197 芯片是美国 MAXIM 公司近年的新产品,是多量程(±10 V,±5 V,0~10 V,0~5 V)、8 通道、12 位高精度的 A/D 转换器。它采用逐次逼近工作方式,有标准的微机接口。三态数据 I/O 口用作 8 位数据总线,数据总线的时序与绝大多数通用的微处理器兼容。全部逻辑输入和输出与 TTL/CMOS 电平兼容。A/D 转换器芯片 MAX197 与一般 A/D 转换器芯片相比,具有极高的性价比,仅需单一+5 V 供电,且外围电路简单,可简化电路设计。

(1)MAX197 的主要特性

①12 位分辨率,1/2 LSB 线性度。

②+5 V 单电源供电。

③输入电压范围可通过软件编程在±10 V,±5 V,0~10 V,0~5 V 中任选一种。

④输入多路选择器保护：16.5 V。

⑤8 路模拟量输入通道及过压保护。

⑥转换时间为 6 μs，采样速度为 100 千次/s。

⑦内/外部采集控制。

⑧内部 4.096 V 或外部参考电压。

⑨具有 2 种节电掉电模式工作方式。

⑩具有内部和外部 2 种数据采集模式。

⑪参考电源内外任选。

⑫时钟频率内外任选。

(2) 内部结构和引脚说明　图 6.31 所示为 MAX197 的内部结构，其核心部分是一个采用逐次逼近方式的 DAC，前端包括一个用来切换模拟输入通道的多路复用器以及输入信号调理和过压保护电路。其内部还建有一个 2.5 V 的带隙基准电压源。图 6.32 为其引脚封装图，引脚说明如下。

CLK：时钟输入。外部时钟输入时，由此引脚输入电平与 TTL 或 CMOS 兼容的时钟。内部时钟模式时，该脚与地之间接一电容，以确定内部时钟频率，当频率为 1.56 MHz 时，外接电容的典型值 CCLK = 100 pF。

$\overline{CS}$：片选线，低电平有效。

$\overline{WR}$：写信号，低电平有效。

$\overline{RD}$：读信号，低电平有效。

HBEN：转换结果复用控制，当低电平时，低 8 位有效；当高电平时，高 4 位有效。

$\overline{SHDN}$：关断控制端，低电平有效。

D7～D4：三态数字 I/O 端。

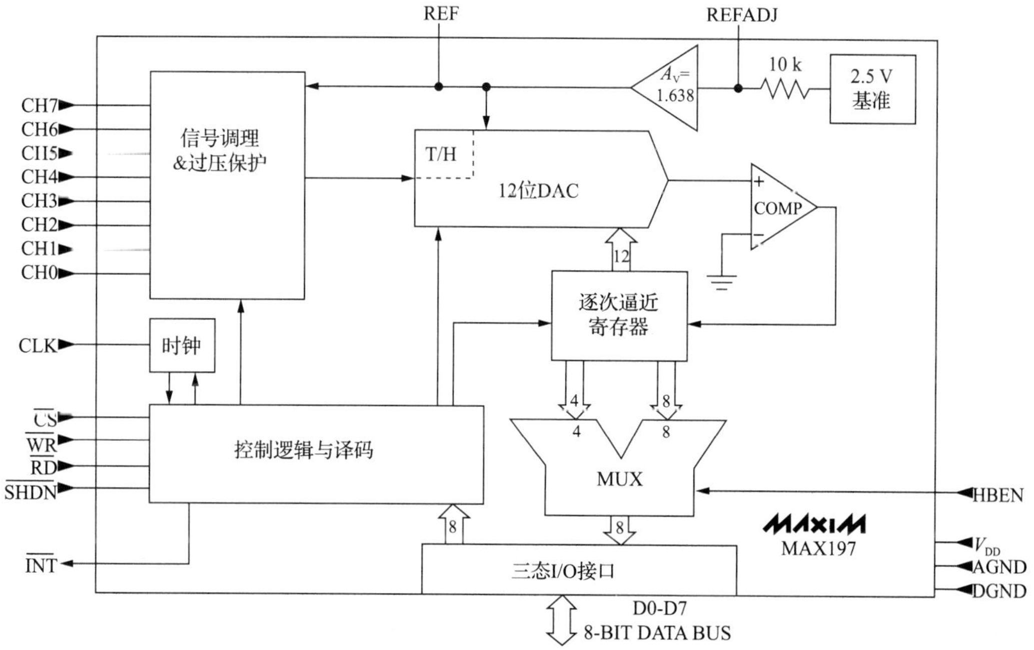

图 6.31　MAX197 的内部结构

D3、D11：三态数字 I/O 端。D3 输出（HBEN 为低电平），D11 输出（HBEN 为高电平）。

D2、D10：三态数字 I/O 端。D2 输出（HBEN 为低电平），D10 输出（HBEN 为高电平）。

D1、D9：三态数字 I/O 端。D11 输出（HBEN 为低电平），D9 输出（HBEN 为高电平）。

MAX197 既可以使用内部参考电压源，也可以使用外部参考电压源。当使用内部参考源时，芯片内部的 2.5 V 基准源经放大后向 REF 提供 4.096 V 参考电平。这时应在 REF 与 AGND 之间接入一个 4.7 μF 电容，在 REFADJ 与 AGND 之间接入一个 0.01 μF 电容。当使用外部参考源时，接至 REF 的外部参考源必须能够提供 400 μA 直流工作电流，且输出电阻小于 10 Ω。如果参考源噪声较大，应在 REF 端与模拟信号地之间接一个 4.7 μF 电容。模拟量输入通道有±16.5V 的过电压保护，即使在关断状态下，保护也有效。

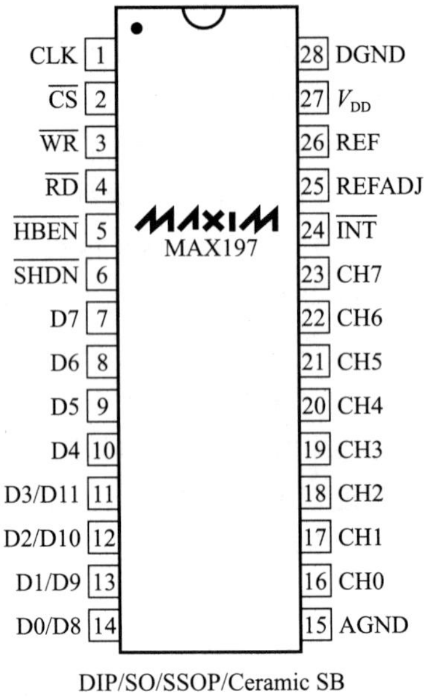

图 6.32 MAX197 引脚封装图

(3)MAX197 转换的基本原理

①原理概括。MAX197 无须外接元器件就可独立完成 A/D 转换功能。它可分为内部采样模式和外部采样模式，采样模式由控制寄存器的 D5 位决定。在内部采样控制模式(控制位置 0)中，由写脉冲启动采样间隔，经过瞬间的采样间隔（芯片时钟为 2 MHz 时，为 3 ms），即开始 A/D 转换。在外部采样模式(D5＝1)中，由 2 个写脉冲分别控制采样和 A/D 转换。在第一个写脉冲出现时，写入 ACQMOD 为 1，开始采样间隔。在第二个写脉冲出现时，写入控制字 ACQMOD 为 0，MAX197 停止采样，开始 A/D 转换。这 2 个写脉冲之间的时间间隔为一次采样时间。当一次转换结束后，MAX197 相应的 $\overline{\text{INT}}$ 引脚置低电平，通知处理器可以读取转换结果。

②内部采样模式的数据转换时序。对于模拟到数字量的转换，时序要求非常严格，由于 MAX197 的数字信号输出引脚是复用的，要正确读出转换结果，时序要求尤其重要。在一次采样开始前，可以通过单片机的 8 位数据线把这些控制字写入 MAX197 来初始化相应的参数，然后按照一定的时序进行采样和转换。

③运行及控制模式。通过对控制寄存器的设置，MAX197 可以工作在不同的运行及控制模式，表 6.9 是 MAX197 的控制寄存器格式。

表 6.9 MAX197 的控制寄存器格式

D7	D6	D5	D4	D3	D2	D1	D0
PD1	PD0	ACQMOD	RNG	BIP	A2	A1	A0
时钟及电源关断模式选择		内部/外部采集控制选择	模拟输入量程选择	模拟输入极性选择	模拟输入通道选择		

下面重点讨论不同的时钟模式、采集控制模式、电源关断模式以及转换结果的读取。

a. 时钟模式。通过对控制寄存器的 D6、D7 位置数，可以选择 MAX197 使用外部时钟或内部时钟。一旦选定时钟模式，除非断电（不包括电源关断模式），否则所选时钟模式不可再改变。在 2 种时钟模式下，外部采集和内部采集控制模式都可选用。当芯片上电时，初始状态为外部时钟模式。

选择内部时钟模式时，应在 CLK 端和地之间接入一个电容，不同的电容值对应不同的内部时钟周期。工作时钟的最大值为 2 MHz。

b. 采集控制模式。通过将控制寄存器的 ACQMOD 位置 0 可选择内部采集控制模式。在内部采集控制模式下，写信号脉冲将开始一个由内部定时控制长度的采集间隔。在 6 个时钟周期长度的采集间隔结束时，将启动下一个转换。

在内部采集控制模式下，MAX197 的模拟信号输入电路拥有 5 MHz 的信号带宽，当使用内部采集控制模式并使用外接 2 MHz 时钟时，可达到 100 千次/s 的通过速率。

通过将控制寄存器的 ACQMOD 位置 0 可选择外部采集控制模式。采用外部采集控制模式是为了精确控制采样孔径或独立控制采集和转换时间。由用户分别通过 2 个写信号脉冲控制采集间隔和开始转换时间，第一个写信号脉冲时将控制寄存器的 ACQMOD 位置 1，开始一个采集间隔。第二个写信号脉冲时将控制寄存器的 ACQMOD 位置 0，结束采集间隔并开始转换。然而，如果在第二个写信号脉冲时将控制寄存器的 ACQMOD 位置 1，则将开始又一个采集间隔。

在第一个写信号脉冲和第二个写信号脉冲时，控制寄存器中的模拟通道选择位必须置相同的值。电源关断模式控制位可以置不同的值。

c. 电源关断模式。为节省能源，MAX197 可以在 2 次转换之间工作于低电流关断模式。有 2 种电源关断模式供选择，通过控制寄存器的 PD1、PD0 位，可以选择 STBYPD(待机)模式或 FULLPD(全关断)模式。当 STBYPD 关断模式被设置后，只有在转换结束后才生效。在 STBYPD 模式下，芯片在第一个写信号的下降沿返回正常状态。当 FULLPD 关断模式被设置且 $\overline{SHDN}$ 端变为低电平时，芯片处于硬件全关断状态(FULLPD)，此时将马上中止转换。这里须强调的是，在不同的关断模式下，芯片由关断到恢复正常状态时的过渡过程是不一样的，软件设计时，必须充分考虑到这一特点。在 STBYPD 模式时，带隙参考源和参考源放大电路仍然保持工作，REF 上的电压将不受模式转换的影响。因此，可以在这种模式时选择任何采样速率而不用考虑恢复正常状态时的延迟，即在 2 次转换之间选用 STBYPD 关断模式时，不用考虑过渡时间。然而，在 FULLPD 模式下，只有带隙参考源在工作，芯片由关断到恢复正常状态时存在一个过渡过程。为了减小过渡过程的影响，应在 REF 与 AGND 之间接入一个 33 pF 的电容。

d. 转换结果的读取。输出数据采用无符号二进制模式(单极性输入方式)或二进制补码形式(双极性输入方式)。当 $\overline{CS}$ 和 $\overline{RD}$ 都有效时，HBEN 为低电平，低 8 位数据被读出，HBEN 为高电平，复用的高 4 位被读出，另外 4 位保持低电平(在单极性方式下)或另外 4 位为符号位(在双极性方式下)。当转换结束并且结果有效时，转换完成中断信号端 INT 发出一个低电平信号，当读信号结束或一个新的控制字节被写入时，INT 端重新变为高电平。在转换期间写入一个新的控制字节将导致转换中止并开始一个新的采集间隔。

(4)模拟量输入外围接口设计　A/D 转换器芯片 MAX197 控制字节的 PD1、PD0 这 2 位选择时钟和低功耗模式。ACQMOD0 为内部控制采集，1 为外部控制采集，RNG 选择输入端的满量程电压范围，B1P 选择单极性、双极性转换模式，A2、A1、A0 这 3 位是用于选择多路输入通道的地址。采用内部采集控制模式，在 $\overline{WR}$ 的上升沿 T/H 进入跟踪模式，当内部定时采集过程结束时进入保持模式。对于下降速率小于 1.5 μs 的低阻输入源，在最大转换速率时能保证转换精度。在外部采集控制模式下，在第一个$\overline{WR}$上升沿 T/H 进入跟踪模式；当检测到第二个$\overline{WR}$上升沿且 D5=0 时，进入保持模式。其输入量程及保护方式为：在 $V_{REF}=4.096$ V 时，MAX197 通过软件设置控制字节的 D3、D4 位，可选择输入量程为±10 V、+5 V、0～10 V、0～5 V。满量程输入电压取决于 REF 上的电压。在 REFADJ 脚加外部基准电压后，MAX197 多量程 A/D 转换器 $V_{REF}=1.6384\times V_{REFADJ}$（2.4 V<$V_{REF}$<4.18 V）。输入通道的过压保护电压为±16.5 V，即使芯片处于低功耗工作模式，这种防护也有效。$V_{DD}=0$ V 时，输入阻抗网络所具有的电流限制足以保护器件。数字接口输入和输出数据在三态并行接口上是复用的，这些并行 I/O 口可以很容易地和微机接口。$\overline{CS}$、$\overline{WR}$和$\overline{RD}$与 PC 机相应控制脚相连进行读写操作。通过对芯片进行写操作可把控制字节存入芯片。输出数据在单极性模式下是二进制格式。MAX197 可以以内部或外部时钟模式工作，一旦选择了所要求的时钟模式，改变这些位编程选择低功耗模式时，不会影响时钟模式。刚上电时，选择外部时钟模式。在 CLK 脚和地之间接一个 100 pF 的电容，可产生 1.56 MHz 频率的内部时钟。外部时钟要求 100 kHz～2 MHz。

当开始写操作时，转换就开始了。写操作将选择多路通道，并确定 MAX197 的输入范围是单极性还是双极性。一个写脉冲$\overline{WR}$+$\overline{CS}$可以开始一次采集，或者对采样进行初始化并开始转换。输入控制字节的 ACQMOD 位对于采集方式提供 2 种选择：内部或外部。对任何时钟模式和采集模式，转换间隔都延时 12 个时钟周期。若在转换周期写一个新的控制字节将使转换失效，并启动一次新的采集过程。采用外部采集方式可以更精确地控制采样间隔和转换。在这种方式下，用户通过 2 个写脉冲控制采集和启动转换。在第一个写脉冲中，要使 ACQMOD 位=1，它将启动一次采集开始。在第二个写脉冲中，要使 ACQMOD 位=0，在$\overline{WR}$的上升沿开始转换并结束采集。在发第一个和第二个写脉冲时，多路输入通道的地址位值必须一样。在第二个写脉冲中，低功耗模式位（PD0、PD1）可以设一个新值。当转换结束产生一个正确的结果时，芯片发出一个标准的中断信号$\overline{INT}$（识别信号）给处理器。在第一个读周期或者写一个新控制字节时，$\overline{INT}$就变为高电平。

硬件接口电路 MAX197 是一种通用 A/D 芯片，可以和多种微机接口，在此选用 STC12C5A60S2 单片机与其连接。使 STC12C5A60S2 的 P0.0～P0.7 与 MAX197 的 D0～D7 相连。以 P2.1 作为片选信号，因而 MAX197 的地址为 FDFFH。选择 MAX197 为软件设置低功耗工作方式，所以置$\overline{SHDN}$脚为高电平，本例采用内部基准电压，所以 REF、REFADJ 均通过电容接地。P1.5 脚作为判读高、低位数据的选择线，直接与 HBEN 脚相连。MAX197 的 INT 脚与用户接口中的 INT0 相连，作为转换识别信号。硬件结构如图 6.33 所示。

（5）A/D 转换软件的设计　在系统中 MAX197 采用内部时钟方式：选择内部时钟方式使微处理器能免除提供 SAR 变换时钟的负担。在 CLK 引脚和地之间接一个 100 pF 的电容将把此频率设置到 1.56 MHz 的额定值。使用内部基准：内部经过微调的 2.50 V 基准通过 REFADJ 缓冲放大以便在 REF 端提供 4.096 V 的电压。用一个 4.7 μF 的电容把 REF 引脚旁路到 AGND，并用 0.01 μF 的电容器把 REFADJ 引脚旁路到 AGND。为了省电，在转换时设置芯片为低电流工作模式。在低功耗方式下，接口都有效，可以读转换结果，并且输入过压保护也都有效。在写操作时，器件返回正常工作状态。$\overline{SHDN}$脚接低电平时，是硬件控制的低功耗方式，此时器件停止转换。在 STBYPD 低功耗模式下，基准缓冲器保持有效，在 REF

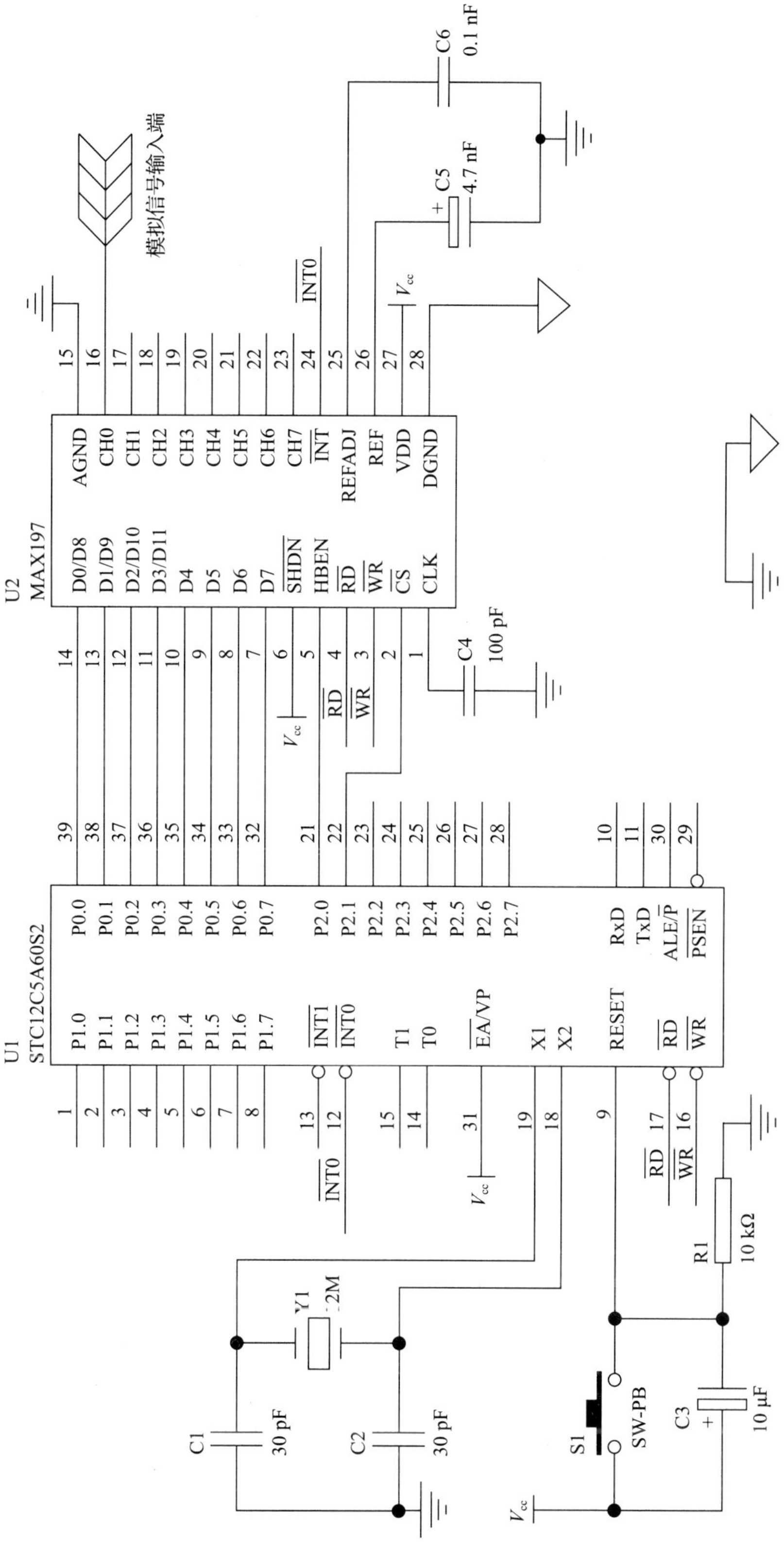

图 6.33 MAX197 与单片机之间的硬件接口

脚的 4.7 μF 电容可维持电压。因此在这种方式下,可以采用任何采样速率而不必考虑启动延迟。电源复位上电时,置 $\overline{\text{INT}}$ 为高电平,并置器件为外部时钟模式。

MAX197 的 A/D 转换由写操作启动。它选择多路转换器通道,并把 MAX197 输入范围设置为单极性或双极性;写脉冲($\overline{\text{WR}}+\overline{\text{CS}}$)或者开始一个采集周期,或者启动一个采集与变换的组合;采样信号发生在采集时间的末尾;在变换期间写一个新的控制字节将使变换终止并开始一次新的采集周期;采用外部采集定时方式。芯片地址定为 FDFFH,输入量程选为 0～5 V。由于 MAX197 的时钟范围在 0～2 MHz,采用内部时钟工作,选用内部基准电压,内部采集方式;选择 STBYPD 低功耗工作方式。编程要求将 8 路模拟输入信号依次采集一遍,在此采用等待查询方式,ad_signal 为 A/D 转换完毕标志位,为 1 则转换完毕。软件充分考虑 MAX197 的工作时序,需要考虑采集时间和变换时间及各控制信号之间的时序关系。程序流程如图 6.34 所示。

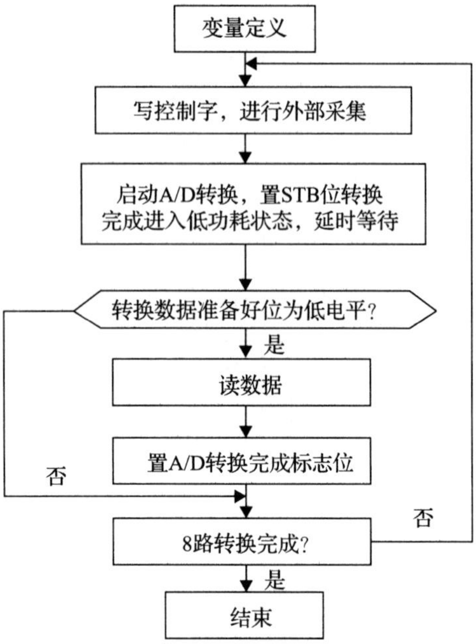

图 6.34　MAX197 程序流程

6.5.2　D/A 转换器

D/A 转换器又称数模转换器(DAC,digital to analog converter),它是一种将二进制数字量形式的离散信号转换成以参考量为基准的模拟量的转换器。D/A 转换器的应用十分广泛,一方面应用在自动测控系统中,将微处理器的数字信号转换成模拟信号,驱动执行机构工作;另一方面是作为波形发生器,产生方波、三角波和锯齿波等。如图 6.35 所示,D/A 转换器内部电路的构成通常没有太大的差异,一般按它转换后输出的是电流还是电压、能否进行乘法运算等将其分为电压输出型、电流输出型、乘算型和移位 D/A 转换器。

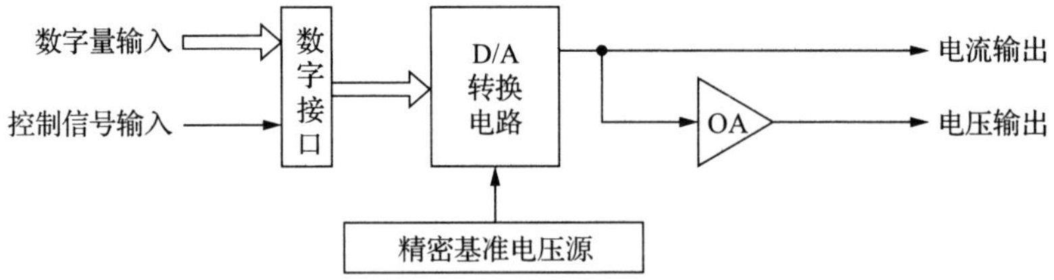

图 6.35　D/A 转换器在自动测控系统应用

大多数 D/A 转换器的内部都是由电阻网络和模拟电子开关(电流开关或电压开关)组成的。在进行 D/A 转换时,它会根据数字接口输入的数字值来切换电子开关,从而产生正比于输入的电流或电压输出。一般来说,电流开关有切换误差小的优势,因而大多数 ADC 都采用电流开关型电路。电流开关型电路若通过电阻网络直接输出生成的电流,就是电流输出型 DAC。同理,电压开关型电路若通过电阻网络直接输出生成的电压,就是电压输出型 DAC。

电压输出型 DAC。通常,电压输出型 DAC(如 TLC5620)会采用内置输出放大器以低阻抗的形式输出,当然也有直接通过电阻网络输出电压的。直接输出电压的 DAC 仅用于高阻抗负载，由于转换过程没有输出放大器部分的延迟，故常作为高速 DAC 使用。

电流输出型 DAC。电流输出型 DAC（如 THS5661A）很少直接利用其输出电流，大多都会外接电流-电压转换电路转换为电压输出。具体的转换方法有 2 种：一种是只在输出引脚上接负载电阻转换；另一种是外接运算放大器转换。用负载电阻进行电流-电压转换的方法，虽然可以实现在电流输出引脚上出现电压，但必须保证该电压值在规定的输出电压范围内，而且使用这种方式的输出阻抗比较高，所以一般会外接运算放大器使用。如果外接运算放大器实现电流-电压的转换，则电路的构成基本与内置放大器的电压输出型 DAC 相同，由于在 DAC 的电流建立时间上加入了运算放大器的延迟，其响应速度会变慢。

乘算型 DAC。如 AD7533，在 DAC 内部有使用恒定基准电压的，也有在基准电压上加交流信号的。这种在基准电压上加交流信号的 DAC 能输出数字输入和基准电压输入相乘的结果，因而称为乘算型 DAC。乘算型 DAC 不仅可以进行乘法运算，而且可以用作输入信号数字化衰减的衰减器及对输入信号进行调制的调制器。

移位 DAC。移位 DAC 与前几种 DAC 的转换方式都不同，它是将输入的数字值转换为脉冲宽度或频率调制输出，然后用数字滤波器作平均化而得到一般的电压输出（又称位流方式），这种 DAC 通常用于音频等场合。

另外，按照数字信号的输入方式也可将 DAC 分为串行 DAC 和并行 DAC。

（1）D/A 转换器的主要技术指标　D/A 转换器的技术指标有分辨率、转换精度、温度系数、建立时间和电源敏感度等。这里主要介绍分辨率、转换精度这 2 个最常用的技术指标。

①分辨率（resolution）。分辨率理论上定义为最小输出电压（对应的输入数字量仅最低位为 1）与最大输出电压（对应的数字量各位都为 1）之比。分辨率越高，转换时最小数字输入量对应输出的模拟信号值越小，也就越灵敏。通常使用数字输入量的位数来表示分辨率。

例如，8 位 D/A 转换器 DAC0832 的分辨率为 8 位，10 位单片集成 D/A 转换器 AD7522 的分辨率为 10 位，16 位单片集成 D/A 转换器 AD1147 的分辨率为 16 位。

②转换精度（accuracy）。DAC 的转换精度表明了 D/A 转换的精确程度，分为绝对精度和相对精度。

DAC 的绝对精度（absolute accuracy）也称绝对误差，指的是在数字输入端口输入指定的代码时，在其输出端口实际测得的模拟值（电压或电流）与相应的理论输出值之差。它是由 D/A 转换的增益误差、零点误差、线性误差和噪声等综合因素引起的。

DAC 的相对精度（relative accuracy）指的是满量程值校准以后，任何一个数字输入的模拟输出值与它的理论输出值之差。在 DAC 的数据图表中，精度特性一般是以满量程电压（满度值）V_{FS}的百分数或以最低有效位 LSB 的分数形式给出的，有时以二进制数的形式给出。

精度±0.1%指的是最大误差为 V_{FS}的±0.1%。例如，满度值为 10 V 时，最大误差为：

$$V_E = 10\ \text{V} \times (\pm 0.1\%) = \pm 10\ \text{mV}$$

而 n 位 DAC 的精度为±1/2 LSB，指的是最大可能误差为：

$$V_E = \pm \frac{1}{2} \times \frac{1}{2^n} V_{FS} = \pm \frac{1}{2^{n+1}} V_{FS}$$

值得注意的是，转换精度和分辨率是 2 个截然不同的参数。分辨率取决于转换器的位数，而精度则取决于构成转换器的各部件的精确程度和稳定性。

（2）DAC0832 简介　DAC0832 是内部带有数据输入寄存器和 R-2RT 形电阻解码网络的 8 位 D/A 转换器。DAC0832 以其价格低廉、接口简单、转换控制容易等优点，在单片机应用系统中得到广泛应用。如图 6.36 所示，DAC0832 内部由两级缓冲寄存器（1 个 8 位输入寄存器和 1 个 8 位 DAC 寄存器）、1 个 D/A 转换器（R-2RT 形电阻解码网络）和转换控制电路组成。注意，图中的 8 位输入寄存器由信号线 LE1 控制，8 位 DAC 寄存器由信号线 LE2 控制；而 LE1 是由 ILE、$\overline{\text{CS}}$、$\overline{\text{WR1}}$ 3 个控制引脚控制的，LE2 是由 $\overline{\text{WR2}}$、$\overline{\text{XFER}}$ 2 个控制引脚控制的。

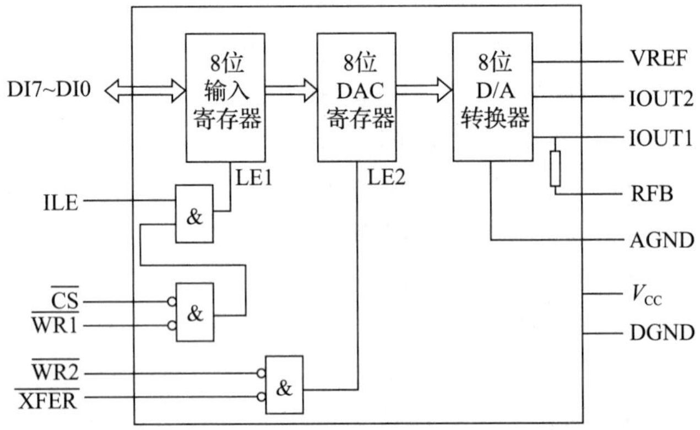

图 6.36　DAC0832 的内部结构

DAC0832 的主要特性：

①2 路电流输出型 D/A 转换器。

②分辨率为 8 位，并行输入。

③输入数据的逻辑电平与 TTL 电平兼容。

④可以与微处理器直接连接。

⑤数字量输入有直通、单缓冲和双缓冲 3 种方式。

⑥满量程误差为±1 LSB。

⑦电流稳定时间为 1 μs。

⑧增益温度系数为 0.0002% FS/℃。

⑨参考电压为±10 V。

⑩单电源电压为 5～15 V DC。

⑪低功耗，约 20 mW。

DAC0832 的外观及引脚定义如下。

双列直插式 8 位 D/A 转换器 DAC0832 共有 20 根引脚，其外观及引脚定义如图 6.37 所示。

①控制信号引脚。

CS（chip select）：片选信号，低电平有效。

ILE（input latch enable）：输入寄存器使能信号，高电平有效。

$\overline{\text{WR1}}$（write 1）：第 1 写信号，即输入寄存器的写选通信号，低电平有效。该引脚上的信号用来控制输入数据是否被写入输入寄存器，不过该控制信号要配合 $\overline{\text{CS}}$、ILE 一起使用。也就是说，当 ILE 为高电平、$\overline{\text{CS}}$ 和 $\overline{\text{WR1}}$ 同为低电平时，输入的数据才能被实时写入输入寄存器；当 $\overline{\text{WR1}}$ 变为高电平时，输入寄存器被锁存，输入寄存器的值将不再随输入数据的变化而变化。

$\overline{\text{WR2}}$（write 2）：第 2 写信号，即 DAC 寄存器的写选通信号，低电平有效。$\overline{\text{WR2}}$ 有效时，将锁存在输入寄存器中的数据送到 8 位 DAC 寄存器中。该控制信号必须配合 $\overline{\text{XFER}}$ 使用。

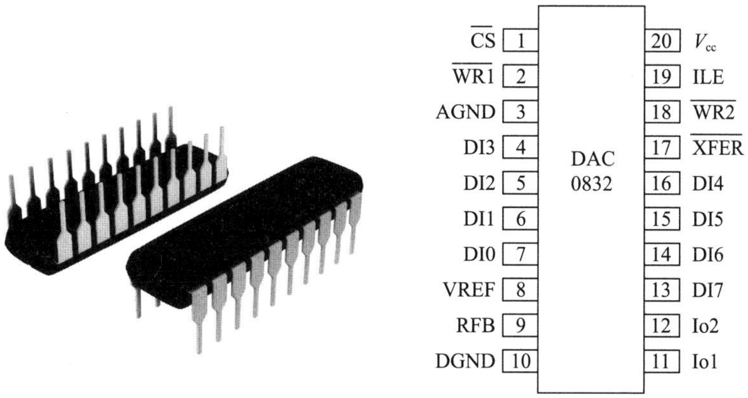

图 6.37　DAC0832 的外观及引脚定义

$\overline{\text{XFER}}$(transfer control signal)：数据传送控制信号，低电平有效。

对 8 位 DAC 寄存器来说，其锁存控制信号由 $\overline{\text{WR2}}$ 和 $\overline{\text{XFER}}$ 的组合产生。当 $\overline{\text{WR2}}$ 和 $\overline{\text{XFER}}$ 同为低电平时，才能将输入寄存器中的数据写入 DAC 寄存器；当 $\overline{\text{WR2}}$ 或 $\overline{\text{XFER}}$ 中的一个为高电平时，将锁存 DAC 寄存器，也就是 DAC 寄存器不随输入寄存器输出的变化而变化。因此，DAC0832 形成以下 3 种工作方式。

直通方式：LE1 和 LE2 一直为高电平，数据可以直接进入 D/A 转换器。

单缓冲方式：LE1 或 LE2 中的一个一直为高电平，只控制一级寄存器。

双缓冲方式：不让 LE1、LE2 中的任何一个一直为高电平，控制两级寄存器。控制 LE1 从高变低，DI7～DI0 数据存入输入寄存器；控制 LE2 从高变低，数据存入 DAC 寄存器，同时开始 D/A 转换。

②其他引脚。

DI7～DI0(digital inputs)：8 位数字量输入引脚，其中 DI0 是最低位(LSB)，DI7 是最高位(MSB)。

I_{OUT1}(DAC current output 1)：第 1 模拟电流输出引脚，它是逻辑电平为“1”的各位输出电流之和。当 DI7 ～DI0 各位均为“1”时，I_{OUT1} 取最大值；当 DI7 ～ DI0 各位均为“0” 时，I_{OUT1} 为最小值。

I_{OUT2}(DAC current output 2)：第 2 模拟电流输出引脚，它是逻辑电平为“0”的各位输出电流之和。$I_{OUT1}+I_{OUT2}=$常量，该常量约为 330 μA。

R_{FB}(feedback resistor)：反馈电阻引出引脚。DAC0832 内部有反馈电阻，通过该引脚与外部运算放大器配合构成 I/U 转换器，可以提供电压输出。

V_{REF}(reference voltage input)：参考电压输入引脚，输入电压范围为－10～10 V，要求电压精确、稳定性好。

V_{CC}(digital supply voltage)：芯片的供电电源，电压范围为 5～15 V。

AGND(analog ground)：模拟地，模拟电路接地引脚。

DGND(digital ground)：数字地，数字电路接地引脚。

DAC0832 的输出分为单极性输出和双极性输出 2 种。图 6.38 所示 DAC0832 实现单极性电压输出的连接示意图。单极性输出时，内部反馈电阻的阻值 R_{FB} 等于梯形电阻网络的 R

值,因而输出电压的计算公式为:

$$V_{OUT} = -I_{OUT}R_{FB} = -\frac{V_{REF}D}{R_{FB}2^8}R_{FB} = -\frac{D}{2^8}V_{REF}$$

图 6.39 所示是 DAC0832 实现双极性电压输出的连接示意图。选择 $R_2 = R_3 = 2R_1$,则输出电压的计算公式为:

$$V_{OUT2} = -(2V_{OUT1} + V_{REF}) = -\left[2\left(-\frac{D}{256}\right)V_{REF} + V_{REF}\right] = \left(\frac{D-128}{128}\right)V_{REF}$$

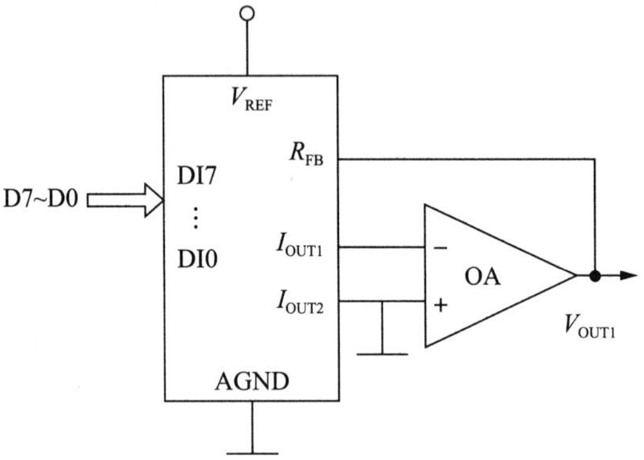

图 6.38　DAC0832 单极性输出电路

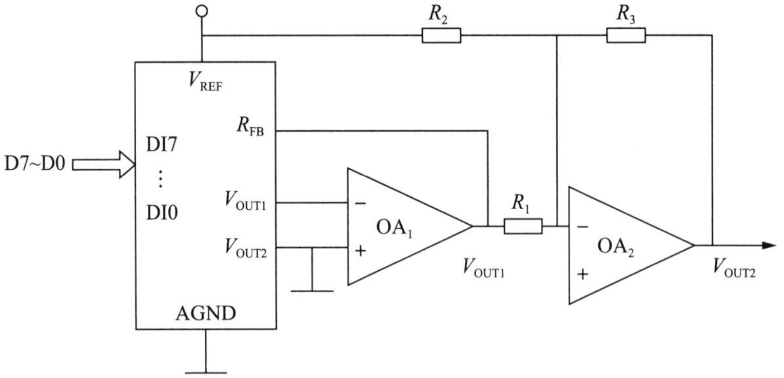

图 6.39　DAC0832 双极性输出电路

上述 2 个计算公式中,D 代入的值都是 DI 输入数字量的十进制值。数字量在单极性时,采用二进制码;在双极性时,采用偏移码。

例:单片机与 DAC0832 单缓冲方式接口电路如图 6.40 所示,单片机的 P2.0 脚控制 DAC0832 的 $\overline{CS}$ 脚,P2.1 控制 $\overline{WR1}$ 端。当 P2.0 脚为低电平时,如果 $\overline{WR}$ 同时有效,单片机就会把数字量通过 P1 口送入 DAC0832 的 DI7～DI0 端,并转换输出。用虚拟直流电压表测量经运放 LM358N 的 I/U 转换后的电压值,并观察输出电压的变化。在仿真运行后可看到,虚拟直流电压表测量的输出电压在－2.5～0 V(参考电压为 2.5 V)范围内不断线性变化。如果参考电压为 5 V,则输出电压在－5～0 V 范围内变化。

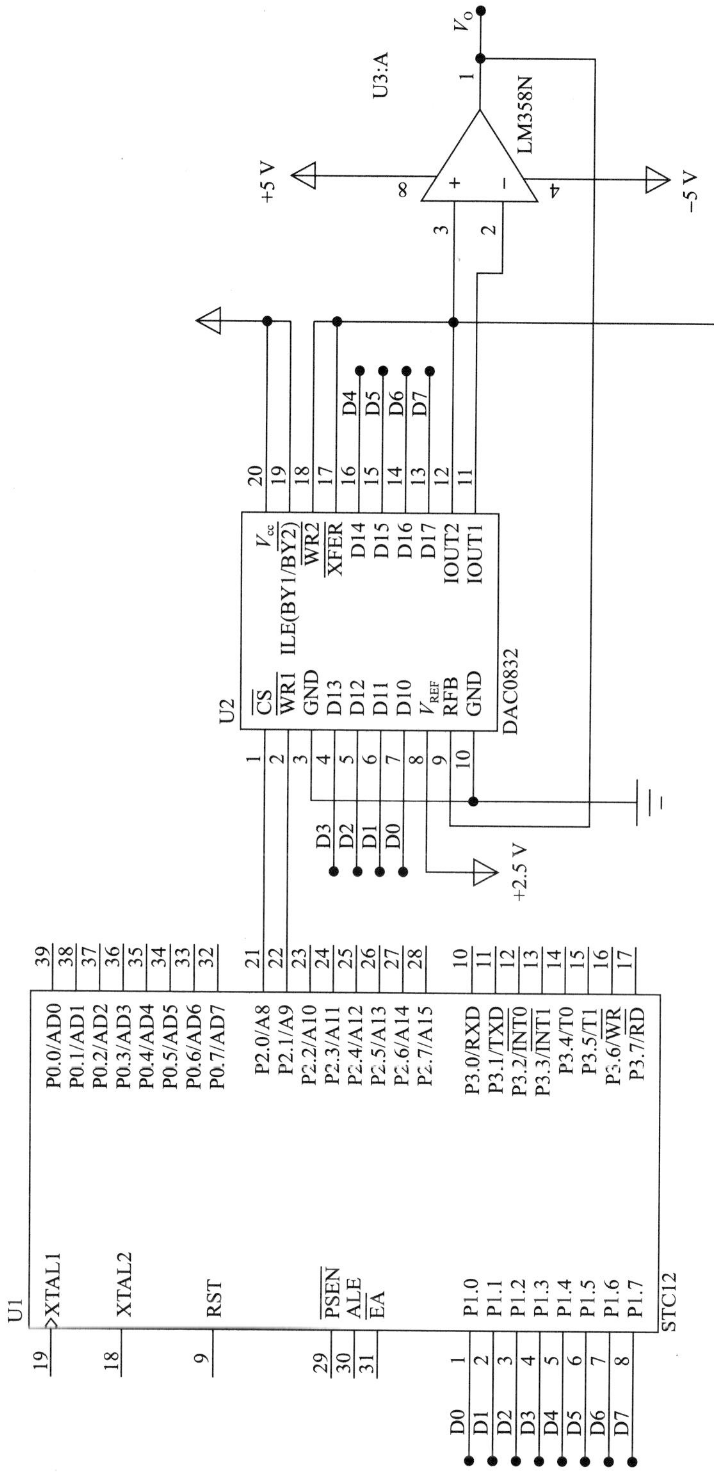

图 6.40 单片机与 DAC0832 单缓冲方式接口电路

参考程序如下：

```
# include "reg51.h"
# defineuchar unsigned char
# defineuint unsigned int
# define out P1
sbit DAC cs = P2^0;
sbit DAC wr = P2^1;
void main(void)    //主函数
{
    uchar temp,i = 255;
    while(1)
    {
    out = temp;
    DAC cs = 0; //单片机控制 CS 脚为低电平
    DAC wr = 0; //单片机控制 WR1 脚为低电平,向 DAC 写入转换的数字量
    DAC cs = 1;
    DAC wr = 1;
    temp ++ ;
    while( -- i);   //i 先减 1,然后再使用 i 的值
    while( -- i);
    while( -- i);
    }
}
```

第7章 常用串行总线

并行总线扩展技术是单片机系统重要的扩展技术，除并行总线扩展技术之外，近年又出现了几种串行总线扩展技术。单片机的串行扩展技术与并行扩展技术相比具有显著的优点，串行接口器件与单片机接口时需要的I/O口线很少(仅需1～4条)，串行接口器件体积小，因而占用电路板的空间小，仅为并行接口器件的10%，明显减少电路板空间和成本。

除上述优点，串行扩展技术还有工作电压宽、抗干扰能力强、功耗低、数据不易丢失等特点。串行扩展技术在IC卡、智能仪器仪表以及分布式控制系统等领域得到广泛应用。

常用的串行扩展技术有Philips公司的I^2C串行总线接口、Dallas公司的单总线(1-Wire)接口、Motorola公司的SPI串行外设接口以及Microwire总线三线同步串行接口。

本章重点介绍STC12系列单片机单总线串行扩展技术、SPI接口扩展技术和I^2C总线扩展技术。

7.1 单总线串行扩展

单总线及相应芯片是美国Dallas公司近年推出的新技术，也称为1-Wire总线结构。单总线系统定义了一根信号线，总线上的每个器件都能够在合适的时间驱动它，相当于把计算机的地址线、数据线、控制线合为一根信号线对外进行数据交换而不需时钟同步线。目前，已有多种器件选用单总线结构，如A/D转换器、D/A转换器、温度传感器等。

单总线技术作用距离在单片机I/O直接驱动下可达200 m，经扩展可达1 000 m以上。使用单总线结构可以大大简化电路设计，节约引脚的使用，允许挂上百个器件，能满足一般测控系统的要求，如环境状态检测系统、实时气象监测系统(自动气象站)、军用仓库测控系统、农业塑料大棚测控系统、宾馆楼宇监管系统、停车收费系统、考勤管理系统等领域的应用开发。单总线的数据传输有2种模式，通常以16.3 kb/s的速率通信，超速模式可达142 kb/s。因此，只能用于对速度要求不高的场合，一般用于100 kb/s以下速率的测控或数据交换系统。

7.1.1 单总线串行扩展结构

单总线只有一根数据线，设备、主机或从机通过一个漏极开路或三态端口连接至该数据线，这样允许设备在不发送数据时释放数据总线，以便总线被其他设备所使用。单总线端口为漏极开路，其内部等效电路如图7.1所示。

单总线要求外接一个约5 kΩ的上拉电阻，以满足单总线的闲置状态为高电平的要求。不管什么原因，如果传输过程需要暂时挂起，且要求传输过程还能够继续的话，则总线必须处于空闲状态。位传输之间的恢复时间没有限制，只要总线在恢复期间处于空闲状态(高电平)，如果总线保持低电平超过480 μs，总线上的所有器件将复位。另外，在寄生方式供电时，为了保证单总线器件在某些工作状态下(如温度转换期间 E^2PROM 写入等)具有足够的电源电流，必须在总线上提供强上拉电阻(如图 7.1 所示的 MOSFET)。

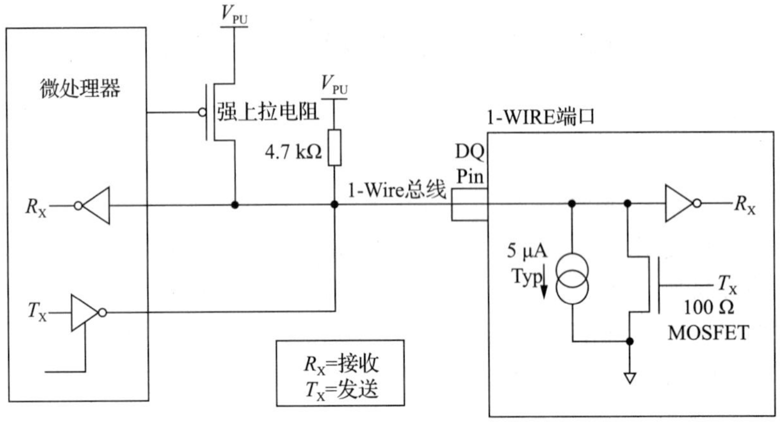

图 7.1　单总线结构示意图

(1)命令序列　单片机系统中配置的各种器件，由 Dallas 公司提供专用芯片。每个芯片都有 64 位 ROM，从最低位开始，前 8 位是族码，表示产品的分类编号；接着的 48 位是一个唯一的序列号；最后 8 位是 CRC 校验码。典型的单总线初始化时序图如图 7.2 所示。

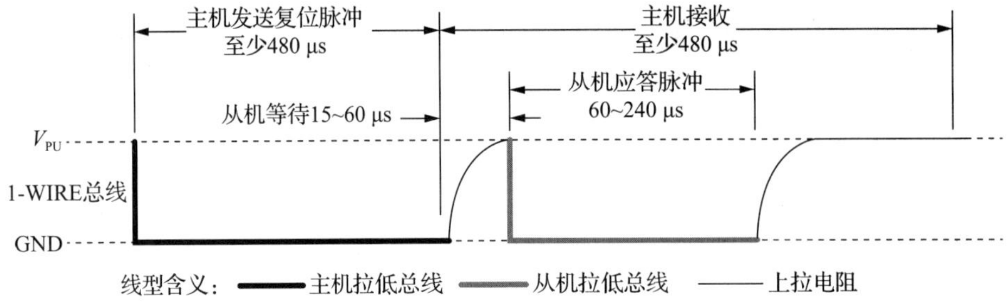

图 7.2　单总线初始化时序图

①初始化。初始化过程由主机发出的复位脉冲和从机响应的应答脉冲组成。应答脉冲使主机知道总线上有从机设备且准备就绪。

②ROM 命令。读 ROM 命令、匹配 ROM 命令、搜索 ROM 命令、报警搜索命令、跳跃 ROM 命令。这些命令与各个从机设备的唯一 64 位 ROM 相关，允许主机在单总线上连接多个从机设备时，指定操作某个从机设备，还允许主机能够检测到总线上有多少个从机设备以及其设备类型。

③功能命令(以 DS18B20 为例)。在主机发出 ROM 命令后，可以访问某个指定的 DS18B20，接着就可以发出支持的某个功能命令，这些命令允许主机写入或读出 DS18B20 暂存器、启动温度转换以及判断从机的供电方式。

(2)信号方式　所有的单总线器件要求采用严格的通信协议，以保证数据的完整性。该协议定义了几种信号类型：复位脉冲、应答脉冲、写 0、写 1、读 0 和读 1。所有这些信号，除了应答脉冲以外，都由主机发出同步信号，并且发送所有的命令和数据都是字节的低位在前，这一点与多数串行通信格式不同，多数串行通信格式为字节的高位在前。

①初始化序列(复位和应答脉冲)。单总线上的所有通信都是以初始化序列开始的,包括主机发出的复位脉冲及从机响应的应答脉冲。当从机发出响应主机的应答脉冲时,即向主机表明它处于总线上,且工作准备就绪。在主机初始化过程中,主机通过拉低单总线至少 48 μs,以产生(T_x)复位脉冲。接着,主机释放总线,并进入接收模式(R_x)。当总线被释放后 5 kΩ 上拉电阻将单总线拉高,在单总线器件检测到上升沿后,延时 15～60 μs,接着通过拉低总线 60～240 μs,以产生应答脉冲。

②读/写时隙。在写时隙期间,主机向单总线器件写入数据,而在读时隙期间,主机读入来自从机的数据,在每一个时隙,总线只能传输一位数据。存在 2 种写时隙,写 1 和写 0。主机采用写 1 时隙向从机写入 1,而采用写 0 时隙向从机写入 0。所有写时隙至少需要 60 μs,且在 2 次独立的写时隙之间至少需要 1 μs 的恢复时间。2 种写时隙均起始于主机拉低总线。

产生写 1 时隙的方式:主机在拉低总线后,接着必须在 15 μs 之内释放总线,由 5 kΩ 上拉电阻将总线拉至高电平;

产生写 0 时隙的方式:在主机拉低总线后,只需在整个时隙期间保持低电平即可(至少 60 μs)。

在写时隙起始后 15～60 μs,单总线器件采样总线电平状态,如果在此期间采样为高电平,则逻辑 1 被写入该器件;如果为 0,则写入逻辑 0。

单总线器件仅在主机发出读时隙时,才向主机传输数据,所以,在主机发出读数据命令后,必须马上产生读时隙,以便从机能够传输数据。所有读时隙至少需要 60 μs,且在 2 次独立的读时隙之间至少需要 1 μs 的恢复时间。每个读时隙都由主机发起,至少拉低总线 1 μs。在主机发起读时隙之后,单总线器件才开始在总线上发送 0 或 1。若从机发送 1,则保持总线为高电平;若发送 0,则拉低总线。当发送 0 时,从机在该时隙结束后释放总线,由上拉电阻将总线拉回空闲高电平状态。从机发出的数据在起始时隙之后,保持有效时间 15 μs,因而,主机在读时隙期间必须释放总线,并且在时隙起始后的 15 μs 之内采样总线状态。

主机读/写时隙的时序示意图如图 7.3 所示。

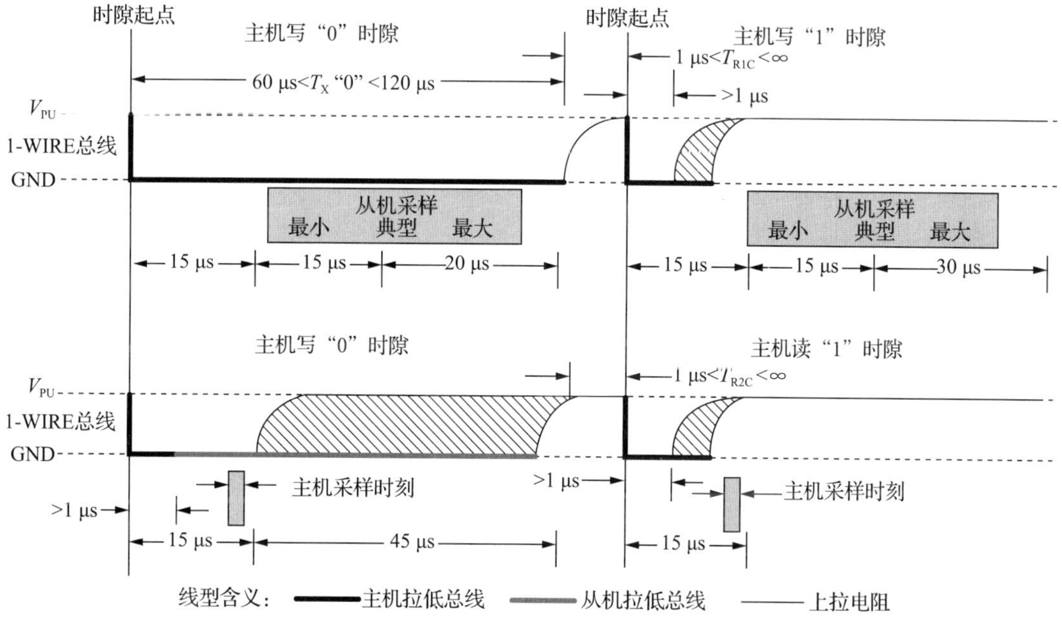

图 7.3 主机读/写时隙的时序示意图

7.1.2 单总线串行扩展实例（DS18B20）

DS18B20 是常用的数字温度传感器，其输出的是数字信号，具有体积小、硬件开销低、抗干扰能力强、精度高的特点。DS18B20 数字温度传感器接线方便，封装后可应用于多种场合，如管道式、螺纹式、磁铁吸附式、不锈钢封装式，型号多种多样，有 LTM8877、LTM8874 等。

(1)DS18B20 内部结构　DS18B20 主要由 4 部分组成：温度传感器、64 位 ROM、非挥发的温度报警触发器 TH 和 TL、配置寄存器。图 7.4 为 DS18B20 的内部结构图。

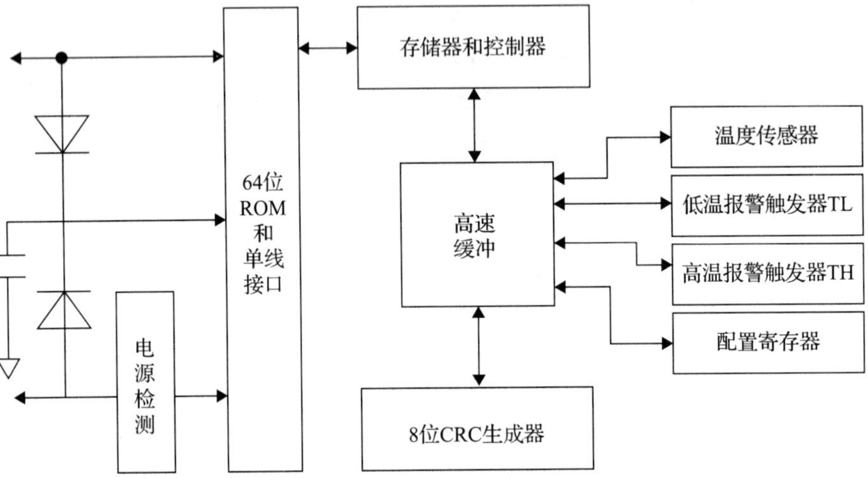

图 7.4　DS18B20 的内部结构图

DS18B20 测量范围比较广，适用于日常大多数对温度测量的要求。每一个 DS18B20 在生产时都会分配不会重复的序列号，作用是使每一个 DS18B20 都有区分度，让单片机可以分辨出每一个 DS18B20 发出的信息，而不会发生混乱。因此一条总线上可以依据需求同时连接多个传感器，单片机不会接收到混乱的数据，所以可以减少在单片机上的接口，方便以后维修。其抗干扰能力强，可以在复杂电磁环境下使用。因为 DS18B20 输出的是数字信号，能够直接被单片机识别，所以接线简单，维护也十分方便。

(2)DS18B20 与单片机接线图　如图 7.5 所示，因为是单总线结构，所以 DS18B20 与单片机之间只有一根接线，即引脚 DQ。本示例中，将 DQ 引脚与单片机的 P3.3 引脚相连接，对应地接上电源正负极。

图 7.5　DS18B20 与单片机接线图

(3)DS18B20 温度读取流程图　图 7.6 为 DS18B20 温度函数读取流程。

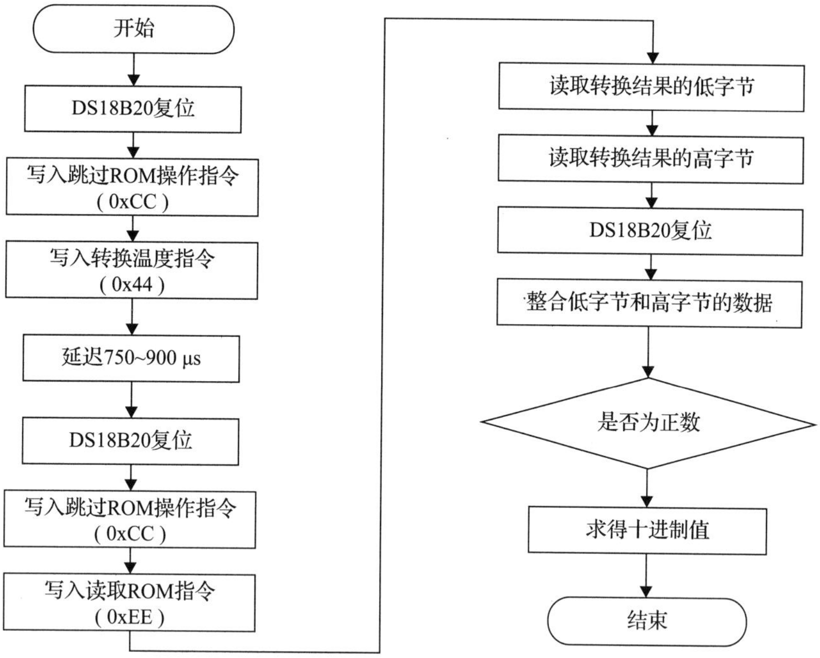

图 7.6　DS18B20 温度函数读取流程

(4)温度传感器 DS18B20 测试程序

①汇编语言程序。

```
;****************************************
;温度传感器 DS18B20 测试程序
;主芯片：STC12C5A60S2 (1T)
;工作频率：12.000MHz
;****************************************
DQ   BIT P3.3                ;DS18B20 的数据口位 P3.3
TPH DATA 20H                 ;存放温度值的高字节
TPL DATA 21H                 ;存放温度值的低字节
    ORG 0
    JMP Reset
    ORG 100H
Reset:
    CALL DS18B20_Reset       ;设备复位
    MOV A,# 0CCH             ;跳过 ROM 命令
    CALL DS18B20_WriteByte;送出命令
    MOV A,# 044H             ;开始转换
    CALL DS18B20_WriteByte;送出命令
    JNB DQ, $                ;等待转换完成
```

```
    CALL DS18B20_Reset          ;设备复位
    MOV A,# 0CCH                ;跳过 ROM 命令
    CALL DS18B20_WriteByte      ;送出命令
    MOV A,# 0BEH                ;读暂存存储器
    CALL DS18B20_WriteByte      ;送出命令
    CALL DS18B20_ReadByte       ;读温度低字节
    MOV TPL,A                   ;存储数据
    CALL DS18B20_ReadByte       ;读温度高字节
    MOV TPH,A                   ;存储数据
    JMP $
;*****************************************
;延时 X 微秒(STC12C5A60S2@12M)
;不同的工作环境,需要调整此函数
;入口参数:R7
;出口参数:无
;*****************************************
DelayXus:                   ;6 此延时函数使用 1T 的指令周期进行计算,与传统的
12T 的 MCU 不同
    NOP                     ;1
    NOP                     ;1
    NOP                     ;1
    NOP                     ;1
    NOP                     ;1
    NOP                     ;1
    NOP                     ;1
    NOP                     ;1
    DJNZ R7,DelayXus        ;4
    RET                     ;4
;*****************************************
;复位 DS18B20,并检测设备是否存在
;入口参数:无
;出口参数:无
;*****************************************
DS18B20_Reset:
    CLR DQ                      ;送出低电平复位信号
    MOV R7,# 240                ;延时至少 480 μs
    CALL DelayXus
    MOV R7,# 240
    CALL DelayXus
```

```
    SETB DQ                    ;释放数据线
    MOV R7,# 60                ;等待 60μs
    CALL DelayXus
    MOV C,DQ                   ;检测存在脉冲
    MOV R7,# 240               ;等待设备释放数据线
    CALL DelayXus
    MOV R7,# 180
    CALL DelayXus
    JC DS18B20_Reset           ;如果设备不存在,则继续等待
    RET
; ****************************************
;从 DS18B20 读 1 字节数据
;入口参数:无
;出口参数:ACC
; ****************************************
DS18B20_ReadByte:
    CLR A
    PUSH 0
    MOV 0,# 8                  ;8 位计数器
ReadNext:
    CLR DQ                     ;开始时间片
    MOV R7,# 1                 ;延时等待
    CALL DelayXus
    SETB DQ                    ;准备接收
    MOV R7,# 1
    CALL DelayXus
    MOV C,DQ                   ;读取数据
    RRC A
    MOV R7,# 60                ;等待时间片结束
    CALL DelayXus
    DJNZ 0,ReadNext
    POP 0
    RET
; ****************************************
;向 DS18B20 写 1 字节数据
;入口参数:ACC
;出口参数:无
; ****************************************
```

```
DS18B20_WriteByte:
    PUSH 0
    MOV 0,# 8                  ;8 位计数器
WriteNext:
    CLR DQ                     ;开始时间片
    MOV R7,# 1                 ;延时等待
    CALLDelayXus
    RRC A                      ;输出数据
    MOV DQ,C
    MOV R7,# 60                ;等待时间片结束
    CALLDelayXus
    SETB DQ                    ;准备送出下一位数据
    MOV R7,# 1
    CALL DelayXus
    DJNZ 0,WriteNext
    POP 0
    RET
    END
```

②C 语言程序。

```
/ ****************************************
温度传感器 DS18B20 测试程序
主芯片   : STC12C5A60S2 (1T)
工作频率: 12.000MHz
****************************************/
# include "REG51.H"
# include "INTRINS.H"
typedef unsigned char BYTE;
sbit DQ = P3^3;                        //DS18B20 的数据口位 P3.3
BYTE TPH;                              //存放温度值的高字节
BYTE TPL;                              //存放温度值的低字节
void DelayXus(BYTE n);
void DS18B20_Reset();
void DS18B20_WriteByte(BYTEdat);
BYTE DS18B20_ReadByte();
voidmain()
{
```

```
    DS18B20_Reset();                    //设备复位
    DS18B20_WriteByte(0xCC);            //跳过 ROM 命令
    DS18B20_WriteByte(0x44);            //开始转换命令
    while(!DQ);                         //等待转换完成
    DS18B20_Reset();                    //设备复位
    DS18B20_WriteByte(0xCC);            //跳过 ROM 命令
    DS18B20_WriteByte(0xBE);            //读暂存存储器命令
    TPL = DS18B20_ReadByte();           //读温度低字节
    TPH = DS18B20_ReadByte();           //读温度高字节
    while (1);
}
/***************************************
延时 X 微秒(STC12C5A60S2@12M)
不同的工作环境,需要调整此函数
此延时函数使用 1T 的指令周期进行计算,与传统的 12T 的 MCU 不同
***************************************/
void DelayXus(BYTE n)
{
    while (n--)
    {
        _nop_();
        _nop_();
    }
}

/***************************************
复位 DS18B20,并检测设备是否存在
***************************************/
void DS18B20_Reset()
{
    CY = 1;
    while (CY)
    {
        DQ = 0;                         //送出低电平复位信号
        DelayXus(240);                  //延时至少 480 μs
        DelayXus(240);
        DQ = 1;                         //释放数据线
        DelayXus(60);                   //等待 60 μs
```

```
        CY = DQ;                          //检测存在脉冲
        DelayXus(240);                    //等待设备释放数据线
        DelayXus(180);
    }
}
/****************************************
从 DS18B20 读 1 字节数据
****************************************/
BYTE DS18B20_ReadByte()
{
    BYTEi;
    BYTEdat = 0;
    for (i = 0; i<8; i++)                 //8 位计数器
    {
        dat >> = 1;
        DQ = 0;                           //开始时间片
        DelayXus(1);                      //延时等待
        DQ = 1;                           //准备接收
        DelayXus(1);                      //接收延时
        if (DQ)dat |= 0x80;               //读取数据
        DelayXus(60);                     //等待时间片结束
    }
    return dat;
}
/****************************************
向 DS18B20 写 1 字节数据
****************************************/
void DS18B20_WriteByte(BYTE dat)
{
    chari;
    for (i = 0; i<8; i++)                 //8 位计数器
    {
        DQ = 0;                           //开始时间片
        DelayXus(1);                      //延时等待
        dat >> = 1;                       //送出数据
        DQ = CY;
        DelayXus(60);                     //等待时间片结束
        DQ = 1;                           //恢复数据线
```

```
    DelayXus(1);                    //恢复延时
    }
}
```

7.2 SPI 接口扩展

7.2.1 SPI 接口扩展结构

STC12 系列单片机还提供另一种高速串行通信接口——SPI 接口。SPI 是一种全双工、高速、同步的通信总线，有 2 种操作模式：主模式和从模式。在主模式中支持高达 3 Mb/s 的速率(工作频率为 12 MHz 时，如果 CPU 主频采用 20～36 MHz，则可更高；从模式时速度无法太快，SYSclk/8 以内较好)，还具有传输完成标志和写冲突标志保护。

(1)与 SPI 功能模块相关的特殊功能寄存器　STC12C5A60S2 1 T 单片机 SPI 功能模块相关特殊功能寄存器有：SPI 控制寄存器 SPCTL、SPI 状态寄存器 SPSTAT、SPI 数据寄存器 SPDAT、将单片机的 SPI 功能从 P1 口设置到 P4 口的寄存器 AUXR1，接下来对这 4 个特殊功能寄存器加以介绍。

①SPI 控制寄存器 SPCTL。

SPCTL：SPI 控制寄存器(CEH)。

SFR 符号	地址	bit	B7	B6	B5	B4	B3	B2	B1	B0
SPCTL	CEH	name	SSIG	SPEN	DORD	MSTR	CPOL	CPHA	SPR1	SPR0

SSIG：$\overline{SS}$引脚忽略控制位。

SSIG = 1，MSTR(位 4)确定器件为主机还是从机。

SSIG = 0，$\overline{SS}$脚用于确定器件为主机还是从机，$\overline{SS}$脚可作为 I/O 口使用。

SPEN：SPI 使能位。

SPEN = 1，SPI 使能。

SPEN = 0，SPI 被禁止，所有 SPI 引脚都作为 I/O 口使用。

DORD：设定 SPI 数据发送和接收的位顺序。

DORD = 1，数据字的 LSB(最低位)最先发送。

DORD = 0，数据字的 MSB(最高位)最先发送。

MSTR：主/从模式选择位。

CPOL：SPI 时钟极性。

CPOL = 1，SCLK 空闲时为高电平，SCLK 的前时钟沿为下降沿而后沿为上升沿。

CPOL = 0，SCLK 空闲时为低电平，SCLK 的前时钟沿为上升沿而后沿为下降沿。

CPHA：SPI 时钟相位选择。

CPHA = 1，数据在 SCLK 的前时钟沿驱动，并在后时钟沿采样。

CPHA = 0，数据在$\overline{SS}$为低(SSIG = 0)时被驱动，在 SCLK 的后时钟沿被改变，并在前时钟沿被采样，SSIG = 1 时的操作未定义。

SPR1、SPR0:SPI 时钟频率选择位。SPI 的时钟频率与 SPR1、SPR0 之间的关系如表 7.1 所示。

表 7.1　SPI 时钟频率选择

SPR1	SPR0	时钟(SCLK)
0	0	CPU_CLK/4
0	1	CPU_CLK/8
1	0	CPU_CLK/16
1	1	CPU_CLK/32

注:CPU_CLK 是 CPU 时钟。

②SPI 状态寄存器 SPSTAT。

SPSTAT:SPI 状态寄存器(CDH)。

SFR 符号	地址	bit	B7	B6	B5	B4	B3	B2	B1	B0
SPSTAT	CDH	name	SPIF	WCOL	—	—	—	—	—	—

SPIF:SPI 传输完成标志。

当一次串行传输完成时,SPIF 置位,SPI 中断被打开[即 ESPI(IE2.1)和 EA(IE.7)都置位],则产生中断。SPI 处于主模式且 SSIG=0 时,如果 $\overline{SS}$ 为输入并被驱动为低电平,SPIF 也将置位"模式改变"。SPIF 标志通过软件向其写入"1"清 0。

WCOL:SPI 写冲突标志。

在数据传输的过程中如果对 SPI 数据寄存器 SPDAT 执行写操作,WCOL 将置位。WCOL 标志通过软件向其写入"1"清 0。

③SPI 数据寄存器 SPDAT。

SPDAT:SPI 数据寄存器(CFH)。

SFR 符号	地址	bit	B7	B6	B5	B4	B3	B2	B1	B0
SPDAT	CFH	name	—	—	—	—	—	—	—	—

SPDAT.7～SPDAT.0:传输的数据位 bit7～bit0。

④将单片机的 SPI 功能从 P1 口设置到 P4 口的寄存器 AUXR1。

辅助寄存器 1 的格式如下。

AUXR1:辅助寄存器 1(A2H)。

SFR 符号	地址	bit	B7	B6	B5	B4	B3	B2	B1	B0
AUXR1	A2H	name	—	PCA_P4	SPI_P4	S2_P4	GF2	ADRJ	—	DPS

PCA_P4:0,缺省 PCA 在 P1 口。

1,PCA/PWM 从 P1 口切换到 P4 口。

ECI 从 P1.2 切换到 P4.1 口。

PCA0/PWM0 从 P1.3 切换到 P4.2 口。

PCA1/PWM1 从 P1.4 切换到 P4.3 口。

SPI_P4:0,缺省 SPI 在 P1 口。

1,SPI 从 P1 口切换到 P4 口。

SPICLK 从 P1.7 切换到 P4.3 口。

MISO 从 P1.6 切换到 P4.2 口。

MOSI 从 P1.5 切换到 P4.1 口。

$\overline{SS}$从 P1.4 切换到 P4.0 口。

S2_P4:0,缺省 UART2 在 P1 口。

1,UART2 从 P1 口切换到 P4 口。

TxD2 从 P1.3 切换到 P4.3 口。

RxD2 从 P1.2 切换到 P4.2 口。

GF2:通用标志位。

ADRJ:0,10 位 A/D 转换结果的高 8 位放在 ADC RES 寄存器,低 2 位放在 ADC RESL 寄存器。

1,10 位 A/D 转换结果的最高 2 位放在 ADC_RES 寄存器的低 2 位,低 8 位放在 ADC_RESL 寄存器。

DPS:0,使用缺省数据指针 DPTR0。

1,使用另一个数据指针 DPTR1。

(2)SPI 接口的结构　STC12 系列单片机的 SPI 功能方框图如图 7.7 所示。

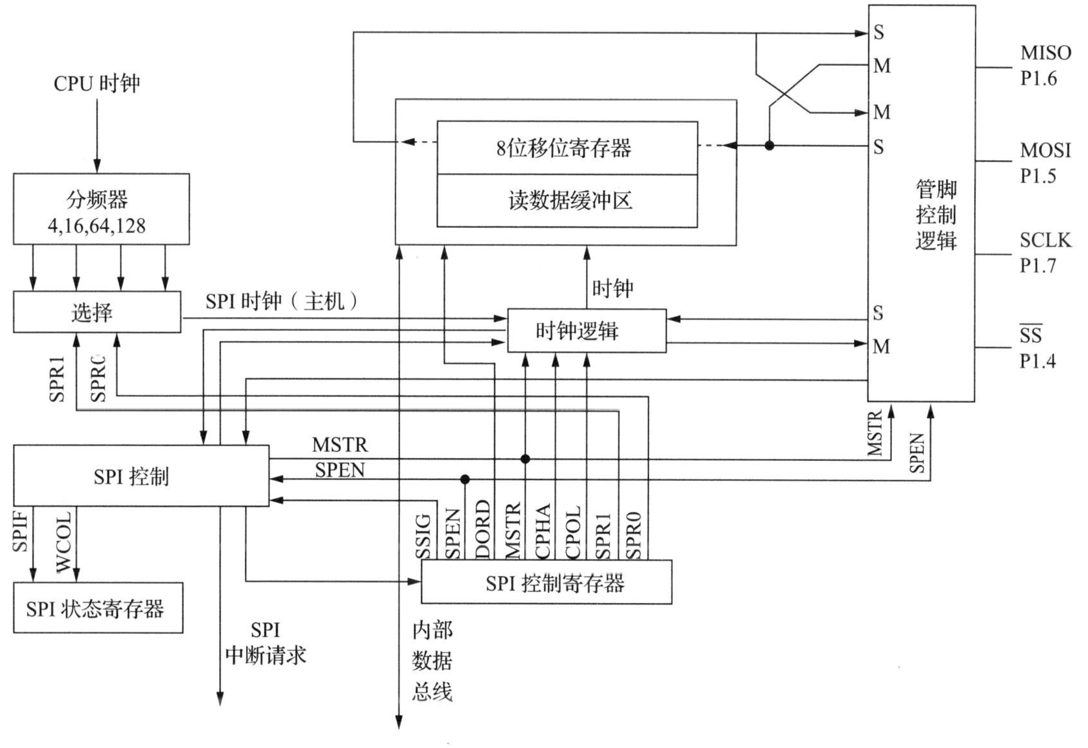

图 7.7　SPI 功能方框图

SPI 的核心是一个 8 位移位寄存器和数据缓冲器,数据可以同时发送和接收。在 SPI 数据的传输过程中，发送和接收的数据都存储在数据缓冲器。对于主模式，若要发送 1 字节数据，只需将这个数据写入 SPDAT 寄存器。主模式下 $\overline{SS}$ 信号不是必需的，但是在从模式下，必须在 $\overline{SS}$ 信号变为有效并接收到合适的时钟信号后，方可进行数据传输。在从模式下，如果一个字节传输完成后，$\overline{SS}$ 信号变为高电平，这个字节立即被硬件逻辑标记为接收完成，SPI 接口准备接收下一个数据。

（3）SPI 接口的数据通信　SPI 接口有 SCLK、MISO、MOSI 和 $\overline{SS}$ 4 个管脚，可在 3 组管脚之间进行切换。

MOSI（master out slave in，主出从入）：主器件的输出和从器件的输入，用于主器件到从器件的串行数据传输。当 SPI 作为主器件时，该信号是输出；当 SPI 作为从器件时，该信号是输入。数据传输时高位在先，低位在后。根据 SPI 规范，多个从机可以共享一根 MOSI 信号线。在时钟边界的前半周期，主机将数据放在 MOSI 信号线上，从机在该边界处获取该数据。

MISO（master in slave out，主入从出）：从器件的输出和主器件的输入，用于实现从器件到主器件的数据传输。当 SPI 作为主器件时，该信号是输入；当 SPI 作为从器件时，该信号是输出。数据传输时高位在先，低位在后。SPI 规范中，一个主机可连接多个从机，因此，主机的 MISO 信号线会连接到多个从机上，或者说，多个从机共享一根 MISO 信号线。当主机与一个从机通信时，其他从机应将其 MISO 引脚驱动置为高阻状态。

SCLK（SPI clock，串行时钟信号）：串行时钟信号是主器件的输出和从器件的输入，用于同步主器件和从器件之间在 MOSI 和 MISO 线上的串行数据传输。当主器件启动一次数据传输时，自动产生 8 个 SCLK 时钟周期信号给从机。在 SCLK 的每个跳变处（上升沿或下降沿）移出一位数据。所以，一次数据传输可以传输一个字节的数据。

$\overline{SS}$（slave select，从机选择信号）：这是一个输入信号，主器件用它来选择处于从模式的 SPI 模块。主模式和从模式下 $\overline{SS}$ 的使用方法不同。在主模式下，SPI 接口只能有一个主机，不存在主机选择问题，该模式下 $\overline{SS}$ 不是必需的。主模式下通常将主机的 $\overline{SS}$ 管脚通过 10 kΩ 的电阻上拉高电平。每一个从机的 $\overline{SS}$ 接主机的 I/O 口，由主机控制电平高低，以便主机选择从机。在从模式下，不管发送还是接收，$\overline{SS}$ 信号必须有效，因此在一次数据传输开始之前必须将 $\overline{SS}$ 拉为低电平。SPI 主机可以使用 I/O 口选择一个 SPI 器件作为当前的从机。

SPI 从器件通过其 $\overline{SS}$ 脚确定是否被选择。如果满足下面的条件之一，$\overline{SS}$ 就被忽略：SPI 系统被禁止，即 SPEN（SPCTL.6）= 0（复位值）；SPI 配置为主机，即 MSTR（SPCTL.4）= 1，并且 P1.2/$\overline{SS}$ 配置为输出（P1M0.2 和 P1M1.2）。如果 $\overline{SS}$ 脚被忽略，即 SSIG（SPCTL.7）= 1，该脚配置用于 I/O 口功能。

注意：即使 SPI 被配置为主机（MSTR = 1），它仍然可以通过拉低 $\overline{SS}$ 脚配置为从机（如果 P1.2/$\overline{SS}$ 配置为输入且 SSIG = 0）。要使能该特性，应当置位 SPIF（SPSTAT.7）。

（4）SPI 工作过程　SPI 是一种高速的、全双工、同步的通信总线。主机和从机都有一个串行移位寄存器，主机通过向它的 SPI 串行寄存器写入一个字节来发起一次传输。寄存器通过 MOSI 信号线将字节传送给从机，从机也将自己的移位寄存器中的内容通过 MISO 信号线返回给主机，如图 7.8 所示，2 个移位寄存器形成 1 个内部芯片环形缓冲器，这样 2 个移位寄存器中的内容就被交换。外设的写操作和读操作是同步完成的。

如果只进行写操作，主机只需忽略接收到的字节；反之，若主机要读取从机的一个字节，就必须发送一个空字节来引发从机的传输。

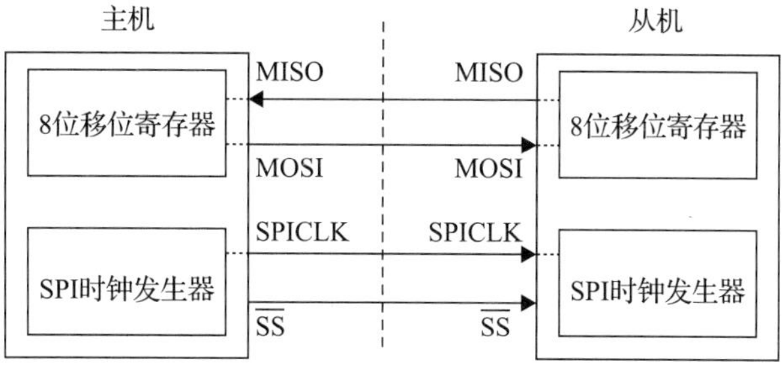

图 7.8　SPI 移位寄存器工作过程

7.2.2　SPI 串口扩展实例（TLC2543）

TLC2543 是一款拥有 11 路模拟输入通道，串行输出的 12 位模数转换器芯片。它采用逐次逼近技术实现 A/D 转换，具有输入通道多、可编程的输出长度、转换精度和转换速度高等优点。

（1）TLC2543 引脚分配　TLC2543 引脚示意图如图 7.9 所示。

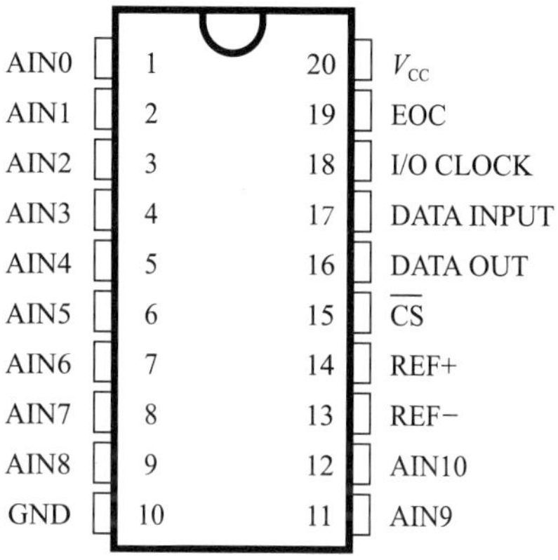

图 7.9　TLC2543 的引脚示意图

· AIN0～AIN10：模拟输入通道。

· $\overline{CS}$：片选，低电平有效。

· DATA INPUT：串行数据输入，8 位数据，高位在前，低位在后。最先输入的 4 位数据用来选择输入通道，接下来的 4 位数据用来设定 TLC2543 的工作方式。

· DATA OUT：串行数据输出，有 8 位、12 位、16 位 3 种长度。默认输出 12 位，数据输出顺序可以在工作方式中设定。

· I/O CLOCK：输入/输出同步时钟。

· EOC：转换结束信号。

· REF＋：正的转换参考电压，一般采用 V_{cc}，最大的输入电压取决于正的参考电压与负的参考电压的差值。

· REF－：负的转换参考电压，非差分模式时，可直接接地。

· V_{cc}：系统电源正极。

· GND：系统电源地。

（2）接口时序　TLC2543 的时序有 2 种：使用片选信号（$\overline{CS}$）和不使用片选信号。

在不使用 $\overline{CS}$ 的情况下，只是在第一次转换时将 $\overline{CS}$ 设置为低电平，之后不再处理 $\overline{CS}$ 端口，让 $\overline{CS}$ 一直处于低电平状态。以后的每次转换都从转换结束信号的上升沿开始。其时序如图 7.10 所示。

使用片选信号 $\overline{CS}$ 时，每次转换都将 $\overline{CS}$ 变为低电平，开始写入命令字，直到 DATA OUT 端移出 12 位数据。然后将 $\overline{CS}$ 变为高电平，等待转换结束后，再将 $\overline{CS}$ 变为低电平，进行下一次转换。其时序如图 7.11 所示。

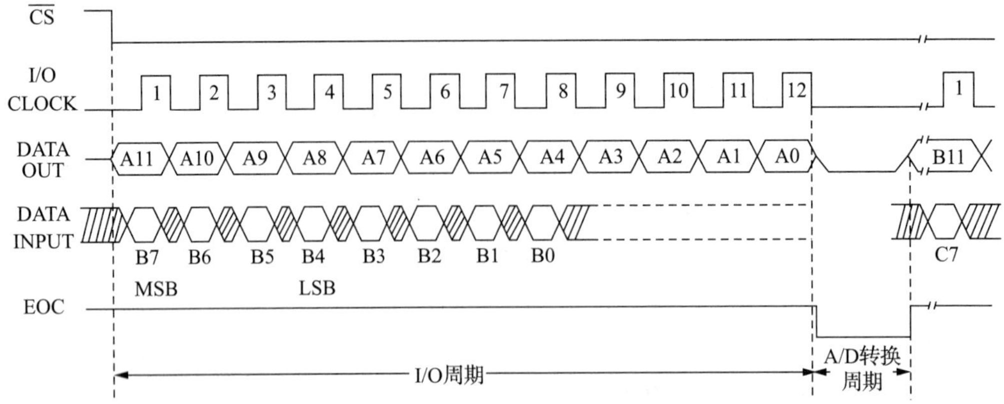

图 7.10 不使用片选信号$\overline{CS}$的时序

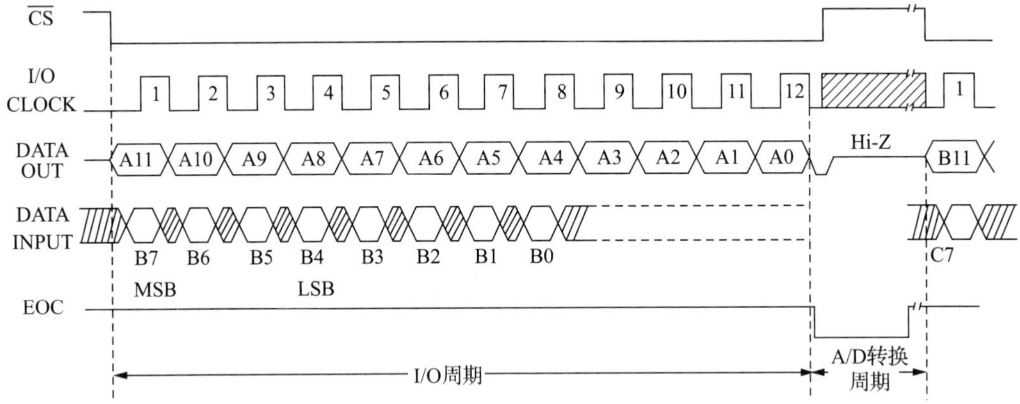

图 7.11 使用片选信号$\overline{CS}$的时序

TLC2543 输出的数据可以是 8 位、12 位、16 位，其时序相同，它们只是在转换周期前减少或增加 4 个时钟周期。

(3) TLC2543 工作过程　TLC2543 工作过程分为 2 个周期：I/O 周期和实际 A/D 转换周期。

TLC2543 的工作由$\overline{CS}$使能或禁止。工作时$\overline{CS}$必须为低电平。$\overline{CS}$被置高时，串行数据输出端立即进入高阻态，为其他共享数据总线的器件让出数据总线，经过一个保持时间后，I/O CLOCK、DATA INPUT 被禁止。当$\overline{CS}$再次变为低电平时，开始一个新的 I/O 周期。

TLC2543 的工作状态由 EOC 指示。复位状态下 EOC 总是为高电平，只有在 I/O 周期的最后一个 I/O CLOCK 脉冲的下降沿之后，EOC 变为低电平，表示转换周期开始。转换完成后，转换结果锁入输出数据寄存器，EOC 变高，其上升沿使转换器返回复位状态，开始下一个 I/O 周期。

(4) TLC2543 的命令字　TLC2543 每次转换前都必须输入一个 8 位命令字，包括一个 4 位模拟通道地址(D4～D7)、一个 2 位数据长度选择(D2～D3)、一个输出高位(MSB)在前或低位(LSB)在前的选择位(D1)以及一个单极性或双极性输出选择位(D0)的 8 位数据流。这个数据流是从 DATA INPUT 端加入的，命令字的输入采用高位在前，命令字格式如表 7.2 所示。

表 7.2　命令字格式

通道选择位	长度控制位	顺序控制位	极性选择位
D4～D7	D2～D3	D1	D0
0000 AIN0 0001 AIN1 0010 AIN2 0011 AIN3 0100 AIN4 0101 AIN5 0110 AIN6 0111 AIN7 1000 AIN8 1001 AIN9 1010 AIN10	01 8 位 x0 12 位 11 16 位	0 高位在前(MSB) 1 低位在前(LSB)	0 单极性(二进制) 1 双极性(二进制补码)

命令字通道选择位(D4～D7)从 11 个模拟通道中选择一个进行转换;还具有测试电压选择的功能,从 3 个内部自测电压中选择一个,以对转换器进行校准。D7D6D5D4＝1011 时,选择测试电压$(V_{REF+}+V_{REF-})/2$,当 D7D6D5D4＝1100 时,测试电压选择 V_{REF+},当 D7D6D5D4＝1101 时,测试电压选择 V_{REF-};或者选择软件断电方式:当 D7D6D5D4＝1110 时,软件断电。

长度控制位(D2～D3)选择输出数据长度:选择 12 位数据长度时所有的位都被输出。选择 8 位长度时,低 4 位被截取,转换精度降低,用以实现与 8 位串行接口快速通信。选择 16 位时,在转换结果的低位端增加了 4 个被置为 0 的填充位,可以方便地与 16 位串行接口通信。

顺序控制位 D1 选择输出数据的传送方式,即下一个 I/O 周期数据以低位在前还是高位在前输出数据。

极性选择位 D0 选择转换结果以单极件还是双极性二进制数码表示。

(5)TLC2543 与单片机接线图　如图 7.12 所示。

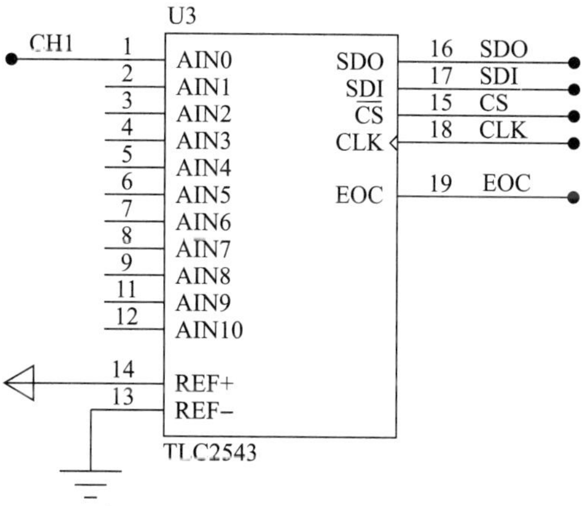

图 7.12　TLC2543 与单片机接线图

(6)TLC2543 程序

①汇编语言程序。

```
;/* --- STC MCU 国际有限公司 ------------------------------*/
;/* --- STC 1T 系列 MCU SPI 演示(1 主 1 从) ------------*/
#define MASTER                  //定义:主机   未定义:从机
AUXR    DATA    08EH        ;辅助寄存器
SPSTAT  DATA    0CDH        ;SPI 状态寄存器
SPIF    EQU     080H        ;SPSTAT.7
WCOL    EQU     040H        ;SPSTAT.6
SPCTL   DATA    0CEH        ;SPI 控制寄存器
SSIG    EQU     080H        ;SPCTL.7
SPEN    EQU     040H        ;SPCTL.6
DORD    EQU     020H        ;SPCTL.5
MSTR    EQU     010H        ;SPCTL.4
CPOL    EQU     008H        ;SPCTL.3
CPHA    EQU     004H        ;SPCTL.2
SPDHH   EQU     000H        ;CPU_CLK/4
SPDH    EQU     001H        ;CPU_CLK/16
SPDL    EQU     002H        ;CPU_CLK/64
SPDLL   EQU     003H        ;CPU_CLK/128
SPDAT   DATA    0CFH        ;SPI 数据寄存器
SPISS   BIT     P1.3        ;SPI 从机选择,连接到从机的 SS(P1.4)引脚
;///////////////////////////////////////////////////////////
        ORG     0000H
        LJMP    RESET
        ORG     0100H
RESET:
        LCALL   INIT_UART   ;初始 UART
        LCALL   INIT_SPI    ;初始 SPI
MAIN:
#ifdef MASTER
        LCALL   RECV_UART   ;从从机接收 SPI 数据并将其发送到 PC
        LCALL   SPI_SWAP
        LCALL   SEND_UART
#else                   //用于从机(从主机接收 SPI 数据并
        LCALL   SPI_SWAP    ;发送之前的 SPI 数据到主机)
#endif
        SJMP    MAIN
```

```
;//////////////////////////////////////////////////////////////
INIT_UART:
        MOV     SCON,# 5AH              ;将 UART 模式设置为 8 位可变波特率
        MOV     TMOD,# 20H              ;定时器 1 为 8 位自动重新加载模式
        MOV     AUXR,# 40H              ;定时器 1 以 1 T 模式工作
        MOV     TL1,# 0FBH              ;115200 b/s(256 - 18432000 / 32 / 115200)
        MOV     TH1,# 0FBH
        SETB    TR1
        RET
;//////////////////////////////////////////////////////////////
INIT_SPI:
        MOV     SPDAT,# 0               ;初始 SPI 数据
        MOV     SPSTAT,# SPIF | WCOL    ;清除 SPI 状态
# ifdef MASTER
        MOV     SPCTL,# SPEN | MSTR     ;主模式
# else
        MOV     SPCTL,# SPEN            ;从模式
# endif
        RET
;//////////////////////////////////////////////////////////////
SEND_UART:
        JNB     TI, $                   ;等待预数据发送
        CLR     TI                      ;清除 TI 标志
        MOV     SBUF,A                  ;发送当前数据
        RET
;//////////////////////////////////////////////////////////////
RECV_UART:
        JNB     RI, $                   ;等待接收完成
        CLR     RI                      ;清除 RI 标志
        MOV     A,SBUF                  ;返回接收数据
        RET
        RET
;//////////////////////////////////////////////////////////////
SPI_SWAP:
# ifdef MASTER
        CLR     SPISS                   ;拉低从机 SS
# endif
        MOV     SPDAT,A                 ;触发 SPI 发送
```

```
    WAIT:
        MOV     A,SPSTAT
        JNB     ACC.7,WAIT                  ;等待发送完成
        MOV     SPSTAT,# SPIF | WCOL        ;清除 SPI 状态
# ifdef MASTER
        SETB    SPISS                       ;拉高从机SS
# endif
        MOV     A,SPDAT                     ;返回接收到的 SPI 数据
        RET
;/////////////////////////////////////////////////////////////
        END
```

②C 语言程序。

```
/* --- STC MCU 国际有限公司 -------------------------------*/
/* --- STC 1T 系列 MCU SPI 演示(1 主 1 从) ------------*/
# include "reg51.h"
//# define MASTER                       //定义:主机   未定义:从机
# define FOSC          18432000L
# define BAUD   (256 - FOSC / 32 / 115200)
typedef unsigned char BYTE;
typedef unsigned int WORD;
typedef unsigned long DWORD;
sfr  AUXR      =     0x8e;  //辅助寄存器
sfr SPSTAT       =    0xcd;  //SPI 状态寄存器
# define SPIF          0x80   //SPSTAT.7
# define WCOL        0x40    //SPSTAT.6
sfr SPCTL =            0xce;  //SPI 控制寄存器
# define SSIG         0x80    //SPCTL.7
# define SPEN         0x40    //SPCTL.6
# define DORD         0x20    //SPCTL.5
# define MSTR         0x10    //SPCTL.4
# define CPOL         0x08    //SPCTL.3
# define CPHA         0x04    //SPCTL.2
# define SPDHH           0x00   //CPU_CLK/4
# define SPDH         0x01    //CPU_CLK/16
# define SPDL         0x02    //CPU_CLK/64
# define SPDLL           0x03   //CPU_CLK/128
sfr SPDAT          =    0xcf; //SPI 数据寄存器
```

```
sbit SPISS      =   P1^3;//SPI 从机选择,连接到从机的 SS(P1.4)引脚
void InitUart();
void InitSPI();
void SendUart(BYTE dat);              //发送数据到 PC
BYTE RecvUart();                             //从 PC 接收数据
BYTE SPISwap(BYTE dat);       //在主机和从机之间交换 SPI 数据
/////////////////////////////////////////////////////////////
void main()
{
    InitUart();                                  //初始 UART
    InitSPI();                                   //初始 SPI
    while (1)
    {
# ifdef MASTER            //用于主机(同时从 PC 接收 UART 数据并将其发送到从机
              //从从机接收 SPI 数据并将其发送到 PC)
SendUart(SPISwap(RecvUart()));
# else                         //用于从机(从主机接收 SPI 数据
        ACC = SPISwap(ACC);      //将之前的 SPI 数据发送到主机)
# endif
    }
}
/////////////////////////////////////////////////////////////
void InitUart()
{
    SCON = 0x5a;                   //将 UART 模式设置为 8 位可变波特率
    TMOD = 0x20;                 //定时器 1 为 8 位自动重新加载模式
    AUXR = 0x40;                       //定时器 1 以 1 T 模式工作
    TH1 = TL1 = BAUD;            //115200 b/s
    TR1 = 1;
}
/////////////////////////////////////////////////////////////
void InitSPI()
{
    SPDAT = 0;                                   //初始 SPI 数据
    SPSTAT = SPIF | WCOL;              //清除 SPI 状态
# ifdef MASTER
    SPCTL = SPEN | MSTR;               //主模式
# else
```

```
    SPCTL = SPEN;                                  //从模式
#endif
}
//////////////////////////////////////////////////////////////
void SendUart(BYTE dat)
{
    while(!TI);                                    //等待预数据发送
    TI = 0;                                        //清除 TI 标志
    SBUF = dat;                                    //发送当前数据
}
//////////////////////////////////////////////////////////////
BYTE RecvUart()
{
    while(!RI);                                    //等待接收完成
    RI = 0;                                        //清除 RI 标志
    return SBUF;                                   //返回接收数据
}
//////////////////////////////////////////////////////////////
BYTE SPISwap(BYTE dat)
{
#ifdef MASTER
    SPISS = 0;                                     //拉低从机SS
#endif
    SPDAT = dat;                                   //触发 SPI 发送
    while(!(SPSTAT & SPIF));    //等待发送完成
    SPSTAT = SPIF | WCOL;       //清除 SPI 状态
#ifdef MASTER
    SPISS = 1;                                     //拉高从机SS
#endif
    return SPDAT;                                  //返回接收到的 SPI 数据
}
```

7.3 I²C 总线扩展

I²C 总线是 Philips 公司在 20 世纪 80 年代初推出的一种串行、半双工的总线，主要用于近距离、低速的芯片之间的通信。I²C 总线有 2 根双向的信号线，一根数据线 SDA 用于收发数据，一根时钟线 SCL 用于通信双方时钟的同步。I²C 总线硬件结构简单，简化了 PCB 布线，降低了系统成本，提高了系统可靠性，因此在各个领域得到了广泛应用。

7.3.1 I^2C 总线扩展结构

I^2C 总线是一种多主机总线，连接在 I^2C 总线上的器件分为主机和从机。主机有权发起和结束一次通信，从机只能被动呼叫。当总线上有多个主机同时启用总线时，I^2C 也具备冲突检测和仲裁的功能来防止错误产生。每个连接到 I^2C 总线上的器件都有一个唯一的地址(7 b)，且每个器件都可以作为主机也可以作为从机(但同一时刻只能有一个主机)，总线上的器件增加和删除不影响其他器件正常工作。I^2C 总线在通信时总线上发送数据的器件为发送器，接收数据的器件为接收器。

I^2C 总线可以通过外部连线进行在线检测，便于系统故障诊断和调试，故障可以立即被寻址，软件也有利于标准化和模块化，缩短开发时间。

I^2C 总线上可挂接的设备数量受总线的最大电容 400 pF 限制。

串行的 8 位双向数据传输速率在标准模式下可达 100 kb/s，快速模式下可达 400 kb/s，高速模式下可达 3.4 Mb/s。

总线具有极低的电流消耗，抗噪声干扰能力强，增加总线驱动器可以使总线电容扩大 10 倍，传输距离达到 15 m；兼容不同电压等级的器件，工作温度范围宽。

(1)通信过程

①主机发送起始信号启用总线；

②主机发送一个字节数据指明从机地址和后续字节的传送方向；

③被寻址的从机发送应答信号回应主机；

④发送器发送一个字节数据；

⑤接收器发送应答信号回应发送器；

……(循环步骤④、⑤)

⑥通信完成后主机发送停止信号释放总线。

步骤④和⑤用的是发送器和接收器，不是主机和从机，由第一个字节的最后一位决定是主给从发，还是从给主发。

第一个字节和最后的停止信号一定是主机发给从机，但中间就不一定了。

发送数据过程中不允许改变发送方向，除非重启一次通信。

(2)寻址方式　I^2C 总线上传送的数据是广义的，既包括地址，又包括真正的数据。

主机在发送起始信号后必须先发送一个字节的数据，该数据的高 7 位为从机地址，最低位表示后续字节的传送方向，“0”表示主机发送数据给从机，“1”表示从机发送数据给主机。

总线上所有的从机接收到该字节数据后都将这 7 位地址与自己的地址进行比较，如果相同，则认为自己被主机寻址，然后再根据第 8 位将自己定为发送器或接收器。

(3)起始信号和停止信号

①SCL 为高电平时，SDA 由高变低，表示起始信号；

②SCL 为高电平时，SDA 由低变高，表示停止信号。

起始信号和停止信号都是由主机发出的，起始信号产生后总线处于占用状态，停止信号产生后总线被释放，处于空闲状态。起始信号和停止信号时序如图 7.13 所示。

空闲时，SCL 与 SDA 都是高电平。

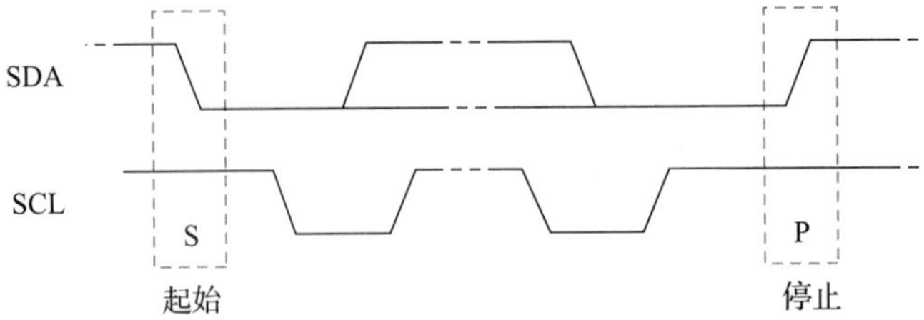

图 7.13 起始信号和停止信号时序

停止情况有 2 种：

①主机若中止发送数据，就发送停止信号；

②从机若中止接受数据，不应答，主机就发送停止信号结束此次通信。

(4)字节传送与应答 I^2C 总线通信时每个字节为 8 位长度，数据传送时，先传送高位，后传送低位，发送器发送完一个字节数据后接收器必须发送 1 位应答位来回应发送器，即一帧共有 9 位(图 7.14)。

I^2C 每次发送数据必须是 8 位。

MSB 固定，先发高位，再发低位。

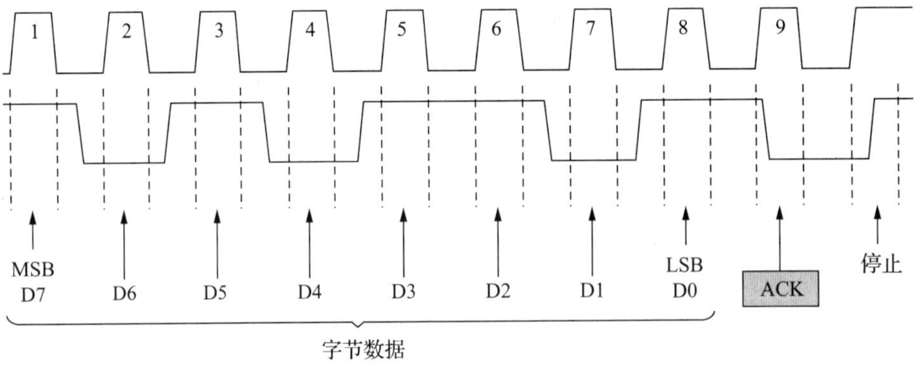

图 7.14 数据格式

(5)同步数据信号 I^2C 总线在进行数据传送时，时钟线 SCL 为低电平期间，发送器向数据线上发送一位数据，在此期间数据线上的信号允许发生变化；时钟线 SCL 为高电平期间，接收器从数据线上读取一位数据，在此期间数据线上的信号不允许发生变化，必须保持稳定。

(6)时钟同步与仲裁

①时钟同步。时钟同步是通过 I^2C 总线上的 SCL 之间的线“与”(wire-AND)来完成的，即如果有多个主机同时产生时钟，那么只有所有 master(主设备)都发送高电平时，SCL 上才表现为高电平，否则 SCL 都表现为低电平。

线“与”特性由开漏电路实现，如图 7.15 所示。如果控制开漏输出 INT 为 0，低电平，则 VGS>0，N-MOS 管导通，使输出接地；若控制开漏输出 INT 为 1 (它无法直接输出高电平)，则 N-MOS 管关闭，引脚既不输出高电平，也不输出低电平，为高阻态。正常使用时必须外部接上拉电阻，也就是说，若很多个开漏模式引脚(C1、C2…)连接到一起，只有当所有引脚都输出高阻态，才由上拉电阻提供高电平，此高电平的电压为外部上拉电阻所接的电源的电压。若其中一个引脚为低电平，那线路就相当于短路接地，使得整条线路都为低电平 0 V。

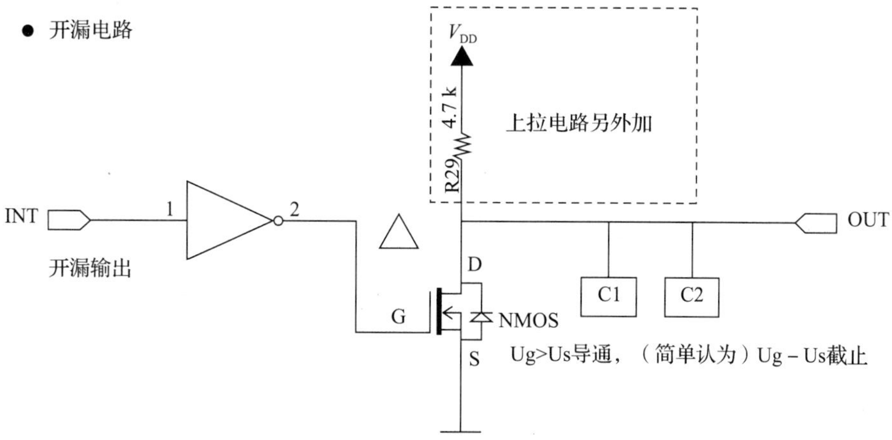

图 7.15　线“与”特性实现

②仲裁。总线仲裁与时钟同步类似，当所有主机在 SDA 上都写 1 时，SDA 的数据才是 1，只要有一个主机写 0，那此时 SDA 上的数据就是 0。

一个主机每发送一位数据，在 SCL 为高电平时，就检查 SDA 的电平是否和发送的数据一致，如果不一致，这个主机便知道自己输掉了仲裁，然后停止向 SDA 写数据。也就是说，如果主机一致检查到总线上数据和自己发送的数据一致，则继续传输，这样在仲裁过程中就保证了赢得仲裁的主设备不会丢失数据。

输掉仲裁的主机在检测到自己输了之后也就不再产生时钟脉冲，并且要在总线空闲时才能重新传输。

仲裁的过程可能要经过多个位的发送和检查，实际上 2 个主机如果发送的时序和数据完全一样，则 2 个主机都能正常完成整个数据传输(图 7.16)。

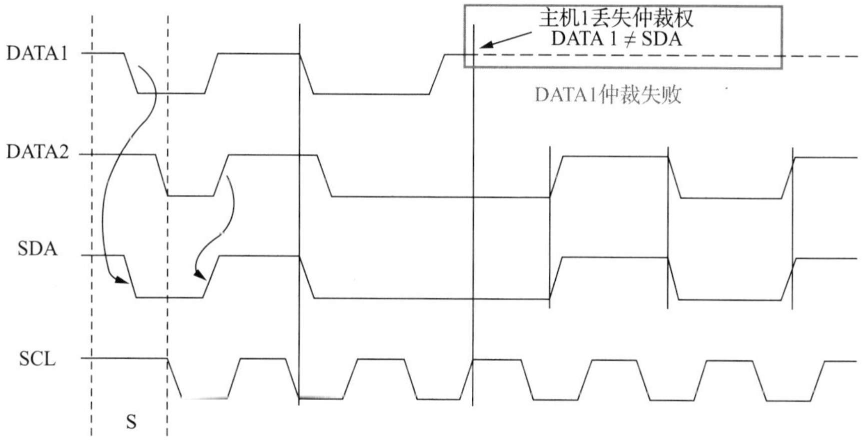

图 7.16　仲裁过程

注意：多个主机仲裁时，因为线“与”特性，谁低谁能强制 SDA 为低，也就是跟自己匹配，所以先高(高电平 1)的那个就会仲裁失败。

(7)典型 I^2C 时序

①主机向从机发送数据。

S	从机地址	0	A	数据	A	数据	A/$\overline{A}$	P

②从机向主机发送数据。

S	从机地址	1	A	数据	A	数据	A/$\overline{A}$	P

③主机先向从机发送数据，然后从机再向主机发送数据。

S	从机地址	0	A	数据	A/$\overline{A}$	S	从机地址	1	A	数据		A/$\overline{A}$	P

注：S 为起始信号，A 为应答信号，$\overline{A}$ 表示非应答，P 为终止信号。

数据传输中间如果想转换发送方向，不用发送 P 停止信号，就不会释放总线，直接再发送起始信号。起始信号和停止信号都由 I^2C 控制器完成，用户在使用的时候只须正确配置控制器相应的寄存器就可以了。

7.3.2 I^2C 总线扩展实例（AT24C04）

AT24C04 是 Ateml 公司的 4 kb 的电可擦除存储芯片，采用两线串行的总线和单片机通信，电压最低可以到 2.5 V，额定电流为 1 mA，静态电流为 10 μA(5.5 V)，芯片内的资料可以在断电的情况下保存 100 年。该芯片采用 I^2C 总线设计，主要性能指标与 AT24C02 类似，不同点为：容量为 AT24C02 的 2 倍，分为 2 部分存储空间，每部分为 256 B；有 2 个器件地址选择脚，一个 I^2C 总线最多能够挂接 4 个 AT24C04 器件；32 页，每页 16 字节，每次可连续写入 16 字节数据；WP 引脚为高电平时，AT24C04 的 0～255 地址空间的数据被写保护。

(1)AT24C04 的引脚定义　AT24C04 采用 8 脚的 DIP 封装，使用方便，AT24C04 引脚功能如表 7.3 所示。

表 7.3　AT24C04 引脚功能

引脚定义	说明
A0	空引脚
A1，A2	器件地址设定引脚
GND	电源地
SDA	串行数据引脚
SCL	串行时钟引脚
WP	写保护引脚
V_{cc}	电源

引脚功能说明：A0 为空引脚，A1、A2 口为器件地址设定引脚，通过 A1、A2 口来设定 AT24C04 的器件地址。WP 口接低电平时，可以对整个 AT24C04 器件的 512 字节进行读写操作。当 WP 口接高电平后，器件前 256 个字节的数据被保护，只能读，不可写入，后 256 个字节数据可进行读写操作。

(2)AT24C04 的器件寻址　AT24C04 的器件地址由 2 个引脚决定，分别为 A1、A2 引脚。AT24C04 的数据空间由 P0 位决定，当 P0 为“0”时，将对 AT24C04 的 0～255 地址空间的数据进行操作；当 P0 为“1”时，将对 AT24C04 的 256～511 地址空间的数据进行操作。

B7	B6	B5	B4	B3	B2	B1	B0
1	0	1	0	A2	A1	P0	R/W

(3)AT24C04 的读写操作　对 AT24C04 的读写操作与对 AT24C02 的读写操作完全相同。不同的是，AT24C04 分为 2 个数据区，用 P0 位加以区别，当 P0＝0 时，操作的是 0～255 地址空间的数据；当 P0＝1 时，操作的是 256～511 地址空间的数据。

(4)AT24C04 与单片机的接线　AT24C04 的 SCL 和 SDA 引脚分别接 STC12C5A60S2 单片机的 P3.4 和 P3.5 引脚，其他引脚如图 7.17 所示连接。

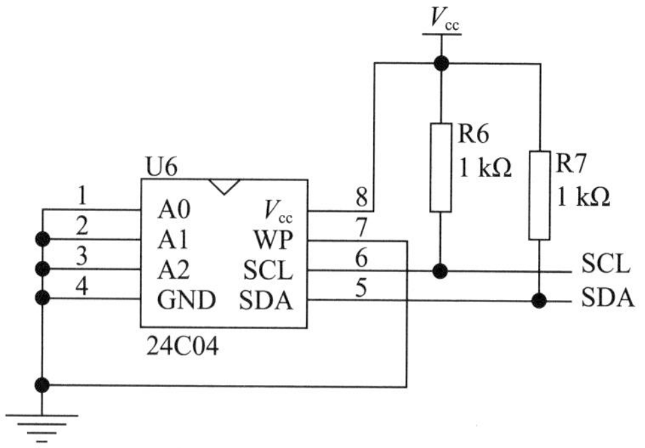

图 7.17　AT24C04 和单片机接线

(5)AT24C04 测试程序

①汇编语言程序。

```
****************************************
;AT24C04 测试程序
;主芯片   : STC12C5A60S2 (1T)
;工作频率: 12.000MHz
****************************************
SCL   BIT P3.4                ;AT24C04 的时钟线
SDA   BIT P3.5                ;AT24C04 的数据线
BUF   EQU 30H                 ;数据缓存区
; ****************************************
    ORG 0
    JMP Reset
    ORG 100H
Reset:
    CALL AT24C04_WritePage    ;写一页数据
    CALL Delay5ms             ;写一页数据需延时 5 ms
    CALL AT24C04_ReadPage     ;读一页数据
```

```
JMP $
;***************************************
;向 AT24C04 写 1 页(16 字节)数据
;将 TESTDATA 开始的 16 个测试数据写入设备的 00～0F 地址
;入口参数:无
;出口参数:无
;***************************************
AT24C04_WritePage:
    CALL AT24C04_Start;起始信号
    MOV A,# 0A0H                ;发送设备地址 + 写信号
    CALL AT24C04_SendByte       ;发送
    MOV A,# 00H                 ;发送存储单元地址
    CALL AT24C04_SendByte       ;发送
    MOV R0,# 16                 ;16 字节计数器
    MOV DPTR,# TESTDATA         ;测试数据首地址
WriteNext:
    CLR A                       ;读取测试数据
    MOVC A,@A + DPTR
    CALL AT24C04_SendByte       ;写入设备
    INC DPTR                    ;准备下一个数据的地址
    DJNZ R0,WriteNext           ;判断 16 字节是否完成
    CALL AT24C04_Stop           ;停止信号
    RET
TESTDATA:
    DB 000H,011H,022H,033H,044H,055H,066H,077H
    DB 088H,099H,0AAH,0BBH,0CCH,0DDH,0EEH,0FFH
;***************************************
;从 AT24C04 读取 1 页(16 字节)数据
;将设备的 00～0F 地址中的数据读出存放在 DATA 区的 BUF 中
;入口参数:无
;出口参数:无
;***************************************
AT24C04_ReadPage:
    CALL AT24C04_Start          ;起始信号
    MOV A,# 0A0H                ;发送设备地址 + 写信号
    CALL AT24C04_SendByte;发送
    MOV A,# 00H                 ;发送存储单元地址
    CALL AT24C04_SendByte       ;发送
```

```
    CALL AT24C04_Start              ;起始信号
    MOV A,# 0A1H                    ;发送设备地址 + 读信号
    CALL AT24C04_SendByte           ;发送
    MOV R0,# 16                     ;16 字节计数器
    MOV R1,# BUF                    ;数据缓冲区首地址
ReadNext:
    CALL AT24C04_RecvByte           ;读取数据
    MOV @R1,A                       ;保存数据
    CJNE R0,# 2, $ +3               ;判断回应 ACK 还是 NAK
    CALL AT24C04_SendACK            ;发送应答信号
    INC R1                          ;缓冲区地址加 1
    DJNZ R0,ReadNext                ;判断 16 字节是否完成
    CALL AT24C04_Stop               ;停止信号
    RET
;****************************************
;延时 5 μs(STC12C5A60S2@12M)
;不同的工作环境,需要调整此函数
;入口参数:无
;出口参数:无
;****************************************
Delay5us:                           ;6 此延时函数是使用 1T 的指令周期进行计算,
与传统的 12T 的 MCU 不同
    PUSH ACC                        ;4
    MOV A,# 4                       ;2
Delay5us1:
    NOP;1
    NOP;1
    NOP;1
    NOP;1
    NOP;1
    NOP;1
    NOP;1
    DJNZ ACC,Delay5us1              ;5
    POP ACC;3
    RET;4
;****************************************
;延时 5ms(STC12C5A60S2@12M)
;不同的工作环境,需要调整此函数
```

```
;入口参数:无
;出口参数:无
;****************************************
Delay5ms:                     ;6 此延时函数是使用 1T 的指令周期进行计算,与传统的 12T 的 MCU 不同
    PUSH ACC                  ;4
    PUSH DPL                  ;4
    PUSH DPH                  ;4
    MOV DPTR,# - 5000         ;3
Delay5ms1:
    NOP                       ;1
    NOP                       ;1
    NOP                       ;1
    INC DPTR                  ;1
    MOV A,DPL                 ;2
    ORL A,DPH                 ;3
    JNZ Delay5ms1             ;3
    POP DPH                   ;3
    POP DPL                   ;3
    POP ACC                   ;3
    RET                       ;4
;****************************************
;起始信号
;入口参数:无
;出口参数:无
;****************************************
AT24C04_Start:
    SETB SDA
    SETB SCL                  ;拉高时钟线
    CALL Delay5μs             ;延时
    CLR SDA                   ;产生下降沿
    CALL Delay5μs             ;延时
    CLR SCL                   ;拉低时钟线
    RET
;****************************************
;停止信号
;入口参数:无
;出口参数:无
```

```
;****************************************
AT24C04_Stop:
    CLR SDA
    SETB SCL                ;拉高时钟线
    CALL Delay5μs           ;延时
    SETB SDA                ;产生上升沿
    CALL Delay5μs           ;延时
    RET
;****************************************
;发送应答信号
;入口参数:C (0:ACK 1:NAK)
;出口参数:无
;****************************************
AT24C04_SendACK:
    MOV SDA,C               ;写应答信号
    SETB SCL                ;拉高时钟线
    CALL Delay5μs           ;延时
    CLR SCL                 ;拉低时钟线
    CALL Delay5μs           ;延时
    RET
;****************************************
;接收应答信号
;入口参数:无
;出口参数:C
;****************************************
AT24C04_RecvACK:
    SETB SCL                ;拉高时钟线
    CALL Delay5μs           ;延时
    MOV C,SDA               ;读应答信号
    CLR SCL                 ;拉低时钟线
    CALL Delay5μs           ;延时
    RET
;****************************************
;向I²C总线发送一个字节数据
;入口参数:ACC
;出口参数:无
;****************************************
AT24C04_SendByte:
```

```
    PUSH 0
    MOV 0,#8                    ;8位计数器
SendNext:
    RLC A                       ;移出数据的最高位
    MOV SDA,C                   ;送数据口
    SETB SCL                    ;拉高时钟线
    CALL Delay5μs               ;延时
    CLR SCL                     ;拉低时钟线
    CALL Delay5μs               ;延时
    DJNZ 0,SendNext             ;判断8位数据是否发送完成
    POP 0
    JMP AT24C04_RecvACK         ;接收应答信号
;      RET
;****************************************
;从I2C总线接收一个字节数据
;入口参数:无
;出口参数:ACC
;****************************************
AT24C04_RecvByte:
    SETB SDA                    ;使能内部上拉,准备读取数据
    PUSH 0
    MOV 0,#8                    ;8位计数器
RecvNext:
    SETB SCL                    ;拉高时钟线
    CALL Delay5μs               ;延时
    MOV C,SDA                   ;读数据口
    RLC A                       ;保存数据
    CLR SCL                     ;拉低时钟线
    CALL Delay5μs               ;延时
    DJNZ 0,RecvNext             ;判断8位数据是否接收完成
    POP 0
    RET
;****************************************
    END
```

②C语言程序。

```
/****************************************
```

```
AT24C04 测试程序
主芯片   : STC12C5A60S2 (1T)
工作频率: 12.000MHz
****************************************/
#include "REG51.H"
#include "INTRINS.H"
typedef unsigned char BYTE;
typedef unsigned short WORD;
sbit SCL = P3^4;                          //AT24C04 的时钟
sbit SDA = P3^5;                          //AT24C04 的数据
BYTE BUF[16];                             //数据缓存区
BYTE codeTESTDATA[ ] =
{
    0x00,0x11,0x22,0x33,0x44,0x55,0x66,0x77,
    0x88,0x99,0xAA,0xBB,0xCC,0xDD,0xEE,0xFF
};
void Delay5us();
void Delay5ms();
void AT24C04_Start();
void AT24C04_Stop();
void AT24C04_SendACK(bit ack);
bit AT24C04_RecvACK();
void AT24C04_SendByte(BYTEdat);
BYTE AT24C04_RecvByte();
void AT24C04_ReadPage();
void AT24C04_WritePage();
void main()
{
    AT24C04_WritePage();
    Delay5ms();
    AT24C04_ReadPage();
    while (1);
}
/****************************************
向 AT24C04 写 1 页(16 字节)数据
将 TESTDATA 开始的 16 个测试数据写入设备的 00~0F 地址
****************************************/
void AT24C04_WritePage()
```

```
{
    BYTEi;
    AT24C04_Start();               //起始信号
    AT24C04_SendByte(0xa0);        //发送设备地址+写信号
    AT24C04_SendByte(0x00);        //发送存储单元地址
    for (i=0; i<16; i++)
    {
        AT24C04_SendByte(TESTDATA[i]);
    }
    AT24C04_Stop();                //停止信号
}
/***************************************
从 AT24C04 读取 1 页(16 字节)数据
将设备的 00～0F 地址中的数据读出存放在 DATA 区的 BUF
***************************************/
void AT24C04_ReadPage()
{
    BYTEi;
    AT24C04_Start();               //起始信号
    AT24C04_SendByte(0xa0);        //发送设备地址+写信号
    AT24C04_SendByte(0x00);        //发送存储单元地址
    AT24C04_Start();               //起始信号
    AT24C04_SendByte(0xa1);        //发送设备地址+读信号
    for (i=0; i<16; i++)
    {
        BUF[i] = AT24C04_RecvByte();
        if (i == 15)
        {
            AT24C04_SendACK(1); //最后一个数据需要回 NAK
        }
        else
        {
            AT24C04_SendACK(0); //回应 ACK
        }
    }
    AT24C04_Stop();                //停止信号
}
```

```
/***************************************
延时 5μs(STC12C5A60S2@12M)
此延时函数是使用 1T 的指令周期进行计算
***************************************/
void Delay5us()
{
    BYTE n = 4;
    while (n--)
    {
        _nop_();
        _nop_();
    }
}
/***************************************
延时 5ms(STC12C5A60S2@12M)
不同的工作环境,需要调整此函数
此延时函数是使用 1T 的指令周期进行计算,与传统的 12T 的 MCU 不同
***************************************/
void Delay5ms()
{
    WORD n = 2500;
    while (n--)
    {
        _nop_();
        _nop_();
        _nop_();
        _nop_();
        _nop_();
    }
}

/***************************************
起始信号
***************************************/
void AT24C04_Start()
{
    SDA = 1;                          //拉高数据线
    SCL = 1;                          //拉高时钟线
```

```
    Delay5μs();                          //延时
    SDA = 0;                             //产生下降沿
    Delay5μs();                          //延时
    SCL = 0;                             //拉低时钟线
}
/ ****************************************
停止信号
****************************************/
void AT24C04_Stop()
{
    SDA = 0;                             //拉低数据线
    SCL = 1;                             //拉高时钟线
    Delay5μs();                          //延时
    SDA = 1;                             //产生上升沿
    Delay5μs();                          //延时
}
/ ****************************************
发送应答信号
入口参数:ack (0:ACK 1:NAK)
****************************************/
void AT24C04_SendACK(bit ack)
{
    SDA = ack;                           //写应答信号
    SCL = 1;                             //拉高时钟线
    Delay5μs();                          //延时
    SCL = 0;                             //拉低时钟线
    Delay5μs();                          //延时
}
/ ****************************************
接收应答信号
****************************************/
bit AT24C04_RecvACK()
{
    SCL = 1;                             //拉高时钟线
    Delay5μs();                          //延时
    CY = SDA;                            //读应答信号
    SCL = 0;                             //拉低时钟线
    Delay5μs();                          //延时
```

```
    return CY;
}
/***************************************
向 I²C 总线发送一个字节数据
***************************************/
void AT24C04_SendByte(BYTE dat)
{
    BYTEi;
    for (i=0; i<8; i++)              //8位计数器
    {
dat <<= 1;                           //移出数据的最高位
        SDA = CY;                    //送数据口
        SCL = 1;                     //拉高时钟线
        Delay5μs();                  //延时
        SCL = 0;                     //拉低时钟线
        Delay5μs();                  //延时
    }
    AT24C04_RecvACK();
}
/***************************************
从 I²C 总线接收一个字节数据
***************************************/
BYTE AT24C04_RecvByte()
{
    BYTEi;
    BYTEdat = 0;
    SDA = 1;                         //使能内部上拉,准备读取数据
    for (i=0; i<8; i++)              //8位计数器
    {
dat <<= 1;
        SCL = 1;                     //拉高时钟线
        Delay5μs();                  //延时
dat |= SDA;             //读数据
        SCL = 0;                     //拉低时钟线
        Delay5μs();                  //延时
    }
    return dat;
}
```

第8章 STC12C5Axx系列单片机开发与程序设计实验

8.1 STC单片机的开发/编程工具说明

8.1.1 STC12C5Axx系列单片机在系统可编程（ISP）典型应用

STC12C5Axx系列单片机具有在系统可编程(ISP)特性,ISP的好处是:不需要购买通用编程器,单片机在用户系统上即可下载/烧录用户程序,而无须将单片机从已生产好的产品上拆下,再用通用编程器将程序代码烧录进单片机内部。有些程序尚未定型的产品可以一边生产,一边完善,加快了产品进入市场的速度,减小了新产品由于软件缺陷带来的风险。由于可以在用户的目标系统上将程序直接下载到单片机看运行结果对错,故不需要仿真器。

STC12系列单片机内部固化有ISP系统引导固件,配合PC端的控制程序即可将用户的程序代码下载进单片机内部,故不需要编程器(速度比通用编程器快,几秒一片)。STC12C5Axx系列单片机在系统可编程(ISP)典型应用线路图如图8.1所示。

获得及使用STC提供的ISP下载工具(STC-ISP.exe软件)方法如下:

(1)获得STC提供的ISP下载工具(软件)　登录www.STCMCU.com网站,从STC半导体专栏下载PC(电脑)端的ISP程序,然后将其自解压,再安装即可(执行setup.exe),并注意随时更新软件。

(2)使用STC-ISP下载工具(软件),请随时更新,支持*.bin,*.hex(Intel 16进制格式)文件,少数*.hex文件不支持的话,可转换成*.bin文件,随时注意升级PC(电脑)端的STC-ISP.exe程序。

(3)STC12系列单片机在出厂时就已完全加密。需要单片机内部的电放光后上电复位(冷起动)才运行系统ISP程序,如从P3.0检测到合法的下载命令流,就下载用户程序;如检测不到,就复位到用户程序区,运行用户程序。

(4)如果用户板上P3.0、P3.1连接了RS-485等电路,下载时需要将其断开。用户系统连接了RS-485等通信电路,推荐在选项中选择“下次冷启动需要P1.0/P1.1=0/0才可以下载程序”。

8.1.2 电脑端的ISP控制软件界面

STC12C5Axx系列单片机电脑端ISP控制软件操作步骤如下:

步骤1　选择所使用的单片机型号,如STC12C5A60X等。

步骤2　打开文件,要烧录用户程序,必须调入用户的程序代码(*.bin,* hex)。

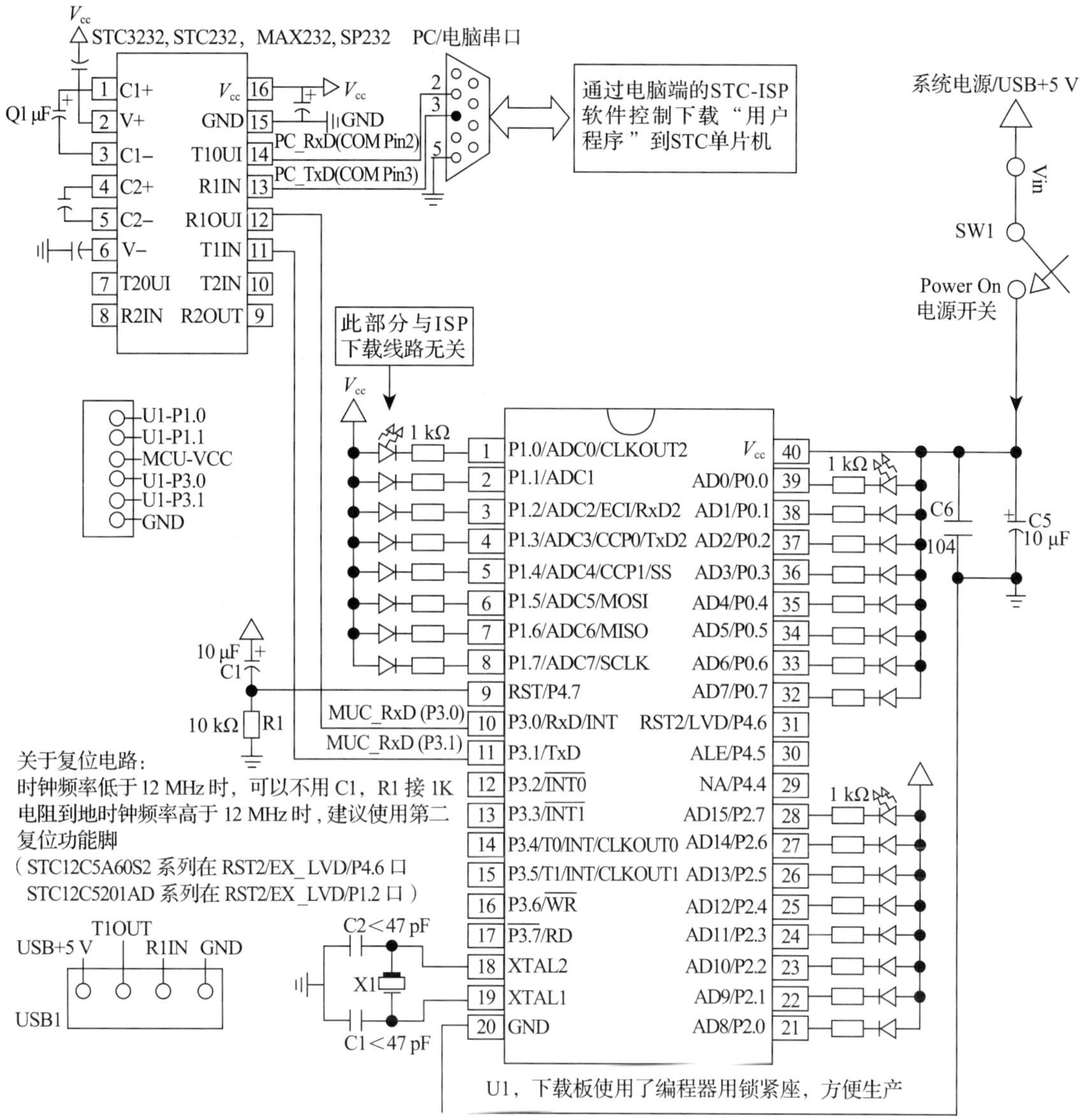

图 8.1　STC12C5Axx 系列单片机在系统可编程(ISP)典型应用线路图

步骤 3　选择串行口，如串行口 1(COM1)、串行口 2(COM2)，有些新式笔记本电脑没有 RS-232 串行口，可以使用 USB-RS232 转接器。

步骤 4　选择下次冷启动后，时钟源为“内部 R/C 振荡器”还是“外部晶体或时钟”(STC12 系列单片机只有内部 R/C 振荡时钟)。

步骤 5　选择“Download/下载”按钮下载用户的程序进单片机内部，可重复执行步骤 5，也可选择“Re-Download/重复下载”按钮。

下载时注意看提示，是否要给单片机上电或复位，下载速度比一般通用编程器快。一定要先选择“Download/下载”按钮，然后再给单片机上电复位(先彻底断电)，而不要先上电，先上电检测不到合法的下载命令流，单片机就直接运行用户程序了。

硬件连接说明如下：

①MCU/单片机 RxD(P3.0)—RS-232 转换器—PC/电脑 TxD(COM Port Pin3)。

②MCU/单片机 TxD(P3.1)—RS-232 转换器—PC/电脑 RxD(COM Port Pin2)。

③MCU/单片机 GND—PC/电脑 GND(COM Port Pin5)。

④如果系统 P3.0/P3.1 连接到 RS-485 电路,推荐在选项里选择“下次冷启动需要 P1.0/P1.1=0/0 才可以下载用户程序”,这样冷启动后如 P1.0、P1.1 不同时为 0,单片机直接运行用户程序,以免由于 RS-485 总线上的乱码造成单片机反复判断乱码是否为合法,浪费几百毫秒的时间。其实如果系统的 P3.0、P3.1 作串口使用,也建议选择“下次冷启动需要 P1.0/P1.1=0/0 才可以下载用户程序”,以便下次冷启动直接运行用户程序。

⑤RS-232 转换器可选用 MAX232/SP232(4.5~5.5 V),MAX3232/SP3232(3~5.5 V)。

电脑端的 ISP 控制软件界面如图 8.2 所示。

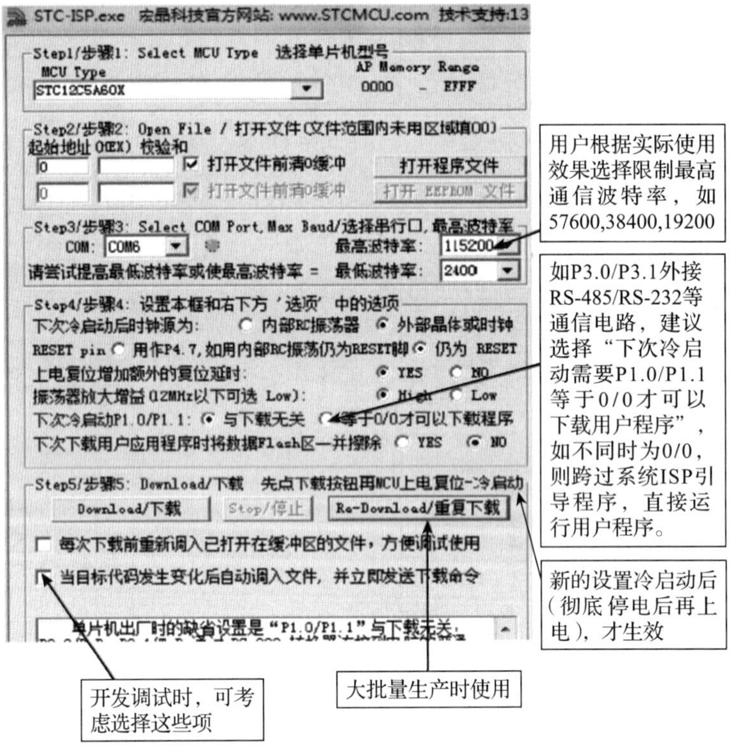

图 8.2 电脑端的 ISP 控制软件界面

8.1.3 STC 单片机实验电路板说明

实验电路板包含:单片机、ISP 程序下载器、数码管动态显示电路、8 位 LED 指示灯、液晶显示模块 1602(或 2004)和 12864 接口、时钟芯片 DS12C887、温度传感器 DS18B20、74HC573 输出口扩展、A/D 转换、按键、遥控接收、继电器输出、蜂鸣器等电路,可进行相关电路设计和程序运行。同时,单片机、74HC573 输出口扩展等接有外部插针,也可用于其他相关外围设备的调试。本实验电路板可用于焊接实习、单片机实验、课程设计、毕业设计、科技竞赛等硬件平台和软件程序调试。实验电路板如图 8.3 所示。

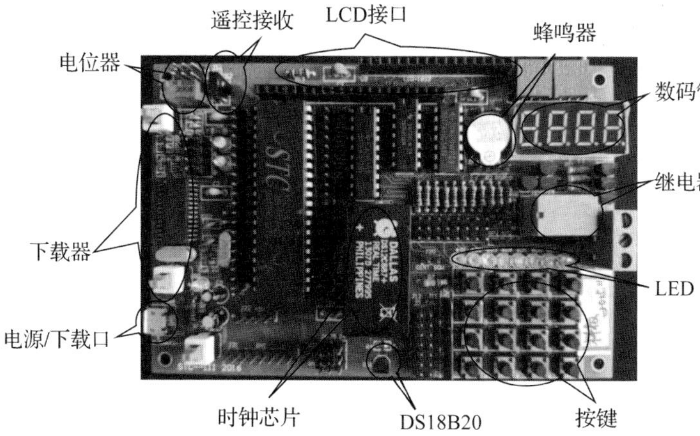

图 8.3 实验电路板实物图

实验电路板电路原理图详见附录，地址分配如下。

- 时钟芯片 DS12C887 地址：0000H～1FFFH；
- 74HC573 扩展 I/O 口地址：6000H～7FFFH；
- 液晶显示模块 LCD 地址：0C000H～0DFFFH。

相关排针说明如下。

- J1、J2：单片机引脚；
- J4、J5、J6：用于 DS18B20 硬件连接；
- J7、J15：数码管的位选和段码输入；
- J8：蜂鸣器、继电器的控制输入；
- J9：继电器的控制输出；
- J11：按键的行、列引脚；
- J12：扩展至 J11 附近的 P1 口引脚；
- J13：8 位 LED 指示灯的控制输入；
- J14：I/O 口扩展 74HC573 的输出，与 J13 或 J15 可用跳线帽连接；
- J16、J17：电位器引出端；
- J18：STC 单片机下载输入端，可用跳线帽与电路板上的下载器输出端连接；
- J19：可用跳线帽将遥控输出、DS12C887 的中断信号连接到单片机的 $\overline{INT1}$、$\overline{INT0}$；
- J20：DS12C887 中断信号输出、方波输出；
- J21：地线引出端；
- J22：+5 V 引出端；
- J23、J24、J25：并联排针。

8.2 发光二极管逐个点亮控制设计实验

8.2.1 实验目的

(1)掌握单片机控制发光二极管的电路原理；

(2)使用汇编语言和C语言编写程序，实现发光二极管动态亮灭控制。

8.2.2 硬件电路设计

8个发光管可选择由P1口或由74HC573扩展的输出口2种控制方法，硬件电路由单片机、8个发光二极管、限流电阻、TTL输出口扩展电路等组成。

(1)P1口控制8个发光二极管　用杜邦线将P1口J12与发光二极管的控制端J13相连，如图8.4所示。

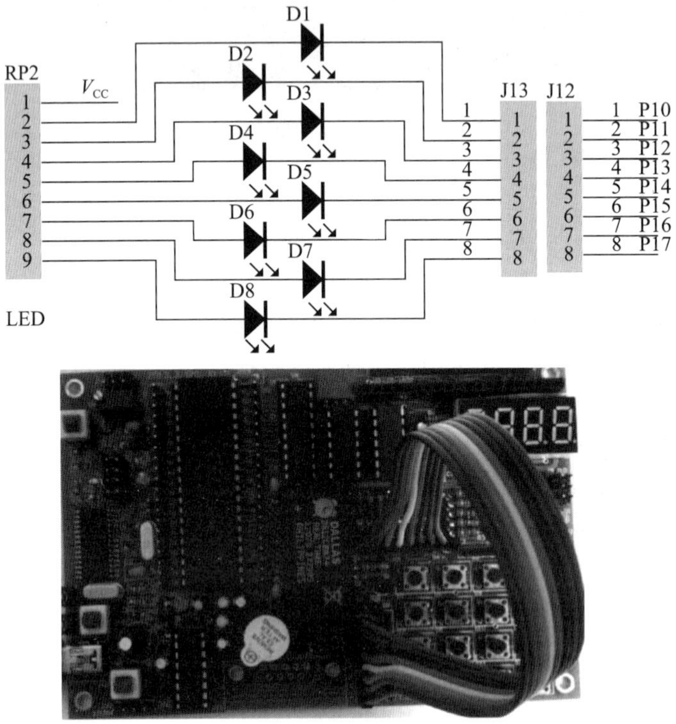

图8.4　P1口控制发光二极管跳线图

(2)74HC573扩展的输出口控制8个发光二极管　用跳线帽将74HC573扩展的输出口J14与发光二极管的控制端J13相连，如图8.5所示。

图8.5　输出口扩展芯片74HC573控制发光二极管的跳线图

8.2.3 软件程序设计

通过程序控制使 P1 口(或 74HC573)的输出,从低位到高位依次变为低电平"0",即发光二极管逐个点亮。

(1)汇编语言　程序控制由 P1 口输出高低电平,控制发光二极管亮灭,汇编语言程序如下:

```
        ORG     0000H
        AJMP     MAIN
        ORG     0100H                  ;编译后,下面的程序存放在 100H 开始的程序存储
                                       ;器中
MAIN:   MOV     A,# 0FFH               ;起始时刻送出全 1,所有二极管熄灭
        MOV     R2,# 09H
LOOP:   MOV     P1,A                   ;送到 P1 口,位为 0 的发光二极管点亮
        CLR     C                      ;进位标志位清 0
        RLC     A                      ;循环左移,移入 0
        CALL    DLY1                   ;延时
        DJNZ    R2,LOOP                ;计数
        SJMP    MAIN
DLY1:   MOV     R7, # 10               ;延时子程序
DL1:    MOV     R6, # 200
DL2:    MOV     R5, # 250
DL3:    DJNZ    R5, DL3
        DJNZ    R6, DL2
        DJNZ    R7, DL1
        RET
end
```

(2)C 语言程序　程序交替将 0x55H(0101 0101B)和 0xAAH(1010 1010B)送入 P1 口,则对应为 0(即低电平)的引脚对应的发光二极管被点亮,C 语言程序如下:

```
# include "reg51.h"
typedef unsigned char BYTE;
typedef unsigned int  WORD;
BYTEai,di;
void Delay(WORD n)   //延时程序
{
    WORD x;
    while(n--)
    {
```

```
            x = 5000;
            while(x--);
        }
}
void main()            //主程序
{
    SP = 0x60;
    di = 0x55;
    while(1)
    {
        for (ai = 100;ai> = 2;ai -= 2)
            {
                P1 = di;
                Delay(ai);
                di  = ~di;
            }
        for (ai = 2;ai< = 100;ai += 2)
            {
                P1 = di;
                Delay(ai);
                di  = ~di;
            }
    }
}
```

8.3 数码管的数据显示设计实验

8.3.1 实验目的

(1)掌握单片机控制数码管显示的电路原理；

(2)使用汇编语言和C语言编写程序，实现数码管的静态和动态数据显示。

8.3.2 静态显示

(1)硬件电路设计 数码管数据显示的硬件电路由单片机、4位共阳极数码管、位驱动电路、限流电阻等组成。实验板中将跳线J7.1与GND相连，即最低位数码管始终被选通。用跳线将J12与J15相连，P1口送出数码管段选码(也可由74HC573送出，程序自编)。

(2)软件程序设计 程序由P1口送出段码信息，最低位数码管循环显示数字0～9。共阳极数码管段码表如表8.1所示。

表 8.1 共阳极数码管段码表

显示字符	共阳极段码	共阴极段码	显示字符	共阳极段码	共阴极段码
0	C0H	3FH	C	C6H	39H
1	F9H	06H	d	A1H	5EH
2	A4H	5BH	E	86H	79H
3	B0H	4FH	F	8EH	71H
4	99H	66H	P	8CH	73H
5	92H	6DH	U	C1H	3EH
6	82H	7DH	r	CEH	31H
7	F8H	07H	y	91H	6EH
8	80H	7FH	H	89H	76H
9	90H	6FH	L	C7H	38H
A	88H	77H	全亮	00H	FFH
b	83H	7CH	全灭	FFH	00H

汇编语言程序如下：

```
ORG    0000H
       AJMP    MAIN
       ORG     0100H
MAIN:  MOV    R1,# 00H
       MOV    R2,# 0AH
       MOV    DPTR,# SHU
LOOP:  MOV    A,R1
       MOVC   A,@A + DPTR
       MOV    P1,A
       CALL   DLY1
       INC    R1
       DJNZ   R2,LOOP
       SJMP   MAIN
DLY1:  MOV    R7, # 20              ;延时子程序
DL1:   MOV    R6, # 200
DL2:   MOV    R5, # 250
DL3:   DJNZ   R5, DL3
       DJNZ   R6, DL2
       DJNZ   R7, DL1
RET
              ORG 200H
SHU: DB 0C0H,0F9H,0A4H,0B0H,99H,92H,82H,0F8H,80H,90H
end
```

8.3.3 动态显示(汇编语言)

(1)硬件电路设计　数码管数据显示的硬件电路由单片机、4位共阳极数码管、位驱动电路、限流电阻等组成。实验板中将跳线J7.1、J7.2分别与P3.4、P3.5相连,即最低2位数码管。用跳线将J12与J15相连,由P1口送出数码管段码(也可由74HC573送出,程序自编)。

(2)软件程序设计　程序从DS12C887中读取秒信息,由P1口送出段码信号,P3.5和P3.4送出位选信号,使数码管低2位显示“秒”。共阳极数码管段码表同上。

汇编语言程序如下:

```
Sec      EQU     36H
         ORG     0000H
         AJMP    MAIN
         ORG     0100H
MAIN:    MOV     DPTR,# 100CH
         MOVX    A,@DPTR
         JNB     Acc.4,LOOP           ;1表示时间更新
         MOV     DPTR,# 1000H         ;读时间,秒
         MOVX    A,@DPTR
         MOV     Sec,A
LOOP:    CALL    CRTTIME
         SJMP    MAIN
CRTTIME:MOV      DPTR,# SHU;时间显示,秒
         MOV     A,Sec
         SWAP    A
         ANL     A,# 0FH
         MOVC    A,@A + DPTR
         MOV     P1,A
         CLR     P3.5
         CALL    DELAY1
         SETB    P3.5
         CALL    DELAY1;避免“位”之间的相互影响
         MOV     A,Sec
         ANL     A,# 0FH
         MOVC    A,@A + DPTR
         MOV     P1,A
         CLR     P3.4
         CALL    DELAY1
         SETB    P3.4
         RET
```

```
DELAY1: MOV    R7, #20              ;延时子程序
DL1:    MOV    R6, #20
DL2:    DJNZ   R6, DL2
        DJNZ   R7, DL1
        RET
SHU: DB 0C0H,0F9H,0A4H,0B0H,99H,92H,82H,0F8H,80H,90H
end
```

8.3.4 动态显示（C 语言）

(1)硬件电路设计　数码管数据显示的硬件电路由单片机、4 位共阳极数码管、位驱动电路、限流电阻等组成。实验板中用跳线将 J14 与 J15 相连，由 74HC573 送出段码，P1.0～P1.3 控制数码管 4 位位选(图 8.6)。

图 8.6　数码管显示硬件连接图

(2)软件程序设计　从 DS12C887 中取出时间分、秒，送到数码管显示。C 语言程序如下：

```
#include "reg51.h"
#include "intrins.h"
#include"absacc.h"
#include"math.h"
typedef unsigned char BYTE;
typedef unsigned int  WORD;
/*  LED 口地址  */
#define  led_data  XBYTE[0x6000]
BYTE  led_dm[10] = {0xc0,0xf9,0xa4,0xb0,0x99,0x92,0x82,0xf8,0x80,0x90};
BYTE  di;
/*  DS12887 口地址  */
#define  DS_A     XBYTE[0x100A]      //寄存器 A
```

```
#define  DS_B     XBYTE[0x100B]     //寄存器B
#define  DS_C     XBYTE[0x100C]     //寄存器C
#define  Years    XBYTE[0x1009]     //年
#define  Month    XBYTE[0x1008]     //月
#define  Day      XBYTE[0x1007]     //日
#define  Week     XBYTE[0x1006]     //星期
#define  Hour     XBYTE[0x1004]     //时
#define  Minute   XBYTE[0x1002]     //分
#define  Second   XBYTE[0x1000]     //秒

void Delay(WORD n);
void LED_crt(BYTE val);

/*****************LED 显示程序 ********************/
void LED_crt(BYTE di)
{
    P1 |= 0xff;
    di = Minute & 0xf0;              //显示分
    di >>= 4;
    led_data = led_dm[di];
    P1 &= 0xf7;
    Delay(10);
    P1 |= 0xff;

    di = Minute & 0x0f;
    led_data = led_dm[di];
    P1 &= 0xfb;
    Delay(10);
    P1 |= 0xff;

    di = Second & 0xf0;              //显示秒
    di >>= 4;
    led_data = led_dm[di];
    P1 &= 0xfd;
    Delay(10);
    P1 |= 0xff;

    di = Second & 0x0f;
    led_data = led_dm[di];
    P1 &= 0xfe;
    Delay(10);
```

```
P1 | = 0xff;
}
/ ******************LED 显示程序 *********************/
void Delay(WORD n)
{
    WORD x;
    while(n -- )
    {
        x = 100;
        while(x -- );
    }
}
void main()
{
    SP = 0x60;
    while(1)
    {
        LED_crt(di);
    }
}
```

8.4 按键扫描程序设计实验

8.4.1 实验目的

(1)掌握矩阵键盘的硬件电路设计；

(2)使用汇编语言编写程序，实现按键查询和键号的数码管显示。

8.4.2 硬件电路设计

4×4 矩阵键盘行输入接单片机 P1.0～P1.3，列输入接单片机 P1.4～P1.7，通过扫描方式检测是否有键按下，并确定键值。通过数码管显示键值。

(1)设置跳线，连接 J12 与 J11(P1 口连接键盘行列)。

(2)设置跳线，连接 J14 与 J15(74LS573 口送出数码管段码)。

(3)采用数码管静态显示，J7.4 接地。

键盘接口电路如图 8.7 所示。

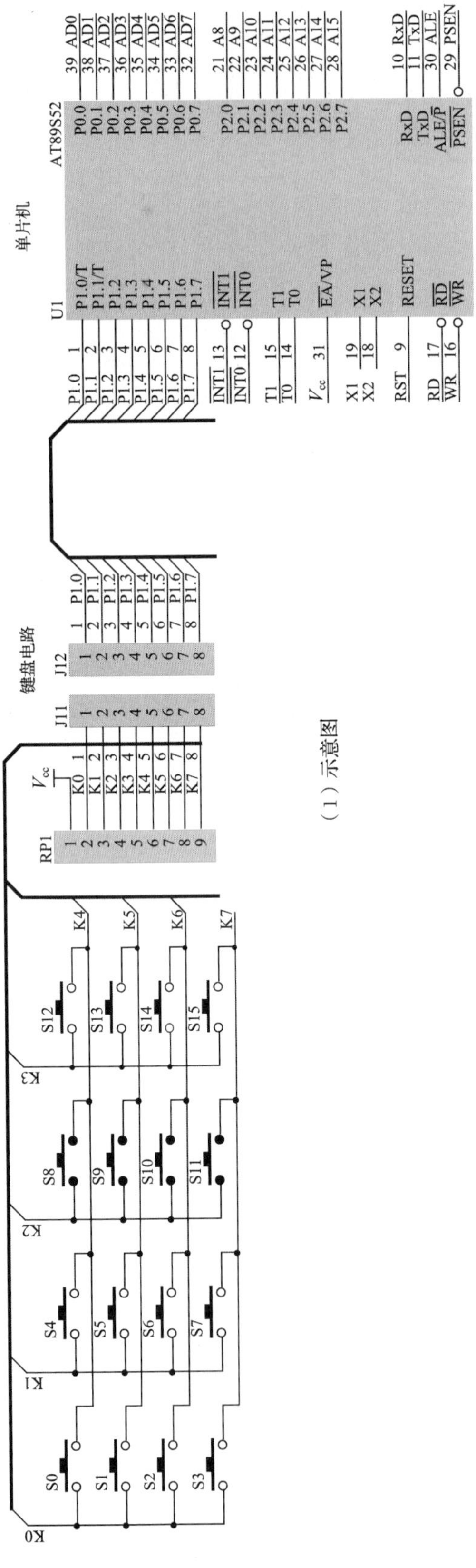

（1）示意图

（2）实物图

图 8.7　键盘接口电路

8.4.3 软件程序设计

对键盘进行编号:S0～S15。按下相应按键,在数码管上显示相应键值(0～F)。例如,按下 S10 键,低位数码管显示 A;按下 S0 键,显示 0。

汇编语言程序如下:

```
keysta      EQU     30H
keyval      EQU     31H

            ORG     0000H
            AJMP    MAIN

            ORG     0100H

MAIN:  MOV    SP,# 60H
LOOP:  CALL   key
       MOV    A,keyval
       CJNE   A,# 0FFH,LOOP1
       SJMP   LOOP

LOOP1:CALL    crt
       SJMP   LOOP

key:   MOV    P1,# 0F0H
       MOV    A,# 0F0H
       ANL    A,P1
       CJNE   A,# 0F0H,key1
       MOV    keyval,# 0FFH
       SJMP   key_ret

key1:  CALL   DELAY1
       MOV    A,# 0F0H
       ANL    A,P1
       CJNE   A,# 0F0H,key2
       MOV    keyval,# 0FFH
       SJMP   key_ret

key2:  MOV    R1,A
       MOV    P1,# 0FH
       MOV    A,# 0FH
       ANL    A,P1
       ORL    A,R1

       MOV    keysta,A
```

```
        MOV   R1,# 00H
        MOV   R2,# 10H
        MOV   DPTR,# KEYM
key3:   MOV   A,R1
        MOVC  A,@A + DPTR
        CJNE  A,keysta,key5
        MOV   keyval,R1
key4:   MOV   P1,# 0FH
        MOV   A,# 0FH
        ANL   A,P1
        CJNE  A,# 0FH,key4
        SJMP  key_ret
key5:   INC   R1
        DJNZ  R2,key3
key_ret:RET
crt:    MOV   DPTR,# SHU
        MOV   A,keyval
        ANL   A,# 0FH
        MOVC  A,@A + DPTR
        MOV   DPTR,# 6000H
        MOVX  @DPTR,A
        CALL  DELAY1
        RET
DELAY1:  MOV   R7, # 20              ;延时子程序
DL1:     MOV   R6, # 250
DL2:     DJNZ  R6, DL2
         DJNZ  R7, DL1
RET
KEYM:DB 0EEH, 0DEH, 0BEH, 7EH, 0EDH, 0DDH, 0BDH, 7DH, 0EBH, 0DBH, 0BBH, 7BH,
0E7H, 0D7H, 0B7H, 77H
SHU: DB 0C0H, 0F9H, 0A4H, 0B0H, 99H, 92H, 82H, 0F8H, 80H, 90H, 88H, 83H, 0C6H,
0A1H, 86H, 8EH
end
```

8.5 LCD1602 时间显示设计实验

8.5.1 实验目的

(1)掌握液晶显示模块 LCD1602 及时钟芯片 DS12C887 在单片机扩展中的硬件电路设计;

(2)使用 C 语言编写程序,实现时间信息修改、读取和液晶显示。

8.5.2 硬件电路设计

实验板中接入液晶模块 1602、时钟芯片 DS12C887(不需要跳线),电路如图 8.8 所示。

8.5.3 软件程序设计

(1)液晶显示模块 LCD1602　LCD1602 的地址如表 8.2 所示。

表 8.2　LCD1602 的地址

功能	地址
写命令	0C000H
写数据	0C100H
读命令	0C200H
读数据	0C300H

(2)时钟芯片 DS12C887　DS12C887 的地址如表 8.3 所示。

表 8.3　DS12C887 的地址

序号	寄存器	地址
1	秒	1000H
2	分	1002H
3	时	1004H
4	星期	1006H
5	日	1007H
6	月	1008H
7	年	1009H
8	寄存器 A	100AH
9	寄存器 B	100BH
10	寄存器 C	100CH

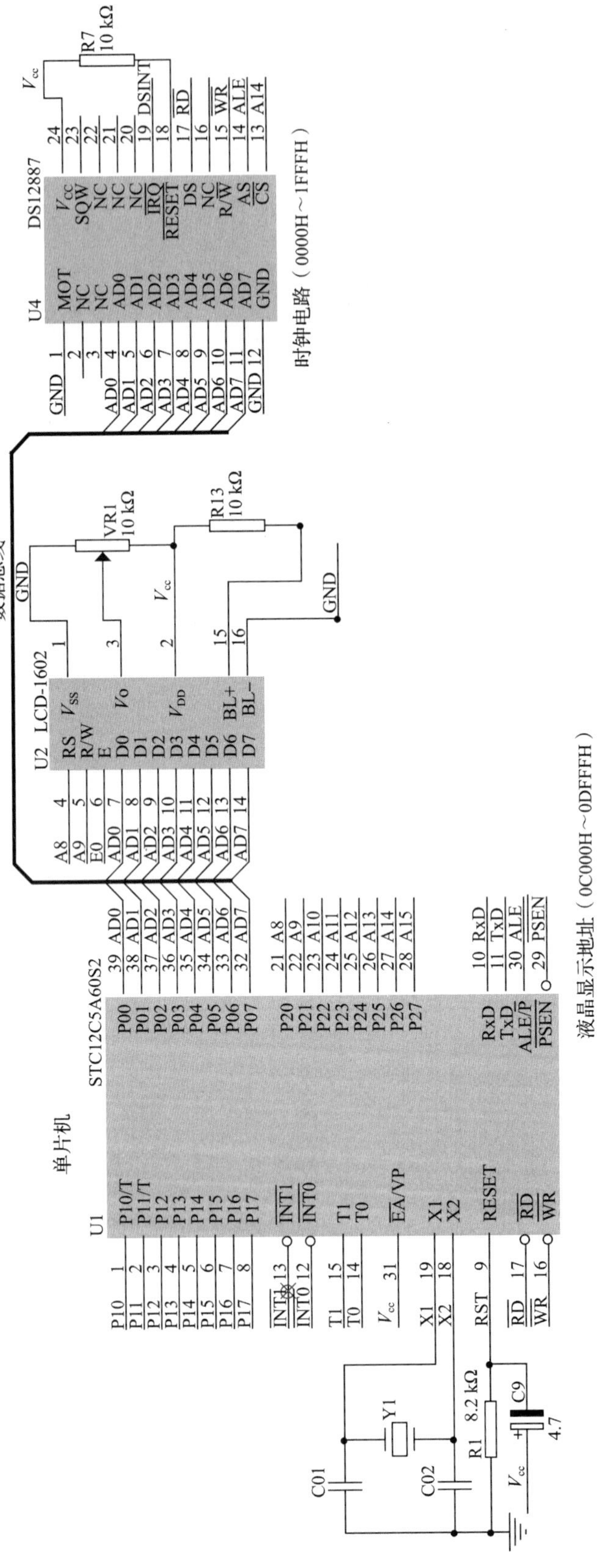

图 8.8　LCD1602 接口电路

在液晶模块 LCD1602 的第一行显示：月、日、时、分、秒。格式如下：

07-12　　11:10:25

C 语言程序如下：

```
# include "reg51.h"
# include"absacc.h"
typedef unsigned char BYTE;
typedef unsigned int  WORD;
/ * 液晶 12864 口地址   * /
# define  wr_com    XBYTE[0xC000]      //写命令
# define  wr_data   XBYTE[0xC100]      //写数据
# define  rd_com    XBYTE[0xC200]      //读命令
# define  rd_data   XBYTE[0xC300]      //读数据
/ *   DS12887 口地址   * /
# define  DS_A      XBYTE[0x100A]      //寄存器 A
# define  DS_B      XBYTE[0x100B]      //寄存器 B
# define  DS_C      XBYTE[0x100C]      //寄存器 C
# define  Years     XBYTE[0x1009]      //年
# define  Month     XBYTE[0x1008]      //月
# define  Day       XBYTE[0x1007]      //日
# define  Week      XBYTE[0x1006]      //星期
# define  Hour      XBYTE[0x1004]      //时
# define  Minute    XBYTE[0x1002]      //分
# define  Second    XBYTE[0x1000]      //秒
void Dclay(WORD n);
void lcd_init(void);                              // lcd 初始化
void write_cmd(BYTE cmd);                         // lcd 写命令
void write_data(BYTE dat) ;                       // 写数据
void set_display_place(BYTE line,column);
/ ************ 向 lcd 输入指令 *********************** /
void write_cmd(BYTE cmd)
{
    BYTE dl;
    do {
        dl = rd_com;
        } while((dl&0x80)! = 0); //判忙
```

```
    wr_com = cmd;
    Delay(1);
}
/**********写入数据 ******************************/
void write_data(BYTE dat)
{
    BYTE dl;
    do {
        dl = rd_com;
        } while((dl&0x80)! = 0);//判忙
    wr_data = dat;
    Delay(1);
}
/***************设置字符的显示位置 ***************/
void set_display_place(BYTE line,column)
{
  BYTE address;
    switch (line)
    {
        case 1: address  =  0x80  +  column; break;
        case 2: address  =  0xc0  +  column;
    }
    write_cmd(address);
}
/***********液晶模块初始化 ***************************/
void lcd_init(void)
{
  write_cmd(0x38);//
  write_cmd(0x38);//
  write_cmd(0x06);//
  write_cmd(0x0c);//
  write_cmd(0x01);//
}
/**********DS12887 初始化程序 **********************/
void DS_init()
{
    DS_A = 0x20;
```

```
        DS_B = 0x12;
}
/*******显示时间 ********************************/
void crt_BYTE(BYTE ti)
{
    BYTEdhi,dli;
    dli = ti;
    dhi = dli & 0xf0;
    dhi>> = 4;
    dhi + = 0x30;
    dli & = 0x0f;
    dli  + = 0x30;
    write_data(dhi);
    write_data(dli);
}
void crt_time(BYTE line)
{
    set_display_place(line,0);
    crt_BYTE(Month);
    write_data(0x2d);
    crt_BYTE(Day);
    write_data(0x20);
    write_data(0x20);
    write_data(0x20);
    crt_BYTE(Hour);
    write_data(0x3a);
    crt_BYTE(Minute);
    write_data(0x3a);
    crt_BYTE(Second);
}
void Delay(WORD n)
{
    WORD x;
      while(n--)
      {
        x = 500;
          while(x--);
```

```
    }
}
void write_time()        //修改时间程序
{
    DS_A = 0x2f;              //寄存器 A
    DS_B| = 0x80;
    Years = 0x23;             //年
    Month = 0x02;             //月
    Day = 0x06;               //日
    Week = 0x01;              //星期
    Hour = 0x12;              //时
    Minute = 0x19;            //分
    Second = 0x00;            //秒
    DS_B & = 0x7f;            //寄存器 A
}
void main()
{
    SP = 0x60;
    lcd_init();
    DS_init();
    //write_time();    //DS12C887 时间设置
    while(1)
    {
        if ((DS_C & 0x10) ! = 0)      //显示时间
        {
          crt_time(1);
        }
        Delay(1);
    }
}
```

8.6 A/D 数据转换程序设计实验

8.6.1 实验目的

(1)掌握单片机 A/D 转换电路的硬件设计；

(2)使用 C 语言编写程序，实现 A/D 转换数据的读取、变换和液晶显示。

8.6.2 硬件电路设计

利用电位器 VR4 的分压作为单片机 A/D 转换的输入信号，由 LCD1602 显示 A/D 转换结果。

A/D 转换结果的变换公式（U 为被测电压值，B 为 A/D 转换数字量）：

$$U=B\times 5.0/1024.0$$

实验板中接入液晶模块 1602，按图 8.9 得到模拟电压信号，P1.7 作为模拟信号输入，进行 A/D 转换，调整电位器，可获得不同的电压输入。

图 8.9　A/D 转换电路连接图

8.6.3 软件程序设计

液晶显示当前电位器 VR4 的分压，第一行显示"P1.7"，第二行显示"U：电压值"（图 8.10）。

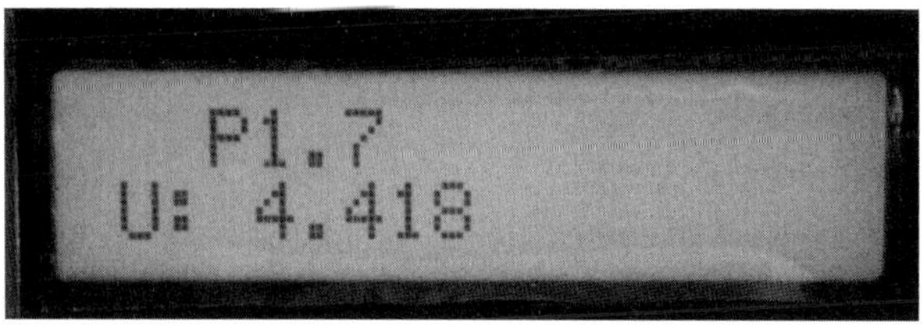

图 8.10　A/D 转换结果液晶显示图

C 语言程序如下：

```
# include "reg51.h"
# include "intrins.h"
# include"absacc.h"
# include"math.h"
```

```
typedef unsigned char BYTE;
typedef unsigned int  WORD;
/*  AD 转换寄存器   */
sfr      P1ASF      = 0x9D;     //P1 口功能控制寄存器
sfr      ADC_CONTR  = 0xBC;    //AD 控制寄存器
sfr      ADC_RES    = 0xBD;    //AD 转换结果高位
sfr      ADC_RESL   = 0xBE;    //AD 转换结果低位
sfr      AUXR1      = 0xA2;    //AD 转换结果寄存器
#define  ADC_POWER    0x80            //AD 转换电源开启
#define  ADC_FLAG     0x10            //AD 转换标志位
#define  ADC_START    0x08            //AD 转换开始位
#define  ADRJ1        0x40            //AD 转换结果:高 2 位 + 低 8 位
#define  ADC_SPEEDLL  0x00        //AD 转换速度控制,540 个时钟周期转换一次
#define  ADC_SPEEDL   0x20        //AD 转换速度控制,360 个时钟周期转换一次
#define  ADC_SPEEDH   0x40        //AD 转换速度控制,180 个时钟周期转换一次
#define  ADC_SPEEDHH  0x60        //AD 转换速度控制,90 个时钟周期转换一次
/* 液晶 1602 口地址  */
#define  wr_com   XBYTE[0xC000]     //写命令
#define  wr_data  XBYTE[0xC100]     //写数据
#define  rd_com   XBYTE[0xC200]     //读命令
#define  rd_data  XBYTE[0xC300]     //读数据
unsigned char ah;
unsigned char AD_val_h;   //AD 转换结果高位
unsigned char AD_val_l;   //AD 转换结果低位
unsigned long AD_val;
float AD_float;
void InitADC();
void SendData(BYTE dat);
void Delay(WORD n);
void ShowResult(BYTE ch);
void lcd_init(void);                // lcd 初始化
void write_cmd(BYTE cmd);        // lcd 写命令
void write_data(BYTE dat) ;       // 写数据
void set_display_place(BYTE line,column);
void write_string_lcd(BYTE line,column,unsigned char * string);
```

```
/ ************* 向 lcd 输入指令 ************************************ /
void write_cmd(BYTE cmd)
{
    BYTE dl;
    do {
         dl = rd_com;
       } while((dl&0x80)! = 0);//判忙
  wr_com = cmd;
  Delay(1);
}
/ *************** 写入数据 ************************************ /
void write_data(BYTE dat)
{
    BYTE dl;
    do {
        dl = rd_com;
       } while((dl&0x80)! = 0); //判忙
    wr_data = dat;
    Delay(1);
}
/ *************** 写入字符串 ********************************** /
void write_string(BYTE * s)
{
    while( * s ! = '\0')            //'\0'为字符串结束标志
    {
        write_data( * s);
        s ++ ;
    }
}
/ *************** 设置字符的显示位置 *************** /
void set_display_place(BYTE line,column)
{
  BYTE address;
    switch (line)
    {
        case 1: address = 0x80 + column; break;
        case 2: address = 0xc0 + column;
```

```
    }
  write_cmd(address);
}
/*******************将字符串显示在lcd的特定位置 ***************/
void write_string_lcd(BYTE line,column,unsigned char * string)
{
    set_display_place(line,column);
    write_string(string);
    Delay(1);
}
/***********液晶模块初始化 **************************/
void lcd_init(void)
{
    write_cmd(0x38);
    write_cmd(0x38);
    write_cmd(0x06);
    write_cmd(0x0c);
    write_cmd(0x01);
}
void crti(unsigned long dat)
{
    unsigned chardhi;
    unsigned char dli;
    unsigned charddi;
    unsigned chardei;
    unsigned longdatah;
    unsigned long datal;
    datah = dat;
    dhi = 0;
    if (datah > = 10)
    {
        do
        {
            datah/ = 10;
            dhi + + ;
        }while(datah > = 10);
        datah = dat;
```

```
ddi = dhi;
        for (dli = 0;dli<dhi;dli ++ )
        {
            datal = 1;
            for (dei = 0;dei<ddi;dei ++ )
            {
                datal * = 10;
            }
            datah = dat/datal;
            dat = dat % datal;
            datah + = 0x30;
            write_data(datah);
            ddi -- ;
        }
        dat + = 0x30;
        write_data(dat);
    }
    else
    {
        dat = dat + 0x30;
        write_data(dat);
    }
}
/*****************浮点数显示 ****************/
void crt_r(float x,unsigned char N)
{
    unsigned char dli;
    unsigned int  dath;
    unsigned int  dat;
    if (x<0.0)
    {
        dat = 0x2d;
        write_data(dat);
        Delay(1);
        x = fabs(x);
    }
    dath = (int)x;
```

```
    crti(dath);
    if (N>0)
    {
        dat = 0x2e;
        write_data(dat);
        Delay(1);
        dat = 1;
        for (dli = 0;dli<N;dli ++ )
        {
            dat * = 10;
        }
        dath = (int)(x * dat) - dath * dat;
        crti(dath);
    }
}
void crt_U()
{
    write_string_lcd(2,8, "U:");
    set_display_place(2,11);
    crt_r(AD_float,3);
}
void GetADCResult(BYTE ch) //A/D 转换
{
    AUXR1 & = ~ADRJ1;
    ADC_CONTR = ADC_POWER|ADC_SPEEDLL|ch|ADC_START;
    _nop_();
    _nop_();
    _nop_();
    _nop_();
    while(! (ADC_CONTR & ADC_FLAG));
    ADC_CONTR & = ~ADC_FLAG;
    AD_val_h = ADC_RES;
    AD_val_l = ADC_RESL;
    AD_val = AD_val_h * 4 + AD_val_l;
}
void InitADC()
{
```

```
    P1ASF = 0xff;
    ADC_RES = 0;
    ADC_CONTR = ADC_POWER|ADC_SPEEDLL;
    Delay(1);
}
void Delay(WORD n)
{
    WORD x;
    while(n--)
    {
      x = 500;
      while(x--);
    }
}
void main()
{
    SP = 0x60;
    InitADC();
    lcd_init();
    AUXR1 &= ~ADRJ1;
    while(1)
    {
        write_string_lcd(2,0, "P1.7");
        GetADCResult(7);
        AD_float = AD_val * 5.0/1024.0;
        crt_U();
        Delay(10);
    }
}
```

8.7 LCD12864 数据显示设计实验

8.7.1 实验目的

(1)掌握点阵液晶显示模块 LCD12864 在单片机扩展中的硬件电路设计,以及 DS18B20 和 DS12C887 的应用设计;

(2)使用 C 语言编写程序,实现汉字和数字信息显示,读取 DS18B20 和 DS12C887 的温度和时间信息,并在 LCD12864 模块上显示。

8.7.2 硬件电路设计

实验板中接入温度传感器 DS18B20,用跳线将 J5 与 J6 的 3 端连接,温度信息通过 CPU 的 P1.7 口输入。通过液晶模块 12864 显示温度,时钟芯片 DS12C887 提供温度信息。

8.7.3 软件程序设计

在液晶模块 LCD12864 显示的内容如下:

2023 年 06 月 06 日
11:10:25 星期四
室内温度(℃): 23.8

液晶模块 LCD12864 和时钟芯片 DS12C887 的地址分配同前节。C 语言程序如下:

```
#include "reg51.h"
#include"absacc.h"
#include"math.h"
typedef unsigned char BYTE;
typedef unsigned int  WORD;
/*液晶 12864 口地址   */
#define  wr_com   XBYTE[0xC000]     //写命令
#define  wr_data  XBYTE[0xC100]     //写数据
#define  rd_com   XBYTE[0xC200]     //读命令
#define  rd_data  XBYTE[0xC300]     //读数据
/*  DS12887 口地址   */
#define  DS_A     XBYTE[0x100A]     //寄存器 A
#define  DS_B     XBYTE[0x100B]     //寄存器 B
#define  DS_C     XBYTE[0x100C]     //寄存器 C
#define  Years    XBYTE[0x1009]     //年
#define  Month    XBYTE[0x1008]     //月
#define  Day      XBYTE[0x1007]     //日
#define  Week     XBYTE[0x1006]     //星期
#define  Hour     XBYTE[0x1004]     //时
#define  Minute   XBYTE[0x1002]     //分
#define  Second   XBYTE[0x1000]     //秒
BYTEah,al;
```

```
char temperature[2];                    //存放温度数据
floatwen_val;
sbit DS1820_DQ = P1^7;                  //单总线引脚
void DS18B20_Init();                    //DS18B20 初始化
bit  DS1820_Reset();                    //DS1820 复位
void DS1820_WriteData(BYTEwData);     //写数据到 DS1820
BYTE DS1820_ReadData();                 //读数据
void read_wendu();
void DelayXus(WORD n);
void IintUart();
void InitADC();
void SendData(BYTE dat);
void GetADCResult(BYTE ch);
void Delay(WORD n);
void ShowResult(BYTE ch);
void lcd_init(void);                    // lcd 初始化
void write_cmd(BYTE cmd);               // lcd 写命令
void write_string(unsigned char * s);       // 写字符串
void write_data(BYTE dat) ;             // 写数据
void seti_wl(BYTE line,column) ;
void set_display_place(BYTE line,column);
void write_string_lcd(BYTE line,column,unsigned char * string);
void crti(unsigned long dat);
void crt_r(float x,BYTE N);
void crt_BYTE(BYTE ti);
/*****************DS18B20 初始化 *************************/
void DS18B20_Init()
{
    DS1820_Reset();
    DS1820_WriteData(0xCC);      //跳过 ROM
    DS1820_WriteData(0x4E);      //写暂存器
    DS1820_WriteData(0x20);      //往暂存器的第 3 字节中写上限值
    DS1820_WriteData(0x00);      //往暂存器的第 4 字节中写下限值
    DS1820_WriteData(0x7F);      //将配置寄存器配置为 12 位精度
    DS1820_Reset();
}
```

```
/*************DS1820 复位及存在检测 *************************/
bit DS1820_Reset()
{
    bit flag;
    DS1820_DQ = 0;      //拉低总线
    DelayXus(480);      //延时 480 μs,产生复位脉冲
    DS1820_DQ = 1;      //释放总线
    DelayXus(80);       //延时 80 μs 对总线采样
    flag = DS1820_DQ;      //对数据脚采样
    DelayXus(400);      //延时 400 μs 等待总线恢复
    return (flag);      //根据 flag 的值可知 DS1820 是否存在或损坏 ,可加声音警
告提示 DS1820 故障
}
/****************写数据到 DS1820 ***************************/
void DS1820_WriteData(BYTE wData)
{
    BYTEi;
    for (i=8;i>0;i--)
    {
        DS1820_DQ = 0;                  //拉低总线,产生写信号
        DelayXus(4);                     //延时 4 μs
        DS1820_DQ = wData&0x01;      //发送 1 位
        DelayXus(60);                    //延时 60 μs,写时序至少要 60 μs
        DS1820_DQ = 1;                  //释放总线,等待总线恢复
        wData>>=1;                       //准备下一位数据的传送
    }
}
/**************从 DS1820 中读出数据 ************************/
BYTE DS1820_ReadData()
{
    BYTEi,TmepData;
    for (i=8;i>0;i--)
    {
        TmepData>>=1;
        DS1820_DQ = 0;      //拉低总线,产生读信号
        DelayXus(4);      //延时 4 μs
        DS1820_DQ = 1;      //释放总线,准备读数据
        DelayXus(8);      //延时 8 μs 读数据
```

```
        if (DS1820_DQ == 1){TmepData |= 0x80;}
        DelayXus(60);       //延时 60 μs
        DS1820_DQ = 1;      //拉高总线,准备读下一位数据
    }
    return (TmepData);      //返回读到的数据
}
/***************延时 n 微秒程序 ************************/
void DelayXus(WORD n)
{
  while( -- n);
}
/************读取温度程序 *****************************/
void read_wendu()
{
  BYTEi;
    DS1820_Reset();       //复位
    DS1820_WriteData(0xcc);      //跳过 ROM 命令
    DS1820_WriteData(0x44);      //温度转换命令
    DS1820_Reset();       //复位
    DS1820_WriteData(0xcc);      //跳过 ROM 命令
    DS1820_WriteData(0xbe);      //读 DS1820 温度暂存器命令
    for (i = 0;i<2;i ++ )
    {
        temperature[i] = DS1820_ReadData();      //采集温度
    }
    DS1820_Reset();       //复位,结束读数据
}
/*************显示温度程序 ********************************/
void crt_wendu(BYTE line,column)
{
    read_wendu();
    ah = temperature[1]<<4;
    ah& = 0xf0;
    al = temperature[0]>>4;
    al& = 0x0f;
    ah = ah|al;
    al = temperature[0]&0x0f;
    if ((ah&0x80)! = 0)
```

```
    {
        if (al == 0)
            {
              ah = ~ah;ah = ah + 1;
            }
            else
            {
              ah = ~ah;al = ~al;al = al + 1;al& = 0x0f;
            }
            wen_val = ah * ( - 1.0) + al * ( - 0.0625);
    }
    else
    {
        wen_val = ah * 1.0 + al * 0.0625;
    }
    seti_wl(line,column);
    crt_r(wen_val,1);
    write_data(0x20);
}
/******************向 lcd 输入指令 **********************************/
void write_cmd(BYTE cmd)
{
    BYTE dl;
    do
    {
        dl = rd_com;
    } while((dl&0x80)! = 0);      //判忙
  wr_com = cmd;
  Delay(1);
}
/******************写入数据 ************************************/
void write_data(BYTE dat)
{
    BYTE dl;
    do
    {
        dl = rd_com;
    } while((dl&0x80)! = 0);      //判忙
```

```
  wr_data = dat;
  Delay(1);
}
/******************写入字符串 **************************************/
voidwrite_string(BYTE * s)
{
    while( * s ! = '\0')                 //'\0'为字符串结束标志
    {
      write_data( * s);
      s ++ ;
    }
}
/****************设置字符的显示位置 **************************/
void set_display_place(BYTE line,column)
{
    BYTE address;
    switch (line)
    {
        case 1: address = 0x80 + column; break;
        case 2: address = 0x90 + column; break;
        case 3: address = 0x88 + column; break;
        case 4: address = 0x98 + column;
    }
    write_cmd(address);
}/*****************将字符串显示在 lcd 的特定位置 ******************/
void write_string_lcd(BYTE line,column,unsigned char * string)
{
    set_display_place(line,column);
    write_string(string);
    Delay(1);
}
/***********液晶模块初始化 **************************/
void lcd_init(void)
{
  write_cmd(0x30);     //功能设置,一次送 8 位数据,基本指令集
  write_cmd(0x30);     //功能设置,一次送 8 位数据,基本指令集
  write_cmd(0x0C);     //0000,1100 整体显示,游标 off,游标位置 off
  write_cmd(0x01);     //0000,0001 清 DDRAM
```

```
  write_cmd(0x06);     //02
}
/*****************设置数据显示位置 ********************/
/****数值显示 0~65535,column 为数字起始位置:0,1,2...  ****/
void seti_wl(BYTE line,column)
{
    BYTE dli;
    dli = column % 2;
    column/ = 2;
    set_display_place(line,column);
    if (dli = = 1)
    {
        dli = 0x20;
        write_data(dli);
    }
}
/***********显示长整型数据 **************************/
void crti(unsigned long dat)
{
    BYTEdhi,dli,ddi,dei;
    unsigned longdatah;
    unsigned long datal;
    datah = dat;
    dhi = 0;
    if (datah> = 10)
    {
        do
        {
            datah/ = 10;
            dhi ++ ;
        }while(datah> = 10);
        datah = dat;
        ddi = dhi;
        for (dli = 0;dli<dhi;dli ++ )
        {
            datal = 1;
            for (dei = 0;dei<ddi;dei ++ )
            {
```

```
                datal * = 10;
            }
            datah = dat/datal;
            dat = dat % datal;
            datah + = 0x30;
            write_data(datah);
            ddi -- ;
        }
        dat + = 0x30;
        write_data(dat);
    }
    else
    {
        dat = dat + 0x30;
        write_data(dat);
    }
}
/*********** 浮点数显示 ******************************/
void crt_r(float x,unsigned char N)
{
    BYTE dli;
    unsigned int  dath;
    unsigned int  datl;
    unsigned int  dat;
    if (x<0.0)
    {
        dat = 0x2d;
        write_data(dat);
        Delay(1);
        x = fabs(x);
    }
  dath = (int)x;
  crti(dath);
  if (N>0)
  {
        dat = 0x2e;
        write_data(dat);
        Delay(1);
```

```
            dat = 1;
            for (dli = 0;dli<N;dli ++ )
            {
                dat * = 10;
            }
            dath = (int)(x * dat) - dath * dat;
            for (dli = 1;dli<N;dli ++ )
            {
                dat / = 10;
                datl = dath/dat;
                datl + = 0x30;
                write_data(datl);
                dath % = dat;
            }
            crti(dath);
        }
}
/ **********DS12887 初始化程序 **********************/
void DS_init()
{
    DS_A = 0x20;
    DS_B = 0x12;
}
/ **********显示时间 ***************************/
void crt_BYTE(BYTE ti)
{
    BYTEdhi,dli;
    dli = ti;
    dhi = dli & 0xf0;
    dhi>> = 4;
    dhi + = 0x30;
    dli & = 0x0f;
    dli + = 0x30;
    write_data(dhi);
    write_data(dli);
}
void crt_time(BYTE line)
{
```

```
    set_display_place(line,0);
    write_data(0x32);
    write_data(0x30);
    crt_BYTE(Years);
    write_string("年");
    crt_BYTE(Month);
    write_string("月");
    crt_BYTE(Day);
    write_string("日");
    set_display_place(line+1,0);
    crt_BYTE(Hour);
    write_data(0x3a);
    crt_BYTE(Minute);
    write_data(0x3a);
    crt_BYTE(Second);
    write_string_lcd(3,5,"星期");
    ah=Week;
    ah&= 0x07;
    switch (ah)
    {
        case 7: write_string("日");break;
        case 6: write_string("六");break;
        case 5: write_string("五");break;
        case 4: write_string("四");break;
        case 3: write_data(0xC8);write_data(0xFD);break;//"三"
        case 2: write_string("二");break;
        case 1: write_string("一");
    }
}
void Delay(WORD n)
{
    WORD x;
    while(n--)
    {
        x=500;
        while(x--);
    }
```

```
}
void write_time()
{
    DS_A = 0x2f;                //寄存器 A
    DS_B| = 0x80;
    Years = 0x13;               //年
    Month = 0x06;               //月
    Day = 0x16;                 //日
    Week = 0x07;                //星期
    Hour = 0x10;                //时
    Minute = 0x45;              //分
    Second = 0x00;              //秒
    DS_B & = 0x7f;              //寄存器 A
}
void main()
{
    SP = 0x60;
    lcd_init();
    DS_init();
    //write_time();    //DS12C887 时间设置
    DS18B20_Init();
    while(1)
    {
        write_string_lcd(1,1,"单片机程序");
        if ((DS_C & 0x10) ! =  0)//显示时间
        {
            crt_time(2);
            write_string_lcd(4,0, "室内温度:");
            crt_wendu(4,10);
        }
        Delay(1);
    }
}
```

第9章　STC8H系列单片机的主要功能

9.1　STC8H8K64U的参数性能

STC是System Chip的缩写，意味着随着半导体工艺的不断演进和发展，以及在摩尔定律指引的框架范围内，STC公司的8051单片机芯片内将要集成越来越多的外部设备，集成度越来越高，功能也越来越强大，并且芯片的性能将不断提高，价格也将不断降低。

STC8系列单片机是STC公司最新一代的8位单片机，STC8H系列又是STC8系列单片机中的旗舰型号，其中STC8H8K64U单片机的性能如下。

1. 内核

(1)超高速8051内核(1 T)为全球最快，比传统的8051单片机约快12倍。

(2)指令代码完全兼容传统8051单片机。

(3)提供了22个中断源和4级中断优先级。

(4)支持在线仿真。

2. 工作电压

1.9～5.5 V。

3. 工作温度

－40～85 ℃。

4. Flash存储器

(1)64 kB的Flash空间，用于存储用户代码。

(2)支持用户配置E^2PROM大小，512 B单页擦除，擦写次数可达10万次以上。

(3)支持在系统编程方式(ISP)更新用户应用程序，不需要专用编程器。

(4)支持单芯片仿真，不需要专用仿真器，理论断点个数无限制。

5. SRAM

(1)128 B内部直接访问RAM(DATA)。

(2)128 B内部间接访问RAM(IDATA)。

(3)8 192 B内部扩展RAM(XDATA)。

(4)1 280 B USB数据RAM。

(5)RTC　支持时间信息，支持时钟中断和一组闹钟。

6. 时钟控制

(1)内部最高45 MHz高精度、高稳定度的IRC(ISP编程时可进行上下调整)。

①误差为±0.3%(常温下 25 ℃)。

②−1.35%～+1.3%温漂(全温度范围为−40～85 ℃)。

③−0.76%～+0.98%温漂(温度范围为−20～65 ℃)。

(2)内部 32 kHz 低速 IRC(误差较大)。

(3)外部晶振(45 MHz 及以下)和外部时钟。

注:读者可自由选择上面的 3 种时钟源。

7.复位

(1)硬件复位　包括:

①上电复位。

②复位脚复位(高电平复位),出厂时 P5.4 默认为 I/O 口,ISP 下载时可将 P5.4 引脚设置为复位脚。

③看门狗溢出复位。

④低压检测复位,提供 4 级低压检测电压,即 1.9 V、2.3 V、2.8 V、3.7 V。

(2)软件复位　包括软件方式写复位触发寄存器。

8.中断

(1)提供 22 个中断源:$\overline{\text{INT0}}$、$\overline{\text{INT1}}$、$\overline{\text{INT2}}$、$\overline{\text{INT3}}$、$\overline{\text{INT4}}$、定时器 T0、定时器 T1、定时器 T2、定时器 T3、定时器 T4、串口 1、串口 2、串口 3、串口 4、ADC 模数转换、LVD 低压检测、SPI、I^2C、比较器、PCA/CCP/PWM、增强型 PWM、增强型 PWM 异常检测。

(2)提供 4 级中断优先级。

9.数字外设

(1)5 个 16 位定时器:定时器 T0、定时器 T1、定时器 T2、定时器 T3、定时器 T4,其中定时器 T0 的模式 3 具有 NMI(不可屏蔽中断)功能,定时器 T0 和定时器 T1 的模式 0 为 16 位自动重载模式。

(2)4 个高速串口:串口 1、串口 2、串口 3、串口 4,波特率时钟源最快可为 FOSC/4。

(3)4 组 16 位 PCA 模块:CCP0、CCP1、CCP2、CCP3,可用于捕获、高速脉冲输出以及 6/7/8/10 位的 PWM 输出。

(4)8 组 15 位增强型 PWM,可实现带死区的控制信号,并支持外部异常检测功能,另外还有 4 组传统的 PCA/CCP/PWM 可作 PWM。

(5)SPI:支持主机模式和从机模式,以及主机/从机自动切换。

(6)I^2C:支持主机模式和从机模式。

10.模拟外设

(1)ADC,支持 12 位精度、15 通道的模数转换,速度最快可达 800 千次/s,即每秒可进行 80 万次模数转换。

(2)比较器,对 2 个模拟输入电压进行比较,然后以数字形式给出比较结果。

11.GPIO

(1)最多可达 60 个 GPIO:P0.0～P0.7、P1.0～P1.7(无 P1.2)、P2.0～P2.7、P3.0～P3.7、P4.0～P4.7、P5.0～P5.4、P6.0～P6.7、P7.0～P7.7。

(2)所有的 GPIO 均支持 4 种模式:准双向口模式、强推挽输出模式、开漏输出模式和高阻输入模式。

12. 封装

包括 LQFP64、QFN64、LQFP48、LQFP44、LQFP32、QFN32、SKDIP28、TSSOP20、SOP16。

9.2 USB 功能

通用串行总线 (USB, universal serial bus)是一种新兴的并逐渐取代其他接口标准的数据通信方式,由 Intel、Compaq、Digital、IBM、Microsoft、NEC 及 Northern Telecom 等计算机公司和通信公司于 1995 年联合制定,并逐渐形成了行业标准。USB 总线作为一种高速串行总线,其极高的传输速度可以满足高速数据传输的应用环境要求,且该总线还兼有供电简单(可总线供电)、安装配置便捷(支持即插即用和热插拔)、扩展端口简易(通过集线器最多可扩展 127 个外设)、传输方式多样化(4 种传输模式)以及兼容良好(产品升级后向下兼容)等优点。

USB 自推出以来,已成功替代串口和并口,成为 21 世纪大量计算机和智能设备的标准扩展接口和必备接口之一,现已发展到 USB4 版本。USB 具有传输速度快、使用方便、支持热插拔、连接灵活、独立供电等优点,可以连接键盘、鼠标、大容量存储设备等多种外设,该接口也被广泛用于智能手机。计算机等智能设备与外界数据的交互主要以网络和 USB 接口为主。

USB 系统由一个 USB Host,一个或多个 USB Hub 以及一个或多个 USB Node 组成。USB 的物理连接是层次性的星型结构,在系统中,有且仅有一个 USB 主机,USB Hub 实际上就是一个具有特殊功能的 USB 设备。所有的 USB 设备都连接在 USB Hub 上,同时 USB Hub 有责任为每个连接着的 USB Node 提供+5 V 和 500 mA 的电源。

USB 总线采用的是树形结构、主从工作模式。USB 主机根据各个设备的属性,周期性访问各个设备。而 USB 设备则是被动响应 USB 主机的访问请求,这样避免了 USB 设备主动发送数据导致的总线冲突。

STC MCU 从 STC15 系列开始支持 USB ISP,但是仅用于下载和调试,可在代码中配置的 USB 外设功能直到 STC8H8K64U 才出现。STC8H8K64U 单片机内部集成 USB2.0/USB1.1 兼容全速 USB,6 个双向端点,支持 4 种端点传输模式(控制传输、中断传输、批量传输和同步传输),每个端点拥有 64 字节的缓冲区。USB 模块共有 1 280 字节的 FIFO,结构如图 9.1 所示。

控制	Endp 0-IN	64 B	64 B	Endp 0-OUT	控制
INT BULK ISO	Endp 1-IN	64 B	64 B	Endp 1-OUT	INT BULK ISO
INT BULK ISO	Endp 2-IN	64 B	64 B	Endp 2-OUT	INT BULK ISO
INT BULK ISO	Endp 3-IN	64 B	64 B	Endp 3-OUT	INT BULK ISO
INT BULK ISO	Endp 4-IN	128 B	256 B	Endp 4-OUT	INT BULK ISO
INT BULK ISO	Endp 5-IN	128 B	256 B	Endp 5-OUT	INT BULK ISO

图 9.1　USB FIFO 结构图

1. USB 模块的管理与控制寄存器

STC8H8K64U 单片机 USB 模块的特殊功能寄存器分为 2 部分，一部分是单片机管理与控制 USB 模块的特殊功能寄存器，如表 9.1 所示，另一部分是 USB 模块自身的寄存器，如表 9.4 所示。

表 9.1　USB 模块管理与控制寄存器

描述	地址	位地址与符号								复位值
		B7	B6	B5	B4	B3	B2	B1	B0	
USB 控制寄存器	F4H	ENUSB	USBRST	PS2M	PUEN	PDEN	DFREC	DP	DM	0000,0000
USB 地址寄存器	FCH	BUSY	AUTORD	UADR[5:0]						0000,0000
USB 时钟控制寄存器	DCH	ENCKM	PCKI[1:0]		CRE	TST_USB	TST_PHY	PHYTST[1:0]		0100,0000
USB 间址数据寄存器	ECH	UDAT[7:0]								0000,0000

(1)USB 控制寄存器(USBCON)

符号	地址	B7	B6	B5	B4	B3	B2	B1	B0
USBCON	F4H	ENUSB	USBRST	PS2M	PUEN	PDEN	DFREC	DP	DM

· ENUSB：USB 功能与 USB 时钟控制位。USBCON. 7 = 0，关闭 USB 功能与 USB 时钟；USBCON. 7 = 1，使能 USB 功能与 USB 时钟。

· USBRST：USB 复位设置控制位。USBCON. 6 = 0，关闭 USB 复位设置；USBCON. 6 = 1，使能 USB 复位。

· PS2M：PS2 mode 功能控制位。USBCON. 5 = 0，关闭 PS2 mode 功能；USBCON. 5 = 1，使能 PS2 mode 功能。

· PUEN：DP/DM 端口上拉电阻控制位。USBCON. 4 = 0，禁止上拉电阻；USBCON. 4 = 1，使能上拉电阻。

· PDEN：DP/DM 端口下拉电阻控制位。USBCON. 3 = 0，禁止下拉电阻；USBCON. 3 = 1，使能下拉电阻。

· DFREC：差分接收状态位(只读)。USBCON. 2 = 0，当前 DP/DM 的差分状态为 0；USBCON. 2 = 1，当前 DP/DM 的差分状态为 1。

· DP：D+ 端口状态(PS2 为 0 时只读，PS2 为 1 时可读写)。USBCON. 1 = 0，当前 D+ 为逻辑 0 电平；USBCON. 1 = 1，当前 D+ 为逻辑 1 电平。

· DM：D- 端口状态(PS2 为 0 时只读，PS2 为 1 时可读写)。USBCON. 0 = 0，当前 D- 为逻辑 0 电平；USBCON. 0 = 1，当前 D- 为逻辑 1 电平。

(2)USB 间接地址寄存器(USBADR)

符号	地址	B7	B6	B5	B4	B3	B2	B1	B0
USBADR	FCH	BUSY	AUTORD	UADR[5:0]					

· BUSY：USB 寄存器读忙标志位。

写 0，无意义。

写 1，启动 USB 间接寄存器的读操作，地址由 USBADR 设定。

读 0，USBDAT 寄存器中的数据有效。

读 1,USBDAT 寄存器中的数据无效,USB 正在读取间接寄存器。

· AUTORD:USB 寄存器自动读标志,用于 USB 的 FIFO 的块读取。

写 0,每次读取间接 USB 寄存器都必须先写 BUSY 标志位。

写 1,当软件读取 USBDAT 时,下一个 USB 间接寄存器的读取将自动启动(USBADR 不变)。

· UADR[5:0]:USB 间接寄存器的地址,用于存放访问 USB 内部寄存器所对应的地址。

(3)USB 时钟控制寄存器(USBCLK)

符号	地址	B7	B6	B5	B4	B3	B2	B1	B0
USBCLK	DCH	ENCKM	PCKI[1:0]		CRE	TST_USB	TST_PHY	PHYTST[1:0]	

· ENCKM:PLL 倍频控制。USBCLK.7 = 0,禁止 PLL 倍频;USBCLK.7 = 1,使能 PLL 倍频。

· PCKI[1:0]:PLL 时钟选择。PLL 时钟设置如表 9.2 所示。

表 9.2　PLL 时钟设置

PCKI[1:0]	PLL 时钟源
00	6M
01	12M(default)
10	24M
11	IRC/2

· CRE:时钟追频控制位。USBCLK.4 = 0,禁止时钟追频;USBCLK.4 = 1,使能时钟追频。

· TST_USB:USB 测试模式。USBCLK.3 = 0,禁止 USB 测试模式;USBCLK.3 = 1,使能 USB 测试模式。

· TST_PHY:PHY 测试模式。USBCLK.2 = 0,禁止 PHY 测试模式;USBCLK.2 = 1,使能 PHY 测试模式。

· PHYTST[1:0]:USB PHY 测试方式选择。USB PHY 测试方式设置如表 9.3 所示。

表 9.3　USB PHY 测试方式设置

PHYTST[1:0]	方式	DP	DM
00	方式 0:正常	x	x
01	方式 1:强制 1	1	0
10	方式 2:强制 0	0	1
11	方式 3:强制单端 0	0	0

(4)USB 间址数据寄存器(USBDAT)

符号	地址	B7	B6	B5	B4	B3	B2	B1	B0
USBDAT	ECH	UDAT[7:0]							

· UDAT[7:0]:用于存放间接读写 USB 内部寄存器的数据。

2. USB 模块自身的寄存器

USB 模块自身的寄存器共 29 个,如表 9.4 所示。USB 模块自身的寄存器需要通过 USB 地址寄存器(USBADR)间接访问。

表 9.4 USB 模块寄存器

符号	描述	地址	位地址与符号								复位值
			B7	B6	B5	B4	B3	B2	B1	B0	
FADDR	USB 功能地址寄存器	00H	UPDATE	UADDR[6:0]							0000,0000
POWER	USB 电源控制寄存器	01H	ISOUD	—	—	—	USBRST	USBRSU	USBSUS	ENSUS	0xxx,0000
INTRIN1	USB 端点 IN 中断标志位	02H	—	—	EP5INIF	EP4INIF	EP3INIF	EP2INIF	EP1INIF	EP0IF	xx00,0000
INTROUT1	USB 端点 OUT 中断标志位	04H	—	—	EP5OUTIF	EP4OUTIF	EP3OUTIF	EP2OUTIF	EP1OUTIF	—	xx00,000x
INTRUSB	USB 电源中断标志位	06H	—	—	—	—	SOFIF	RSTIF	RSUIF	SUSIF	xxxx,0000
INTRIN1E	USB 端点 IN 中断允许位	07H	—	—	EP5INIE	EP4INIE	EP3INIE	EP2INIE	EP1INIE	EP0IE	xx11,1111
INTROUT1E	USB 端点 OUT 中断允许位	09H	—	—	EP5OUTIE	EP4OUTIE	EP3OUTIE	EP2OUTIE	EP1OUTIE	—	xx11,111x
INTRUSBE	USB 电源中断允许位	0BH	—	—	—	—	SOFIE	RSTIE	RSUIE	SUSIE	xxxx,0110
FRAME1	USB 数据帧号低字节	0CH	FRAME[7:0]								0000,0000
FRAME2	USB 数据帧号高字节	0DH	—	—	—	—	—	FRAME[10:8]			xxxx,x000
INDEX	USB 端点索引寄存器	0EH	—	—	—	—	—	INDEX[2:0]			xxxx,x000
INMAXP	IN 端点的最大数据包大小	10H	INMAXP[7:0]								0000,0000
CSR0	端点 0 控制状态寄存器	11H	SSUEND	SOPRDY	SDSTL	SUEND	DATEND	STSTL	IPRDY	OPRDY	0000,0000
INCSR1	IN 端点控制状态寄存器 1	11H	—	CLRDT	STSTL	SDSTL	FLUSH	UNDRUN	FIFONE	IPRDY	x000,0000
INCSR2	IN 端点控制状态寄存器 2	12H	AUTOSET	ISO	MODE	ENDMA	FCDT	—	—	—	0010,0xxx
OUTMAXP	OUT 端点的最大数据包大小	13H	OUTMAXP[7:0]								0000,0000
OUTCSR1	OUT 端点控制状态寄存器 1	14H	CLRDT	STSTL	SDSTL	FLUSH	DATERR	OVRRUN	FIFOFUL	OPRDY	0000,0000
OUTCSR2	OUT 端点控制状态寄存器 2	15H	AUTOCLR	ISO	ENDMA	DMAMD	—	—	—	—	0000,xxxx
COUNT0	端点 0 的 OUT 长度	16H	—	OUTCNT0[6:0]							x000,0000
OUTCOUNT1	USB 端点 OUT 长度低字节	16H	OUTCNT[7:0]								0000,0000
OUTCOUNT2	USB 端点 OUT 长度高字节	17H	—	—	—	—	—	OUTCNT[10:8]			xxxx,x000
FIFO0	端点 0 的 FIFO 访问寄存器	20H	FIFO0[7:0]								0000,0000

续表 9.4

符号	描述	地址	位地址与符号								复位值
			B7	B6	B5	B4	B3	B2	B1	B0	
FIFO1	端点 1 的 FIFO 访问寄存器	21H	FIFO1[7:0]								0000,0000
FIFO2	端点 2 的 FIFO 访问寄存器	22H	FIFO2[7:0]								0000,0000
FIFO3	端点 3 的 FIFO 访问寄存器	23H	FIFO3[7:0]								0000,0000
FIFO4	端点 4 的 FIFO 访问寄存器	24H	FIFO4[7:0]								0000,0000
FIFO5	端点 5 的 FIFO 访问寄存器	25H	FIFO5[7:0]								0000,0000
UTRKCTL	USB 跟踪控制寄存器	30H	FTM1	FTM0	INIV[1:0]		ENST5	RES[2:0]			1011,1011
UTRKSTS	USB 跟踪状态寄存器	31H	INTVCNT[3:0]				STS[1:0]		TST_UTRK	UTRK_RDY	1111,00x0

(1)USB 功能地址寄存器(FADDR)

符号	地址	B7	B6	B5	B4	B3	B2	B1	B0
FADDR	00H	UPDATE	UADDR[6:0]						

• FADDR.7(UPDATE):更新 USB 功能地址。FADDR.7(UPDATE)=0,后面的 UADDR 地址生效;FADDR.7(UPDATE)=1,后面的 UADDR[6:0]地址不生效。

• FADDR.6～FADDR.0(UADDR[6:0]):保存 USB 的 7 位功能地址。

(2)USB 电源控制寄存器(POWER)

符号	地址	B7	B6	B5	B4	B3	B2	B1	B0
POWER	01H	ISOUD	—	—	—	USBRST	USBRSU	USBSUS	ENSUS

• POWER.7(ISOUD):ISO 更新。POWER.7(ISOUD)=0,当软件向 IPRDY 写 1 时,USB 在收到下一个 IN 令牌后发送数据包;POWER.7(ISOUD)=1,当软件向 IPRDY 写 1 时,USB 在收到 SOF 令牌后发送数据包,如果 SOF 令牌之前收到 IN 令牌,则 USB 送长度为 0 的数据包。

• POWER.3(USBRST):USB 复位控制位。向此位写 1 时,可强制产生异步 USB 复位,此时读取此位可以获得当前总线上的复位状态信息。如果 POWER.3(USBRST)=0,则表示总线上没有检测到复位信号;如果 POWER.3(USBRST)=1,则表示总线上检测到了复位信号。

• POWER.2(USBRSU):USB 恢复控制位。以软件方式在总线上强制产生恢复信号,以便将 USB 设备从挂起方式进行远程唤醒。当 USB 处于挂起模式[POWER.1(USBSUS)=1]时,向此位写 1,将强制在 USB 总线上产生恢复信号,软件应在 10～15 ms 后向此位写 0,以结束恢复信号。软件向 POWER.2(USBRSU)写入 0 后将产生 USB 恢复中断,此时硬件会自动将 POWER.1(USBSUS)清 0。

• POWER.1(USBSUS):USB 挂起控制位。当 USB 进入挂起方式时,此位被硬件置 1。当以软件方式在总线上强制产生恢复信号后或者在总线上检测到恢复信号时且在读取了 INTRUSB 寄存器后,硬件自动将此位清 0。

• POWER.0(ENSUS):使能 USB 挂起方式检测。POWER.0(ENSUS)=0,禁止挂起检测,USB 将忽略总线上的挂起信号;POWER.0(ENSUS)=1,使能挂起检测,当检测到总线上的挂起信号,USB 将进入挂起方式。

(3)USB 端点 IN 中断标志位(INTRIN1)

符号	地址	B7	B6	B5	B4	B3	B2	B1	B0
INTRIN1	02H	—	—	EP5INIF	EP4INIF	EP3INIF	EP2INIF	EP1INIF	EP0IF

• INTRIN1.5(EP5INIF):端点 5 的 IN 中断标志位。INTRIN1.5(EP5INIF)=0,端点 5 的 IN 中断无效;INTRIN1.5(EP5INIF)=1,端点 5 的 IN 中断有效。

• INTRIN1.4(EP4INIF):端点 4 的 IN 中断标志位。INTRIN1.4(EP4INIF)=0,端点 4 的 IN 中断无效;INTRIN1.4(EP4INIF)=1,端点 4 的 IN 中断有效。

• INTRIN1.3(EP3INIF)：端点 3 的 IN 中断标志位。INTRIN1.3(EP3INIF)=0，端点 3 的 IN 中断无效；INTRIN1.3(EP3INIF)=1，端点 3 的 IN 中断有效。

• INTRIN1.2(EP2INIF)：端点 2 的 IN 中断标志位。INTRIN1.2(EP5INIF)=0，端点 2 的 IN 中断无效；INTRIN1.2(EP2INIF)=1，端点 2 的 IN 中断有效。

• INTRIN1.1(EP1INIF)：端点 1 的 IN 中断标志位。INTRIN1.1(EP1INIF)=0，端点 1 的 IN 中断无效；INTRIN1.1(EP1INIF)=1，端点 1 的 IN 中断有效。

• INTRIN1.0(EP0IF)：端点 0 的 IN/OUT 中断标志位。INTRIN1.0(EP0IF)=0，端点 0 的 IN/OUT 中断无效；INTRIN1.0(EP0IF)=1，端点 0 的 IN/OUT 中断有效。

在软件读取 INTRIN1 寄存器后，硬件将自动清除 INTRIN1 中的所有的中断标志。

(4)USB 端点 OUT 中断标志位(INTROUT1)

符号	地址	B7	B6	B5	B4	B3	B2	B1	B0
INTROUT1	04H	—	—	EP5OUTIF	EP4OUTIF	EP3OUTIF	EP2OUTIF	EP1OUTIF	—

• INTROUT1.5(EP5OUTIF)：端点 5 的 OUT 中断标志位。INTROUT1.5(EP5OUTIF)=0，端点 5 的 OUT 中断无效；INTROUT1.5(EP5OUTIF)=1，端点 5 的 OUT 中断有效。

• INTROUT1.4(EP4OUTIF)：端点 4 的 OUT 中断标志位。INTROUT1.4(EP4OUTIF)=0，端点 4 的 OUT 中断无效；INTROUT1.4(EP4OUTIF)=1，端点 4 的 OUT 中断有效。

• INTROUT1.3(EP3OUTIF)：端点 3 的 OUT 中断标志位。INTROUT1.3(EP3OUTIF)=0，端点 3 的 OUT 中断无效；INTROUT1.3(EP3OUTIF)=1，端点 3 的 OUT 中断有效。

• INTROUT1.2(EP2OUTIF)：端点 2 的 OUT 中断标志位。INTROUT1.2(EP2OUTIF)=0，端点 2 的 OUT 中断无效；INTROUT1.2(EP2OUTIF)=1，端点 2 的 OUT 中断有效。

• INTROUT1.1(EP1OUTIF)：端点 1 的 OUT 中断标志位。INTROUT1.1(EP1OUTIF)=0，端点 1 的 OUT 中断无效；INTROUT1.1(EP1OUTIF)=1，端点 1 的 OUT 中断有效。

在软件读取 INTROUT1 寄存器后，硬件将自动清除 INTROUT1 中的所有的中断标志。

(5)USB 电源中断标志位(INTRUSB)

符号	地址	B7	B6	B5	B4	B3	B2	B1	B0
INTRUSB	06H	—	—	—	—	SOFIF	RSTIF	RSUIF	SUSIF

• INTRUSB.3(SOFIF)：USB 帧起始信号中断标志位。INTRUSB.3(SOFIF)=0，USB 帧起始信号中断无效；INTRUSB.3(SOFIF)=1，USB 帧起始信号中断有效。

• INTRUSB.2(RSTIF)：USB 复位信号中断标志位。INTRUSB.2(RSTIF)=0，USB 复位信号中断无效；INTRUSB.2(RSTIF)=1，USB 复位信号中断有效。

• INTRUSB.1(RSUIF)：USB 恢复信号中断标志位。INTRUSB.1(RSUIF)=0，USB

恢复信号中断无效；INTRUSB.1(RSUIF)=1，USB恢复信号中断有效。

• INTRUSB.0(SUSIF)：USB挂起信号中断标志位。INTRUSB.0(SUSIF)=0，USB挂起信号中断无效；INTRUSB.0(SUSIF)=1，USB挂起信号中断有效。

在软件读取INTRUSB寄存器后，硬件将自动清除INTRUSB中的所有的中断标志。

(6)USB端点IN中断允许位(INTRIN1E)

符号	地址	B7	B6	B5	B4	B3	B2	B1	B0
INTRIN1E	07H	—	—	EP5INIE	EP4INIE	EP3INIE	EP2INIE	EP1INIE	EP0IE

• INTRIN1E.5(EP5INIE)：端点5的IN中断控制位。INTRIN1E.5(EP5INIE)=0，禁止端点5的IN中断；INTRIN1E.5(EP5INIE)=1，允许端点5的IN中断。

• INTRIN1E.4(EP4INIE)：端点4的IN中断控制位。INTRIN1E.4(EP4INIE)=0，禁止端点4的IN中断；INTRIN1E.4(EP4INIE)=1，允许端点4的IN中断。

• INTRIN1E.3(EP3INIE)：端点3的IN中断控制位。INTRIN1E.3(EP3INIE)=0，禁止端点3的IN中断；INTRIN1E.3(EP3INIE)=1，允许端点3的IN中断。

• INTRIN1E.2(EP2INIE)：端点2的IN中断控制位。INTRIN1E.2(EP2INIE)=0，禁止端点2的IN中断；INTRIN1E.2(EP2INIE)=1，允许端点2的IN中断。

• INTRIN1E.1(EP1INIE)：端点1的IN中断控制位。INTRIN1E.1(EP1INIE)=0，禁止端点1的IN中断；INTRIN1E.1(EP1INIE)=1，允许端点1的IN中断。

• INTRIN1E.0(EP0IE)：端点0的IN/OUT中断控制位。INTRIN1E.0(EP0IE)=0，禁止端点0的IN/OUT中断；INTRIN1E.0(EP0IE)=1，允许端点0的IN/OUT中断。

(7)USB端点OUT中断允许位(INTROUT1E)

符号	地址	B7	B6	B5	B4	B3	B2	B1	B0
INTROUT1E	09H	—	—	EP5OUTIE	EP4OUTIE	EP3OUTIE	EP2OUTIE	EP1OUTIE	—

• INTROUT1E.5(EP5OUTIE)：端点5的OUT中断控制位。INTROUT1E.5(EP5OUTIE)=0，禁止端点5的OUT中断；INTROUT1E.5(EP5OUTIE)=1，允许端点5的OUT中断。

• INTROUT1E.4(EP4OUTIE)：端点4的OUT中断控制位。INTROUT1E.4(EP4OUTIE)=0，禁止端点4的OUT中断；INTROUT1E.4(EP4OUTIE)=1，允许端点4的OUT中断。

• INTROUT1E.3(EP3OUTIE)：端点3的OUT中断控制位。INTROUT1E.3(EP3OUTIE)=0，禁止端点3的OUT中断；INTROUT1E.3(EP3OUTIE)=1，允许端点3的OUT中断。

• INTROUT1E.2(EP2OUTIE)：端点2的OUT中断控制位。INTROUT1E.2(EP2OUTIE)=0，禁止端点2的OUT中断；INTROUT1E.2(EP2OUTIE)=1，允许端点2的OUT中断。

• INTROUT1E.1(EP1OUTIE)：端点1的OUT中断控制位。INTROUT1E.1(EP1OUTIE)=0，禁止端点1的OUT中断；INTROUT1E.1(EP1OUTIE)=1，允许端点1

的 OUT 中断。

(8)USB 电源中断允许位(INTRUSB)

符号	地址	B7	B6	B5	B4	B3	B2	B1	B0
INTRUSB	0BH	—	—	—	—	SOFIE	RSTIE	RSUIE	SUSIE

• INTRUSB.3(SOFIE):USB 帧起始信号中断控制位。INTRUSB.3(SOFIE)=0,禁止 USB 帧起始信号中断;INTRUSB.3(SOFIE)=1,允许 USB 帧起始信号中断。

• INTRUSB.2(RSTIE):USB 复位信号中断控制位。INTRUSB.2(RSTIE)=0,禁止 USB 复位信号中断;INTRUSB.2(RSTIE)=1,允许 USB 复位信号中断。

• INTRUSB.1(RSUIE):USB 恢复信号中断控制位。INTRUSB.1(RSUIE)=0,禁止 USB 恢复信号中断;INTRUSB.1(RSUIE)=1,允许 USB 恢复信号中断。

• INTRUSB.0(SUSIE):USB 挂起信号中断控制位。INTRUSB.0(SUSIE)=0,禁止 USB 挂起信号中断;INTRUSB.0(SUSIE)=1,允许 USB 挂起信号中断。

(9)USB 数据帧号低/高字节(FRAME1/FRAME2)

符号	地址	B7	B6	B5	B4	B3	B2	B1	B0
FRAME1	0CH	FRAME[7:0]							
FRAME2	0DH	—	—	—	—	—	FRAME[10:8]		

• FRAME2.2~FRAME2.0,FRAME1.7~FRAME1.0(FRAME[10:0]):用于保存最后接收到的数据帧的 11 位帧号。

(10)USB 端点索引寄存器(INDEX)

符号	地址	B7	B6	B5	B4	B3	B2	B1	B0
INDEX	0EH	—	—	—	—	—	INDEX[2:0]		

• INDEX.2~INDEX.0(INDEX[2:0]):选择 USB 端点。USB 端点选择设置如表 9.5 所示。

表 9.5 USB 端点选择设置

INDEX[2:0]	目标端点
000	端点 0
001	端点 1
010	端点 2
011	端点 3
100	端点 4
101	端点 5

(11)IN 端点的最大数据包大小(INMAXP)

符号	地址	B7	B6	B5	B4	B3	B2	B1	B0
INMAXP	10H	INMAXP[7:0]							

• INMAXP.7～INMAXP.0(INMAXP[7:0])：设置 USB 的 IN 端点最大数据包的大小，数据包以 8 个字节为单位。需要获取或设置此信息时，必须先使用 INDEX 来选择目标端点 0～5。

(12)端点 0 控制状态寄存器(CSR0)

符号	地址	B7	B6	B5	B4	B3	B2	B1	B0
CSR0	11H	SSUEND	SOPRDY	SDSTL	SUEND	DATEND	STSTL	IPRDY	OPRDY

• CSR0.7(SSUEND)：SETUP 结束事件处理完成标志。当处理完成 SETUP 结束事件(SUEND)后，软件需要设置 SSUEND 标志位，硬件检测到 SSUEND 被写入 1 时自动将 SUEND 位清 0。

• CSR0.6(SOPRDY)：OPRDY 事件处理完成标志。当处理完成从端点 0 接收到的数据包后，软件需要设置 SOPRDY 标志位，硬件检测到 SOPRDY 被写入 1 时自动将 OPRDY 位清 0。

• CSR0.5(SDSTL)：当接收到错误的条件或者不支持的请求时，可以向此位写 1 来结束当前的数据传输。当 STALL 信号被发送后，硬件自动将此位清 0。

• CSR0.4(SUEND)：SETUP 安装包结束标志。当一次控制传输在软件向 DATAEND 位写 1 之前结束时，硬件将此只读位置 1。当软件向 SSUEND 写 1 后，硬件将该位清 0。

• CSR0.3(DATEND)：数据结束。

在发生下列条件之一时，软件将此位写 1：

①当发送最后一个数据包后，固件向 IPRDY 写 1 时；

②当发送一个零长度数据包后，固件向 IPRDY 写 1 时；

③当接收完最后一个数据包后，固件向 SOPRDY 写 1 时。

该位将被硬件自动清 0。

• CSR0.2(STSTL)：STALL 信号发送完成标志。发送完成 STALL 信号后，硬件将该位置 1。该位必须用软件清 0。

• CSR0.1(IPRDY)：IN 数据包准备完成标志。软件应在将一个要发送的数据包装入端点 0 的 FIFO 后，将该位置 1。

在发生下列条件之一时，硬件将该位清 0：

①数据包已发送时；

②数据包被一个 SETUP 包覆盖时；

③数据包被一个 OUT 包覆盖时。

• CSR0.0(OPRDY)：OUT 数据包准备完成标志。当收到一个 OUT 数据包时，硬件将该只读位置 1，并产生中断。该位只在软件向 SOPRDY 位写 1 时才被清 0。

当需要获取/设置此信息时，首先必须使用 INDEX 来选择目标端点 0。

(13)IN 端点控制状态寄存器 1(INCSR1)

符号	地址	B7	B6	B5	B4	B3	B2	B1	B0
INCSR1	11H	—	CLRDT	STSTL	SDSTL	FLUSH	UNDRUN	FIFONE	IPRDY

• INCSR1.6(CLRDT)：复位 IN 数据切换位。当 IN 端点由于被重新配置或者被

STALL 发送而需要将数据切换位复位到 0 时，软件需要向此数据位写 1。

· INCSR1.5(STSTL)：STALL 信号发送完成标志。当 STALL 信号被发送完成后，硬件会将该位置 1(此时 FIFO 被清空，IPRDY 位被清 0)。该标志必须用软件清 0。

· INCSR1.4(SDSTL)：STALL 信号发送请求位。软件应向该位写 1 以产生 STALL 信号作为对一个 IN 令牌的应答。软件应向该位写 0 以结束 STALL 信号。该位对 ISO 方式没有影响。

· INCSR1.3(FLUSH)：清除 IN 端点的 FIFO 的下一个数据包。向该位写 1 将从 IN 端点 FIFO 中清除待发送的下一个数据包。FIFO 指针被复位，IPRDY 位被清 0。如果 FIFO 中包含多个数据包，软件必须对每个数据包向 FLUSH 写 1。当 FIFO 清空完成后，硬件将 FLUSH 位清 0。

· INCSR1.2(UNDRUN)：数据不足。该位的功能取决于 IN 端点的方式。

①ISO 方式。在 IPRDY 为 0 且收到一个 IN 令牌后发送了一个零长度数据包时，该位被置 1。

②中断/批量方式。当使用 NAK 作为对一个 IN 令牌的应答时，该位被置 1。

该位必须用软件清 0。

· INCSR1.1(FIFONE)：IN 端点的 FIFO 非空标志。INCSR1.1(FIFONE)=0，IN 端点的 FIFO 为空；INCSR1.1(FIFONE)=1，IN 端点的 FIFO 包含有一个或者多个数据包。

· INCSR1.0(IPRDY)：IN 数据包准备完成标志。软件应在将一个要发送的数据包装入端点的 FIFO 后，将该位置 1。

在发生下列条件之一时，硬件将该位清 0：

①数据包已发送时；

②自动设置被使能(AUTOSET=1)且端点 IN 的 FIFO 数据包达到 INMAXP 所设置的值；

③如果端点处于同步方式且 ISOUD 为 1，在收到下一个 SOF 之前 IPRDY 的读出值总是为 0。

需要获取/设置此信息时，首先必须使用 INDEX 来选择目标端点 1～5。

(14)IN 端点控制状态寄存器 2(INCSR2)

符号	地址	B7	B6	B5	B4	B3	B2	B1	B0
INCSR2	12H	AUTOSET	ISO	MODE	ENDMA	FCDT	—	—	—

· INCSR2.7(AUTOSET)：自动设置 IPRDY 标志控制位。INCSR2.7(AUTOSET)=0，禁止自动设置 IPRDY 标志；INCSR2.7(AUTOSET)=1，使能自动设置 IPRDY(要求向 IN FIFO 中装载的数据达到 INMAXP 所设置的值，否则 IPRDY 标志必须手动设置)。

· INCSR2.6(ISO)：同步传输使能。INCSR2.6(ISO)=0，端点被配置为批量/中断传输方式；INCSR2.6(ISO)=1，端点被配置为同步传输方式。

· INCSR2.5(MODE)：端点方向选择位。INCSR2.5(MODE)=0，选择端点方向为 OUT；INCSR2.5(MODE)=1，选择端点方向为 IN。

· INCSR2.4(ENDMA)：IN 端点的 DMA 控制。INCSR2.4(ENDMA)=0，禁止 IN 端点的 DMA 请求；INCSR2.4(ENDMA)=1，使能 IN 端点的 DMA 请求。

· INCSR2.3(FCDT):强制 DATA0/DATA1 数据切换设置。INCSR2.3(FCDT)=0,端点数据只在发送完一个数据包后且收到 ACK 时切换;INCSR2.3(FCDT)=1,端点数据在每发送完一个数据包后被强制切换,不管是否收到 ACK。

需要获取/设置此信息时,首先必须使用 INDEX 来选择目标端点 1~5。

(15)OUT 端点的最大数据包大小(OUTMAXP)

符号	地址	B7	B6	B5	B4	B3	B2	B1	B0
OUTMAXP	13H	OUTMAXP[7:0]							

· UTMAXP.7~OUTMAXP.0(OUTMAXP[7:0]):设置 USB 的 OUT 端点最大数据包的大小(注意,数据包以 8 字节为单位)。

需要获取/设置此信息时,首先必须使用 INDEX 来选择目标端点 1~5。

(16)OUT 端点控制状态寄存器 1(OUTCSR1)

符号	地址	B7	B6	B5	B4	B3	B2	B1	B0
OUTCSR1	14H	CLRDT	STSTL	SDSTL	FLUSH	DATERR	OVRRUN	FIFOFUL	OPRDY

· OUTCSR1.7(CLRDT):复位 OUT 数据切换位。当 OUT 端点由于被重新配置或者被 STALL 发送而需要将数据切换位复位到 0 时,软件需要向此数据位写 1。

· OUTCSR1.6(STSTL):STALL 信号发送完成标志。当 STALL 信号被发送完成后,硬件会将该位置 1。该位必须用软件清 0。

· OUTCSR1.5(SDSTL):STALL 信号发送请求位。软件应向该位写 1 以产生 STALL 信号作为对一个 OUT 令牌的应答。软件应向该位写 0 以结束 STALL 信号。该位对 ISO 方式没有影响。

· OUTCSR1.4(FLUSH):清除 OUT 端点的 FIFO 的下一个数据包。向该位写 1 将从 OUT 端点 FIFO 中清除下一个数据包,FIFO 指针被复位,OPRDY 位被清 0;如果 FIFO 中包含多个数据包,软件必须对每个数据包向 FLUSH 写 1。当 FIFO 清空完成后,硬件将 FLUSH 位清 0。

· OUTCSR1.3(DATAERR):数据错误。在 ISO 方式,如果接收到的数据包有 CRC 或位填充错误,该位被硬件置 1;当软件清除 OPRDY 时,该位被清 0。该位只在 ISO 方式有效。

· OUTCSR1.2(OVRRUN):数据溢出。当一个输入数据包不能被装入 OUT 端点 FIFO 时,该位被硬件置 1。该位只在 ISO 方式有效。该位必须用软件清 0。OUTCSR1.2(OVRRUN)=0,无数据溢出;OUTCSR1.2(OVRRUN)=1,自该标志最后一次被清除以来,因 FIFO 已满导致数据包丢失。

· OUTCSR1.1(FIFOFUL):OUT 端点的 FIFO 数据满标志。OUTCSR1.1(FIFOFUL)=0,OUT 端点的 FIFO 未满;OUTCSR1.1(FIFOFUL)=1,OUT 端点的 FIFO 已满。

· OUTCSR1.0(OPRDY):OUT 数据包接收完成标志。当有数据包可用时硬件将该位置 1。软件应在将每个数据包从 OUT 端点 FIFO 卸载后将该位清 0。

需要获取/设置此信息时,首先必须使用 INDEX 来选择目标端点 1~5。

(17)OUT端点控制状态寄存器2(OUTCSR2)

符号	地址	B7	B6	B5	B4	B3	B2	B1	B0
OUTCSR2	15H	AUTOCLR	ISO	ENDMA	DMAMD	—	—	—	—

• OUTCSR2.7(AUTOCLR):自动清除OPRDY标志控制位。OUTCSR2.7(AUTOCLR)=0,禁止自动清除OPRDY标志;OUTCSR2.7(AUTOCLR)=1,使能自动清除OPRDY(要求从OUT FIFO中下载的数据达到OUTMAXP所设置的值,否则OPRDY标志必须手动清除)。

• OUTCSR2.6(ISO):同步传输使能。OUTCSR2.6(ISO)=0,端点被配置为批量/中断传输方式;OUTCSR2.6(ISO)=1,端点被配置为同步传输方式。

需要获取/设置此信息时,首先必须使用INDEX来选择目标端点1~5。

(18)端点0的OUT长度(COUNT0)

符号	地址	B7	B6	B5	B4	B3	B2	B1	B0
COUNT0	16H	—	OUTCNT0[6:0]						

• COUNT0.6~COUNT0.0(OUTCNT0[6:0]):端点0的OUT字节长度。COUNT0专用于保存端点0最后接收到的OUT数据包的数据长度(由于端点0数据包最长只能为64字节,所以只需要7位)。此长度值只在端点0的OPRDY位为1时才有效。

需要获取此长度信息时,首先必须使用INDEX来选择目标端点0。

(19)USB端点OUT长度低/高字节(OUTCOUNT1/OUTCOUNT2)

符号	地址	B7	B6	B5	B4	B3	B2	B1	B0
OUTCOUNT1	16H	OUTCNT[7:0]							
OUTCOUNT2	17H	—	—	—	—	—	OUTCNT[10:8]		

• OUTCOUNT2.2~OUTCOUNT2.0,OUTCOUNT1.7~OUTCOUNT1.0(OUTCNT[10:0]):端点的OUT字节长度。OUTCOUNT2和OUTCOUNT1联合组成一个11位的数,保存最后OUT数据包的数据长度,适用于端点1~5。此长度值只在端点1~5的OPRDY位为1时才有效。

需要获取此长度信息时,首先必须使用INDEX来选择目标端点1~5。

(20)端点的FIFO数据访问寄存器(FIFO0~FIFO5)

符号	地址	B7	B6	B5	B4	B3	B2	B1	B0
FIFO0	20H	FIFO0[7:0]							
FIFO1	21H	FIFO1[7:0]							
FIFO2	22H	FIFO2[7:0]							
FIFO3	23H	FIFO3[7:0]							
FIFO4	24H	FIFO4[7:0]							
FIFO5	25H	FIFO5[7:0]							

• FIFO0[7:0]～FIFO5[7:0]:USB 的 0～5 目标端点的 IN/OUT 数据间接访问寄存器。

9.3 USB 模块操作范例程序

USB 模块自身寄存器地址与 STC8H8K64U 单片机的特殊功能寄存器地址不是同一个地址空间，为了能直接使用 USB 模块内部寄存器符号名称，需要对寄存器符号名称进行地址定义，具体内容可参考官方例程库中的 USB.h 头文件。

下面是 USB 模块应用的部分核心程序，对照前面的寄存器功能表，可以更好地理解下面 USB 各模块程序的意义。

```
/***USB 初始化，根据功能要求配置寄存器，参考 9.2 节内容 ***/
void usb_init()
{
    USBCLK = 0x00;
    USBCON = 0x90;
    usb_write_reg(FADDR, 0x00);
    usb_write_reg(POWER, 0x09);
    usb_write_reg(INTRIN1E, 0x3f);
    usb_write_reg(INTROUT1E, 0x3f);
    usb_write_reg(INTRUSBE, 0x07);
    usb_write_reg(POWER, 0x01);
    DeviceState = DEVSTATE_DEFAULT;
    Ep0State.bState = EPSTATE_IDLE;
    InEpState = 0x00;
    OutEpState = 0x00;
    IE2 |= 0x80;    //EUSB = 1;
}
/***读寄存器 ***/
BYTE usb_read_reg(BYTE addr)
{
    BYTEdat;
    while (USBADR & 0x80);
    USBADR = addr | 0x80;
    while (USBADR & 0x80);
    dat = USBDAT;
    returndat;
}
```

```
/***写寄存器***/
void usb_write_reg(BYTE addr, BYTE dat)
{
    while (USBADR & 0x80);
    USBADR = addr & 0x7f;
    USBDAT = dat;
}
/***读 FIFO***/
BYTE usb_read_fifo(BYTE fifo, BYTE *pdat)
{
    BYTEcnt;
    BYTE ret;
    ret = cnt = usb_read_reg(COUNT0);
    while (cnt--)
    {
        *pdat++ = usb_read_reg(fifo);
    }
    return ret;
}
/***写 FIFO***/
void usb_write_fifo(BYTE fifo, BYTE *pdat, BYTE cnt)
{
    while (cnt--)
    {
        usb_write_reg(fifo, *pdat++);
    }
}
void usb_isr() interrupt 25      //中断
{
    BYTEintrusb;
    BYTEintrin;
    BYTEintrout;
    intrusb = usb_read_reg(INTRUSB);
    intrin = usb_read_reg(INTRIN1);
    introut = usb_read_reg(INTROUT1);
    if (intrusb & RSUIF) usb_resume();
    if (intrusb & RSTIF) usb_reset();
```

```
    if (intrin & EP0IF) usb_setup();
/***读写 USB 端点 1~5 的数据***/
    if (intrin & EP1INIF) usb_in_ep1();
    if (intrin & EP2INIF) usb_in_ep2();
    if (intrin & EP3INIF) usb_in_ep3();
    if (intrin & EP4INIF) usb_in_ep4();
    if (intrin & EP5INIF) usb_in_ep5();
    if (introut & EP1OUTIF) usb_out_ep1();
    if (introut & EP2OUTIF) usb_out_ep2();
    if (introut & EP3OUTIF) usb_out_ep3();
    if (introut & EP4OUTIF) usb_out_ep4();
    if (introut & EP5OUTIF) usb_out_ep5();
    if (intrusb & SUSIF) usb_suspend();
}
void usb_reset()     //USB 复位
{
    usb_write_reg(FADDR, 0x00);
    DeviceState = DEVSTATE_DEFAULT;
    Ep0State.bState = EPSTATE_IDLE;
    usb_write_reg(INDEX, 1);
    usb_write_reg(INCSR1, INCLRDT | INFLUSH);
    usb_write_reg(INDEX, 2);
    usb_write_reg(INCSR1, INCLRDT | INFLUSH);
    usb_write_reg(INDEX, 3);
    usb_write_reg(INCSR1, INCLRDT | INFLUSH);
    usb_write_reg(INDEX, 4);
    usb_write_reg(INCSR1, INCLRDT | INFLUSH);
    usb_write_reg(INDEX, 5);
    usb_write_reg(INCSR1, INCLRDT | INFLUSH);
    usb_write_reg(INDEX, 1);
    usb_write_reg(OUTCSR1, OUTCLRDT | OUTFLUSH);
    usb_write_reg(INDEX, 2);
    usb_write_reg(OUTCSR1, OUTCLRDT | OUTFLUSH);
    usb_write_reg(INDEX, 3);
    usb_write_reg(OUTCSR1, OUTCLRDT | OUTFLUSH);
    usb_write_reg(INDEX, 4);
    usb_write_reg(OUTCSR1, OUTCLRDT | OUTFLUSH);
```

```
    usb_write_reg(INDEX, 5);
    usb_write_reg(OUTCSR1, OUTCLRDT | OUTFLUSH);
    usb_write_reg(INDEX, 0);
}
```

第 10 章　STC8H8K64U 单片机接口设计实验

10.1　范例程序下载方法

首先使用 USB 线将 STCSTC8H8K64U 开发板与电脑正确连接，然后打开 STC 的 ISP 下载软件，建议使用官方最新版(图 10.1)。

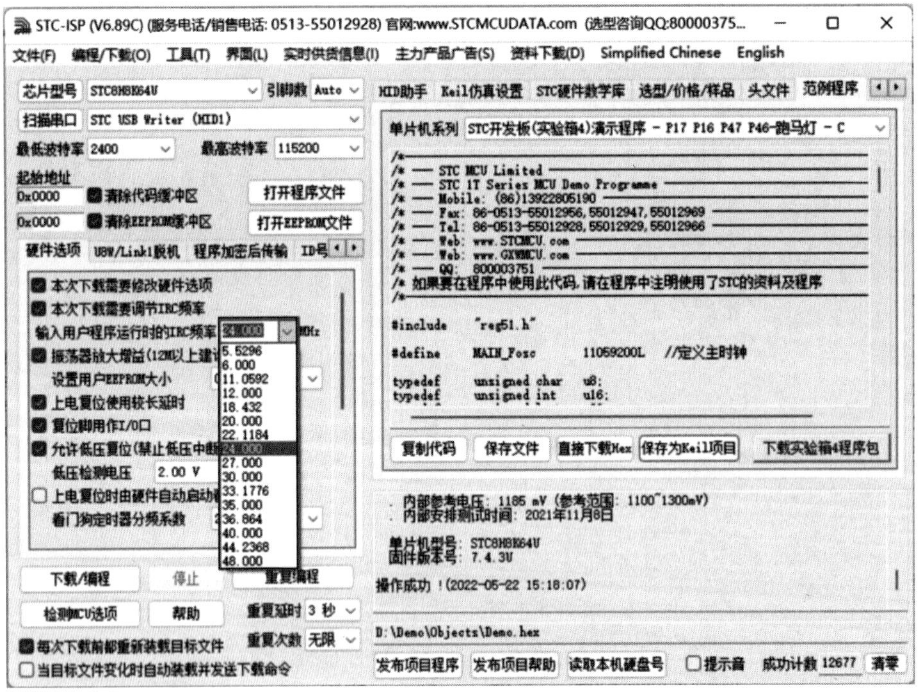

图 10.1　STC-ISP 下载软件界面

在上面的界面中，下面几点需要注意：

①单片机型号选择“STC8H8K64U”。

②使用硬件 USB 接口下载。进入 USB 下载模式需要先按住实验箱上的 P3.2/$\overline{\text{INT0}}$ 按键/接地，然后按一下 ON/OFF 电源按键/断电，接着松开 ON/OFF 电源按键/上电，最后可松开 P3.2/$\overline{\text{INT0}}$ 按键。正常情况下就能识别出“STC USB Writer (HID1)”设备。

点击界面中的“打开程序文件”按钮，在出现的打开程序代码文件的对话框中选择需要下载的文件(图 10.2)。

图 10.2　打开程序文件界面

文件正确打开后，点击界面中的"下载/编程"按钮开始下载代码(图 10.3)。

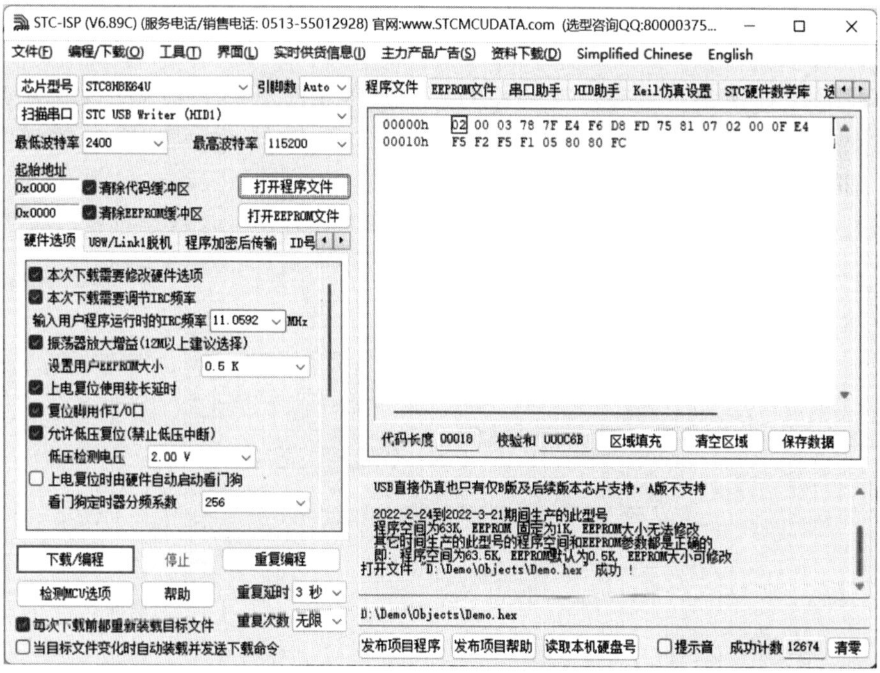

图 10.3　下载界面

若下载成功，会出现如图 10.4 所示的界面。

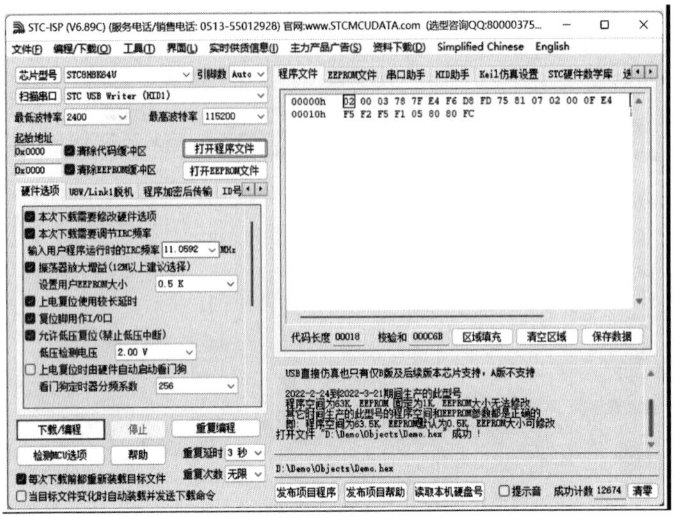

图 10.4　下载成功界面

10.2　USB 发送命令读取 ADC 检测实验

10.2.1　实验目的

计算机通过 USB 接口连接并向 STC8H8K64U 单片机 USB 模块发送读取 A/D 转换模块测试指令，STC8H8K64U 单片机接收到指令后，启动 A/D 转换模块读取 15 通道内部 1.19 V 电压，并将结果返回计算机处理与显示。

计算机端采用的是程序包中设计好的 USB 通信测试程序发送指令与显示测试参数，图 10.5 为计算机端 USB 通信测试程序工作界面。

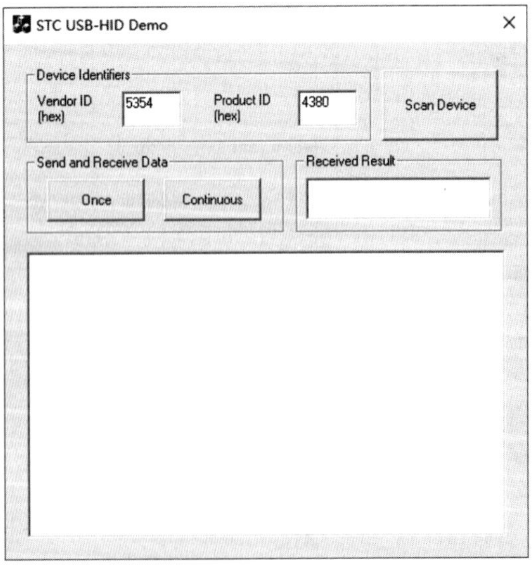

图 10.5　计算机端 USB 通信测试程序工作界面

10.2.2 参考程序

```
#include "reg51.h"    //包含此头文件后,里面声明的寄存器不需要再手动输入,避免重复定义
#include "intrins.h"
#include "USB.h"

#defineMAIN_Fosc        24000000L    //定义主时钟

//手动输入声明"reg51.h"头文件里面没有定义的寄存器
sfr AUXR = 0x8E;
sfr INT_CLKO = 0x8F;
sfr IE2 = 0xAF;
sfr IP2 = 0xB5;
sfr IP2H = 0xB6;
sfr P_SW2 = 0xBA;
sfr TH2   = 0xD6;
sfr TL2   = 0xD7;
sfr USBCLK = 0xDC;
sfr USBDAT = 0xEC;
sfr USBCON = 0xF4;
sfr USBADR = 0xFC;
sfr ADC_CONTR = 0xBC;    //带A/D系列
sfr ADC_RES   = 0xBD;    //带A/D系列
sfr ADC_RESL  = 0xBE;    //带A/D系列
sfr ADCCFG = 0xDE;

#define IRC48MCR(*(unsigned char volatile xdata *)0xfe07)
#define RSTFLAG(*(unsigned char volatile xdata *)0xfe09)
#define ADCTIM(*(unsigned char volatile xdata *)0xfea8)

#define Timer0_Reload(65536UL-(MAIN_Fosc / 1000))  //Timer 0 中断频率,1000次/s
bit B_1ms;              //1 ms标志
WORD msecond;
WORD Bandgap;

void UsbInit();
BYTE ReadReg(BYTE addr);
void WriteReg(BYTE addr, BYTE dat);
BYTE ReadFifo(BYTE fifo, BYTE *pdat);
void WriteFifo(BYTE fifo, BYTE *pdat, BYTE cnt);
```

```
void ADC_Config(void);
void Timer0_Config(WORD tReload);
WORD Get_ADC12bitResult(BYTE channel);    //channel = 0~15
BYTE GetCheckSum(BYTE *buf, BYTE len);

void main()
{
    BYTEi;
    WORDADData;
    P0M1 = 0x00;   P0M0 = 0x00;    //P0~P7 设置为准双向口
    P1M1 = 0x00;   P1M0 = 0x00;
    P2M1 = 0x00;   P2M0 = 0x00;
    P3M1 = 0x00;   P3M0 = 0x00;
    P4M1 = 0x00;   P4M0 = 0x00;
    P5M1 = 0x00;   P5M0 = 0x00;
    P6M1 = 0x00;   P6M0 = 0x00;
    P7M1 = 0x00;   P7M0 = 0x00;
    Timer0_Config(Timer0_Reload);
    ADC_Config();
    UsbInit();
    EA = 1;
    HidOutput[0] = 0xaa;
    HidOutput[1] = 0x55;
    HidOutput[2] = 0x02;
    for(i = 3;i<64;i++) HidOutput[i] = 0;
    while (1)
    {
        if(B_1ms)   //1 ms 到
        {
            B_1ms = 0;
            if(++msecond >= 300)    //300 ms 到
            {
                msecond = 0;
                Bandgap = Get_ADC12bitResult(15);
                                            //读内部基准 ADC，读 15 通道
                ADData = Get_ADC12bitResult(3);  //读外部电压 ADC
                HidOutput[3] = (BYTE)(ADData >>8);
                HidOutput[4] = (BYTE)(ADData);
```

```
                    HidOutput[5] = (BYTE)(Bandgap >>8);
                    HidOutput[6] = (BYTE)(Bandgap);
                    HidOutput[7] = GetCheckSum(HidOutput,7);
                }
            }
        }
}
BYTE ReadReg(BYTE addr)
{
    BYTE dat;
    while (USBADR & 0x80);
    USBADR = addr | 0x80;
    while (USBADR & 0x80);
    dat = USBDAT;
    return dat;
}
void WriteReg(BYTE addr, BYTE dat)
{
    while (USBADR & 0x80);
    USBADR = addr & 0x7f;
    USBDAT = dat;
}
BYTE ReadFifo(BYTE fifo, BYTE *pdat)
{
    BYTEcnt;
    BYTE ret;
    ret = cnt = ReadReg(COUNT0);
    while (cnt--)
    {
        *pdat++=ReadReg(fifo);
    }
    return ret;
}
void WriteFifo(BYTE fifo, BYTE *pdat, BYTE cnt)
{
    while (cnt--)
    {
```

```
        WriteReg(fifo, *pdat++);
    }
}
void UsbInit()
{
    P3M0 = 0x00;
    P3M1 = 0x03;
    P_SW2 |= 0x80;
    RSTFLAG = 0x07;
    IRC48MCR = 0x80;
    while(!(IRC48MCR & 0x01));
    P_SW2 &= ~0x80;
    USBCLK = 0x00;
    USBCON = 0x90;
    IP2H |= 0x80;//USB 中断优先级为 3 级(最高级)
    IP2 |= 0x80;
    WriteReg(FADDR, 0x00);
    WriteReg(POWER, 0x08);
    WriteReg(INTRIN1E, 0x3f);
    WriteReg(INTROUT1E, 0x3f);
    WriteReg(INTRUSBE, 0x00);
    WriteReg(POWER, 0x01);
    Ep0Stage.bStage = EPIDLE;
    IE2 |= 0x80;
}
void usb_isr() interrupt 25
{
    BYTEintrusb;
    BYTEintrin;
    BYTEintrout;
    BYTEcsr;
    BYTEcnt;
    WORDlen;
    intrusb = ReadReg(INTRUSB);
    intrin = ReadReg(INTRIN1);
    introut = ReadReg(INTROUT1);
    if (intrusb & RSTIF)
```

```
{
    WriteReg(INDEX, 1);
    WriteReg(INCSR1, INCLRDT);
    WriteReg(INDEX, 1);
    WriteReg(OUTCSR1, OUTCLRDT);
    Ep0Stage.bStage = EPIDLE;
}
if (intrin & EP0IF)
{
    WriteReg(INDEX, 0);
    csr = ReadReg(CSR0);
    if (csr & STSTL)
    {
        WriteReg(CSR0, csr & ~STSTL);
        Ep0Stage.bStage = EPIDLE;
    }
    if (csr & SUEND)
    {
        WriteReg(CSR0, csr | SSUEND);
    }
    switch (Ep0Stage.bStage)
    {
        case EPIDLE:
        if (csr & OPRDY)
        {
            Ep0Stage.bStage = EPSTATUS;
            ReadFifo(FIFO0, (BYTE *)&Setup);
            ((BYTE *)&Ep0Stage.wResidue)[0] = Setup.wLengthH;
            ((BYTE *)&Ep0Stage.wResidue)[1] = Setup.wLengthL;
            switch (Setup.bmRequestType & REQUEST_MASK)
            {
                case STANDARD_REQUEST:
                switch (Setup.bRequest)
                {
                    case SET_ADDRESS:
                        WriteReg(FADDR, Setup.wValueL);
                    break;
                    case SET_CONFIG:
```

```
        WriteReg(INDEX, 1);
        WriteReg(INCSR2, INMODEIN);
        WriteReg(INMAXP, 8);
        WriteReg(INDEX, 1);
        WriteReg(INCSR2, INMODEOUT);
        WriteReg(OUTMAXP, 8);
        WriteReg(INDEX, 0);
    break;
    case GET_DESCRIPTOR:
        Ep0Stage.bStage = EPDATAIN;
        switch (Setup.wValueH)
        {
            case DESC_DEVICE:
                Ep0Stage.pData = DEVICEDESC;
                len = sizeof(DEVICEDESC);
            break;
            case DESC_CONFIG:
                Ep0Stage.pData = CONFIGDESC;
                len = sizeof(CONFIGDESC);
            break;
            case DESC_STRING:
            switch (Setup.wValueL)
            {
                case 0:
                    Ep0Stage.pData = LANGIDDESC;
                    len = sizeof(LANGIDDESC);
                break;
                case 1:
                    Ep0Stage.pData = MANUFACTDESC;
                    len = sizeof(MANUFACTDESC);
                break;
                case 2:
                    Ep0Stage.pData = PRODUCTDESC;
                    len = sizeof(PRODUCTDESC);
                break;
                default:
```

```
                    Ep0Stage.bStage = EPSTALL;
                break;
                }
                break;

                case DESC_HIDREPORT:
                    Ep0Stage.pData = HIDREPORTDESC;
                    len = sizeof(HIDREPORTDESC);
                break;

                default:
                    Ep0Stage.bStage = EPSTALL;
                break;
            }
            if (len <Ep0Stage.wResidue)
            {
                Ep0Stage.wResidue = len;
            }
        break;

        default:
            Ep0Stage.bStage = EPSTALL;
        break;
    }
    break;

    case CLASS_REQUEST:
        switch (Setup.bRequest)
        {
            case GET_REPORT:
                Ep0Stage.pData = HidFreature;
                Ep0Stage.bStage = EPDATAIN;
            break;

                case SET_REPORT:
                    Ep0Stage.pData = HidFreature;
                    Ep0Stage.bStage = EPDATAOUT;
                break;

                case SET_IDLE:
                break;

                case GET_IDLE:
```

```
                    case GET_PROTOCOL:
                    case SET_PROTOCOL:
                    default:
                        Ep0Stage.bStage = EPSTALL;
                    break;
                }
            break;
            default:
                Ep0Stage.bStage = EPSTALL;
            break;
        }
        switch (Ep0Stage.bStage)
        {
            case EPDATAIN:
                WriteReg(CSR0, SOPRDY);
                goto L_Ep0SendData;
            break;
            case EPDATAOUT:
                WriteReg(CSR0, SOPRDY);
            break;
            case EPSTATUS:
                WriteReg(CSR0, SOPRDY | DATEND);
                Ep0Stage.bStage = EPIDLE;
            break;
            case EPSTALL:
                WriteReg(CSR0, SOPRDY | SDSTL);
                Ep0Stage.bStage = EPIDLE;
            break;
        }
    }
    break;
    case EPDATAIN:
        if (! (csr & IPRDY))
        {
            L_Ep0SendData:
            cnt = Ep0Stage.wResidue >64?64: Ep0Stage.wResidue;
```

```
                WriteFifo(FIFO0, Ep0Stage.pData, cnt);
                Ep0Stage.wResidue -= cnt;
                Ep0Stage.pData += cnt;
                if (Ep0Stage.wResidue == 0)
                {
                    WriteReg(CSR0, IPRDY | DATEND);
                    Ep0Stage.bStage = EPIDLE;
                }
                else
                {
                    WriteReg(CSR0, IPRDY);
                }
            }
        break;

        case EPDATAOUT:
        if (csr & OPRDY)
        {
            cnt = ReadFifo(FIFO0, Ep0Stage.pData);
            Ep0Stage.wResidue -= cnt;
            Ep0Stage.pData += cnt;
            if (Ep0Stage.wResidue == 0)
            {
                WriteReg(CSR0, SOPRDY | DATEND);
                Ep0Stage.bStage = EPIDLE;
            }
            else
            {
                WriteReg(CSR0, SOPRDY);
            }
            }
            break;
        }
    }

    if (intrin & EP1INIF)
    {
        WriteReg(INDEX, 1);
        csr = ReadReg(INCSR1);
```

```
                if (csr & INSTSTL)
                {
                    WriteReg(INCSR1, INCLRDT);
                }
                if (csr & INUNDRUN)
                {
                    WriteReg(INCSR1, 0);
                }
            }

            if (introut & EP1OUTIF)
            {
                WriteReg(INDEX, 1);
                csr = ReadReg(OUTCSR1);
                if (csr & OUTSTSTL)
                {
                    WriteReg(OUTCSR1, OUTCLRDT);
                }
                if (csr & OUTOPRDY)
                {
                    ReadFifo(FIFO1, HidInput);
                    WriteReg(OUTCSR1, 0);
                    if((HidInput[0] == 0xaa) && (HidInput[1] == 0x55) &&
(HidInput[2] == 0x01))
                    {
                        WriteReg(INDEX, 1);
                        WriteFifo(FIFO1, HidOutput, 64);
                        WriteReg(INCSR1, INIPRDY);
                    }
                }
            }
        }

        char codeDEVICEDESC[18] =
        {
            0x12,    //bLength(18);
            0x01,    //bDescriptorType(Device);
            0x00,0x02,    //bcdUSB(2.00);
            0x00,    //bDeviceClass(0);
```

```
    0x00,   //bDeviceSubClass0);
    0x00,   //bDeviceProtocol(0);
    0x40,   //bMaxPacketSize0(64);
    0xbf,0x34,   //idVendor(34bf);
    0x03,0xf0,   //idProduct(f003);
    0x00,0x01,   //bcdDevice(1.00);
    0x01,   //iManufacturer(1);
    0x02,   //iProduct(2);
    0x00,   //iSerialNumber(0);
    0x01,   //bNumConfigurations(1);
};
char codeCONFIGDESC[41] =
{
    0x09,   //bLength(9);
    0x02,   //bDescriptorType(Configuration);
    0x29,0x00,   //wTotalLength(41);
    0x01,   //bNumInterfaces(1);
    0x01,   //bConfigurationValue(1);
    0x00,   //iConfiguration(0);
    0x80,   //bmAttributes(BUSPower);
    0x32,   //MaxPower(100mA);
    0x09,   //bLength(9);
    0x04,   //bDescriptorType(Interface);
    0x00,   //bInterfaceNumber(0);
    0x00,   //bAlternateSetting(0);
    0x02,   //bNumEndpoints(2);
    0x03,   //bInterfaceClass(HID);
    0x00,   //bInterfaceSubClass(0);
    0x00,   //bInterfaceProtocol(0);
    0x00,   //iInterface(0);
    0x09,   //bLength(9);
    0x21,   //bDescriptorType(HID);
    0x01,0x01,   //bcdHID(1.01);
    0x00,   //bCountryCode(0);
    0x01,   //bNumDescriptors(1);
    0x22,   //bDescriptorType(HID Report);
    0x1b,0x00,   //wDescriptorLength(27);
    0x07,   //bLength(7);
```

```
        0x05,   //bDescriptorType(Endpoint);
        0x81,   //bEndpointAddress(EndPoint1 as IN);
        0x03,   //bmAttributes(Interrupt);
        0x40,0x00,   //wMaxPacketSize(64);
        0x01,   //bInterval(10ms);
        0x07,   //bLength(7);
        0x05,   //bDescriptorType(Endpoint);
        0x01,   //bEndpointAddress(EndPoint1 as OUT);
        0x03,   //bmAttributes(Interrupt);
        0x40,0x00,   //wMaxPacketSize(64);
        0x01,   //bInterval(10ms);
};
char codeHIDREPORTDESC[27] =
{
        0x05,0x0c,   //USAGE_PAGE(Consumer);
        0x09,0x01,   //USAGE(Consumer Control);
        0xa1,0x01,   //COLLECTION(Application);
        0x15,0x00,   // LOGICAL_MINIMUM(0);
        0x25,0xff,   // LOGICAL_MAXIMUM(255);
        0x75,0x08,   // REPORT_SIZE(8);
        0x95,0x40,   // REPORT_COUNT(64);
        0x09,0x01,   //USAGE(Consumer Control);
        0xb1,0x02,   // FEATURE(Data,Variable);
        0x09,0x01,   //USAGE(Consumer Control);
        0x81,0x02,   // INPUT(Data,Variable);
        0x09,0x01,   //USAGE(Consumer Control);
        0x91,0x02,   // OUTPUT(Data,Variable);
        0xc0,   //END_COLLECTION;
};
char code LANGIDDESC[4] =
{
        0x04,0x03,
        0x09,0x04,
};
char code MANUFACTDESC[8] =
{
        0x08,0x03,
```

```
            'S',0,
            'T',0,
            'C',0,
        };
        char code PRODUCTDESC[30] =
        {
            0x1e,0x03,
            'S',0,
            'T',0,
            'C',0,
            ' ',0,
            'U',0,
            'S',0,
            'B',0,
            ' ',0,
            'D',0,
            'e',0,
            'v',0,
            'i',0,
            'c',0,
            'e',0,
        };
/***AD 转换模块设置***/
void ADC_Config(void)
{
    P1M1 |= 0x08;
    P1M0 &= 0xf7;    //设置 P1.3 为 ADC 输入口
    P_SW2 |= 0x80;
    ADCTIM = 0x3f;//设置 ADC 内部时序,ADC 采样时间建议设最大值
    P_SW2 &= 0x7f;
    ADCCFG = 0x2f;//设置 ADC 时钟为系统时钟/2/16/16
    ADC_CONTR = 0x80;    //使能 ADC 模块
}
/***定时器设置***/
void Timer0_Config(WORD tReload)
{
    AUXR = 0x80;    //定时器 0 设置 IT,16 位定时器自动重新加载
```

```
    TH0 = (BYTE)(tReload / 256);
    TL0 = (BYTE)(tReload % 256);
    ET0 =1;   //定时器0中断使能
    TR0 =1;   //运行定时器0
}
/***查询法读ADC结果***/
WORD Get_ADC12bitResult(BYTE channel)  //channel = 0～15
{
    ADC_RES = 0;
    ADC_RESL = 0;
    ADC_CONTR = (ADC_CONTR & 0xF0) | 0x40 | channel;     //启动A/D转换
    _nop_();
    _nop_();
    _nop_();
    _nop_();
    while((ADC_CONTR & 0x20) == 0)  ;   //等待A/D转换结束
    ADC_CONTR &= ~0x20;     //清除A/D转换结束标志
    return  (((WORD)ADC_RES <<8) | ADC_RESL);
}
/***Timer0 1ms中断函数***/
void timer0 (void) interrupt 1
{
    B_1ms = 1;       //1ms标志
}
/***获取校验码***/
BYTE GetCheckSum(BYTE *buf, BYTE len)   //获取校验码
{
    BYTEi;
    BYTE cs = 0;
    for (i = 0; i<len; i++)
    {
        cs += buf[i];
    }
    return cs;
}
```

10.3 16 路 DMA-ADC 转换实验

10.3.1 实验目的

通过设置数据批量传输(DMA)功能,将所有通道一次循环采集的数据自动存放到 DMA 定义的 xdata 空间,并通过串口 2(P4.6 、P4.7)将 DMA 定义的 xdata 空间所收到的数据发送给上位机,波特率为 115 200 b/s,N,8,1。

AD0～7 通道对应 P1.0～P1.7,AD8～14 通道对应 P0.0～P0.6,15 通道为内部 1.19 V 基准电压作输入的 ADC 值,初始化时先把要 ADC 转换的引脚设置为高阻输入。STC8H 系列带 DMA 模块的芯片可通用参考。

10.3.2 参考程序

```
#include"..\..\comm\STC8H.h"
#include "intrins.h"
#include "stdio.h"

typedef unsigned char u8;
typedef unsigned int u16;
typedef unsigned long u32;

/***本地常量声明***/
#define MAIN_Fosc      22118400L//定义主时钟
#define Baudrate       115200L
#define TM          (65536-(MAIN_Fosc/Baudrate/4))
/***0～15, ADC 转换时间(CPU 时钟数) = (n+1)*32  ADCCFG ***/
#define  ADC_SPEED15
/***ADC 结果格式 0:左对齐, ADC_RES:D11 D10 D9 D8 D7 D6 D5 D4,ADC_RESL:D3 D2 D1 D0 0 0 0 0 ***/
/***ADCCFG 1:右对齐,ADC_RES:0 0 0 0 D11 D10 D9 D8,ADC_RESL:D7 D6 D5 D4 D3 D2 D1 D0 ***/
#define RES_FMT (1<<5)
/***1～16, ADC 转换通道数, 需同步修改 DMA_ADC_CHSW 转换通道***/
#define  ADC_CH         16
/***6～n,每个通道 ADC 转换数据总数,2*转换次数+4,需同步修改 DMA_ADC_CFG2 转换次数***/
#define  ADC_DAT  A12
/***DMA 数据存放地址***/
#define  DMA_ADDR 0x800
```

```
/***本地变量声明***/
bit  DmaFlag;
u8 xdata DmaBuffer[ADC_CH][ADC_DATA] _at_ DMA_ADDR;
/***本地函数声明***/
u16    Get_ADC12bitResult(u8 channel);
void delay_ms(u8 ms);
/***chn=0~7对应P1.0~P1.7, chn=8~14对应P0.0~P0.6, chn=15对应BandGap
电压***/
void  ADC_convert(u8 chn);
void DMA_Config(void);
/***串口打印函数***/
void UartInit(void)
{
    P_SW2 |=1;          //UART2 switch, to: 0: P1.0, P1.1,  1: P4.6, P4.7
    S2CON &= ~(1<<7);   //8位数据,1位起始位,1位停止位,无校验
    T2L  = TM;
    T2H  = TM>>8;
    AUXR |= 0x14;      //定时器2时钟1T模式,开始计时
}
void UartPutc(unsigned char dat)
{
    S2BUF =dat;
    while((S2CON&2)==0);
    S2CON &=~2;    //清除Tx标志
}
char putchar(char c)
{
    UartPutc(c);
    return c;
}
void main(void)
{
    u8  i,n;
    P_SW2 |= 0x80;                      //扩展寄存器(XFR)访问使能
    P0M1 = 0x7f;   P0M0 = 0x00;    //设置要进行ADC的I/O作高阻输入
    P1M1 = 0xfb;   P1M0 = 0x00;    //设置要进行ADC的I/O作高阻输入
    P2M1 = 0x00;   P2M0 = 0x00;    //设置为准双向口
```

```
    P3M1 = 0x00;  P3M0 = 0x00;   //设置为准双向口
    P4M1 = 0x00;  P4M0 = 0x00;   //设置为准双向口
    P5M1 = 0x10;  P5M0 = 0x00;   //设置要进行 ADC 的 I/O 作高阻输入
    P6M1 = 0x00;  P6M0 = 0x00;   //设置为准双向口
    P7M1 = 0x00;  P7M0 = 0x00;   //设置为准双向口
    ADCTIM = 0x3f;  //设置通道选择时间、保持时间、采样时间
    ADCCFG = RES_FMT + ADC_SPEED;  //ADC 模块电源打开后,需等待 1 ms,MCU 内部
ADC 电源稳定后再进行 A/D 转换
    ADC_CONTR = 0x80 + 0;  //ADC on + channel
    UartInit();
    DMA_Config();
    EA = 1;
    printf("STC8H 系列 ADC DMA 测试程序! \r\n");
    while (1)
    {
        delay_ms(200);
        if(DmaFlag)
        {
            DmaFlag = 0;
            for(i = 0; i<ADC_CH; i++)
            {
                for(n = 0; n<ADC_DATA; n++)
                {
                    printf("0x%02bx",DmaBuffer[i][n]);
                }
                printf("\r\n");
            }
            printf("\r\n");
            DMA_ADC_CR = 0xc0; //bit7 1:Enable ADC_DMA,bit6 1:Start ADC_DMA
        }
    }
}
/* ADC DMA 功能配置 */
void DMA_Config(void)
{
    DMA_ADC_STA = 0x00;
    DMA_ADC_CFG = 0x80;  //bit7 1:Enable Interrupt
```

```
    DMA_ADC_RXAH = (u8)(DMA_ADDR >>8);   //ADC 转换数据存储地址
    DMA_ADC_RXAL = (u8)DMA_ADDR;
    DMA_ADC_CFG2 = 0x09;   //每个通道 ADC 转换次数:4
    DMA_ADC_CHSW0 = 0xff  ;//ADC 通道使能寄存器 ADC15～ADC8
    DMA_ADC_CHSW1 = 0xff;  //ADC 通道使能寄存器 ADC7～ADC0
    DMA_ADC_CR = 0xc0;  //bit71:Enable ADC_DMA, bit6 1:Start ADC_DMA
}
/*延时函数*/
void delay_ms(u8 ms)
{
    u16i;
    do
    {
        i = MAIN_Fosc / 10000;
        while(--i);
    }while(--ms);
}
/*ADC DMA 中断函数*/
void ADC_DMA_Interrupt(void) interrupt 13
{
    DMA_ADC_STA = 0;
    DmaFlag = 1;
}
```

10.4 DMA-LCM 液晶屏接口测试实验

LCD 的接口种类很多,分类很细,主要看 LCD 的驱动方式和控制方式,彩色 LCD 应用比较多的是 MUC 模式和 RGB 模式。其中 MCU 模式显示数据写入 DDRAM,常用于静止图片显示。RGB 模式显示数据不写入 DDRAM,直接写屏,速度快,常用于显示视频或动画。

MCU 模式主要针对单片机的领域在使用,其主要特点是价格便宜。MCU-LCD 接口的标准术语是 Intel 提出的 8080 总线标准,主要又可以分为 8080 模式和 6800 模式,这两者之间主要是时序的区别。数据位传输有 8 位,9 位,16 位,18 位,24 位。连线分为 $\overline{CS}$,$\overline{RS}$(寄存器选择),$\overline{RD}$,$\overline{WR}$,再就是数据线了。其优点是控制简单方便,不需要时钟和同步信号;缺点是要耗费 GRAM,所以难以做到大屏(3.8 以上)。对于 MCU 接口的 LCM,其内部的芯片称为 LCD 驱动器,主要功能是对主机发送过的数据/命令进行变换,变成每个像素的 RGB 数据,使之在屏上显示出来,这个过程不需要点、行、帧时钟。

10.4.1 实验目的

例程采用 LCM 接口＋DMA 驱动液晶屏程序，通过设置数据批量传输(DMA)功能，将显示数据以 8 b 的 I8080 模式，并行传输至 ILI9341 驱动芯片的 GRAM 中，从而实现图像显示，P6 口接 D8～D15，LCM 指令通过中断方式等待发送完成，DMA 设置长度为 256 字节，通过中断方式判断传输完成。STC8H 系列带 DMA 模块的芯片可通用参考。

10.4.2 参考程序

```
#include"..\..\comm\STC8H.h"
#include "stdio.h"
#include "intrins.h"
#include "font.h"

#define MAIN_Fosc        24000000L   //定义主时钟

typedef     unsigned char   u8;
typedef     unsigned int    u16;
typedef     unsigned long   u32;

sbit LCD_RS = P4^5;        //数据/命令切换
sbit LCD_WR = P4^2;        //写控制
sbit LCD_RD = P4^4;        //读控制
sbit LCD_CS = P3^4;        //片选
sbit LCD_RESET = P4^3;     //复位
#define  LCD_DataPort P6        //8 位数据口

//支持横竖屏快速定义切换
//定义液晶屏顺时针旋转方向  0-0°旋转,1-90°旋转,2-180°旋转,3-270°旋转
#define USE_HORIZONTAL      0

//画笔颜色
#define WHITE              0xFFFF     //白色
#define BLACK              0x0000     //黑色
#define BLUE               0x001F     //蓝色
#define BRED               0xF81F     //黑红色
#define RED                0xF800     //红色
#define MAGENTA            0xF81F     //品红色
#define GREEN              0x07E0     //绿色
#define CYAN               0x07FF     //青色
```

```
#define YELLOW        0xFFE0    //黄色
#define BROWN         0xBC40    //棕色
#define BRRED         0xFC07    //棕红色
#define GRAY          0x8430    //灰色
#define DARKBLUE      0x01CF    //深蓝色
#define LIGHTBLUE     0x7D7C    //浅蓝色
#define GRAYBLUE      0x5458    //灰蓝色
#define LIGHTGREEN    0x841F    //浅绿色
#define LGRAY         0xC618    //浅灰色(PANNEL),窗体背景色
#define LGRAYBLUE     0xA651    //浅灰蓝色(中间层颜色)
#define LBBLUE        0x2B12    //浅棕蓝色(选择条目的反色)
//定义 LCD 的尺寸
#define LCD_W 240
#define LCD_H 320
#define DMA_AMT_LEN 255   //n+1
u16 POINT_COLOR = 0x0000;//画笔颜色
u16 index;
//u16 xdata Buffer[8] = {0x11,0x22,0x33,0x44,0x55,0x66,0x77,0x88};
u16 xdata Color[DMA_AMT_LEN + 1];
bit DmaFlag;
bit LcmFlag;
typedef struct
{
    u16 width;          //LCD 宽度
    u16 height;         //LCD 高度
    u16 id;             //LCD ID
    u8  dir;            //横屏还是竖屏控制:0,竖屏;1,横屏。
    u8 wramcmd;         //开始写 gram 指令
    u8 rramcmd;         //开始读 gram 指令
    u8 setxcmd;         //设置 x 坐标指令
    u8 setycmd;         //设置 y 坐标指令
}_lcd_dev;
_lcd_dev lcddev;
void delay_ms(u16 ms);
void GPIO_Init(void);
```

```
void LCM_Config(void);
void DMA_Config(void);
void LCD_Init(void);
void Test_Color(void);
void LCD_WR_DATA_16Bit(u16 Data);
void LCD_SetWindows(u16 xStar, u16 yStar,u16 xEnd,u16 yEnd);
void Show_Str(u16 x, u16 y, u16 fc, u16 bc, u8 * str,u8 size,u8 mode);
void LCD_direction(u8 direction);

void main(void)
{
    P_SW2 |= 0x80;  //扩展寄存器(XFR)访问使能

    P0M1 = 0;   P0M0 = 0;   //设置为准双向口
    P1M1 = 0;   P1M0 = 0;   //设置为准双向口
    P2M1 = 0;   P2M0 = 0;   //设置为准双向口
    P3M1 = 0;   P3M0 = 0;   //设置为准双向口
    P4M1 = 0;   P4M0 = 0;   //设置为准双向口
    P5M1 = 0;   P5M0 = 0;   //设置为准双向口
    P6M1 = 0;   P6M0 = 0;   //设置为准双向口
    P7M1 = 0;   P7M0 = 0;   //设置为准双向口

    GPIO_Init();
    LCM_Config();
    DMA_Config();
    EA = 1;

    LCD_Init();     //LCM 初始化

    while(1)
    {
        Test_Color();
    }
}

void LCD_Fill(u16 sx,u16 sy,u16 ex,u16 ey,u16 color)
{
    u16 i,j;
    u16 width = ex - sx + 1;    //得到填充的宽度
    u16 height = ey - sy + 1;    //高度
    LCD_SetWindows(sx,sy,ex,ey);     //设置显示窗口

    for(j = 0,i = 0;i< = DMA_AMT_LEN;i ++ )
```

```
    {
        Color[i] = color;
    }
    index = 600;        //(320 * 240 * 2) / 256 = 600
    LCD_CS = 0;
    DMA_LCM_CR = 0xa0;      //写入数据
    while(!LCD_CS);
}
/ ***颜色测试 ***/
void Test_Color(void)
{
    u8buf[10] = {0};

    LCD_Fill(0,0,lcddev.width,lcddev.height,WHITE);
    Show_Str(20,30,BLUE,YELLOW,"LCM Test",16,1);delay_ms(800);
    LCD_Fill(0,0,lcddev.width,lcddev.height,RED);
    Show_Str(20,30,BLUE,YELLOW,"RED ",16,1);delay_ms(800);
    LCD_Fill(0,0,lcddev.width,lcddev.height,GREEN);
    Show_Str(20,30,BLUE,YELLOW,"GREEN ",16,1);delay_ms(800);
    LCD_Fill(0,0,lcddev.width,lcddev.height,BLUE);
    Show_Str(20,30,RED,YELLOW,"BLUE ",16,1);delay_ms(800);
}
/ ***延时函数 ***/
void delay_ms(u16 ms)
{
    u16i;
    do{
        i = MAIN_Fosc / 10000;
        while(--i);
    }while(--ms);
}
/ ***控制命令写入 ***/
void LCD_WR_REG(u8 Reg)
{
    LCMIFDATL = Reg;
    LCD_CS = 0;
    LCMIFCR = 0x84;      //使能接口,输出写命令
    while(LcmFlag);
    LCD_CS = 1;
```

```
}
/***数据写入***/
void LCD_WR_DATA(u8 Data)
{
    LCMIFDATL = Data;
    LCD_CS = 0;
    LCMIFCR = 0x85;//使能接口,输出写数据
    while(LcmFlag);
    LCD_CS =1 ;
}
/***16bit 数据写入***/
void LCD_WR_DATA_16Bit(u16 Data)
{
    LCD_WR_DATA((u8)(Data >>8));
    LCD_WR_DATA((u8)Data);
}
/***寄存器写入***/
void LCD_WriteReg(u8 LCD_Reg, u8 LCD_RegValue)
{
    LCD_WR_REG(LCD_Reg);
    LCD_WR_DATA(LCD_RegValue);
}
/***显存写入***/
void LCD_WriteRAM_Prepare(void)
{
    LCD_WR_REG(lcddev.wramcmd);
}
/***在坐标位置写入图像数据***/
void LCD_DrawPoint(u16 x,u16 y)
{
    LCD_SetWindows(x,y,x,y);  //设置光标位置
    LCD_WR_DATA_16Bit(POINT_COLOR);
}
/***GPIO 设置为推挽模式***/
void GPIO_Init(void)
{
    //P6 口设置成推挽输出
```

```
        P6M0 = 0xff;
        P6M1 = 0x00;
        //P3.4 口设置成推挽输出
        P3M0 = 0x10;
        P3M1 = 0x00;
        //P4.2,P4.3,P4.4,P4.5 口设置成推挽输出
        P4M0 = 0x3c;
        P4M1 = 0x00;
    }
    /***LCM 设置***/
    void LCM_Config(void)
    {
        LCMIFCFG  =  0x84;      //bit7 1:启用中断, bit1 0:8 位模式; bit0 0:8080,
1:6800
        LCMIFCFG2  =  0x09;  //RS:P45,RD:P44,WR:P42; 设置时间 = 2,保持时间 = 1
        LCMIFSTA  =  0x00;
    }
    /***DMA 设置***/
    void DMA_Config(void)
    {
        DMA_LCM_AMT  =  (u8)DMA_AMT_LEN;     //设置传输总字节数:n+1
        DMA_LCM_TXAH  =  (u8)((u16)&Color >>8);
        DMA_LCM_TXAL  =  (u8)((u16)&Color);
    //  DMA_LCM_RXAH  =  (u8)((u16)&Buffer >>8);
    //  DMA_LCM_RXAL  =  (u8)((u16)&Buffer);
        DMA_LCM_STA  =  0x00;
        DMA_LCM_CFG  =  0x82;
        DMA_LCM_CR  =  0x00;
    }
    /***LCD 复位***/
    void LCDReset(void)
    {
        LCD_CS = 1;
        delay_ms(50);
        LCD_RESET = 0;
        delay_ms(150);
        LCD_RESET = 1;
```

```
    delay_ms(50);
}

/ * * * LCD 初始化 * * * /
void LCD_Init(void)
{
    LCDReset();      //初始化之前复位
//  delay_ms(150);
//  根据不同晶振速度可以调整延时,保障稳定显示
// *************2.4inch ILI9341 初始化 ********** //
    LCD_WR_REG(0xCF);
    LCD_WR_DATA(0x00);
    LCD_WR_DATA(0xD9);       //0xC1
    LCD_WR_DATA(0X30);
    LCD_WR_REG(0xED);
    LCD_WR_DATA(0x64);
    LCD_WR_DATA(0x03);
    LCD_WR_DATA(0X12);
    LCD_WR_DATA(0X81);
    LCD_WR_REG(0xE8);
    LCD_WR_DATA(0x85);
    LCD_WR_DATA(0x10);
    LCD_WR_DATA(0x7A);
    LCD_WR_REG(0xCB);
    LCD_WR_DATA(0x39);
    LCD_WR_DATA(0x2C);
    LCD_WR_DATA(0x00);
    LCD_WR_DATA(0x34);
    LCD_WR_DATA(0x02);
    LCD_WR_REG(0xF7);
    LCD_WR_DATA(0x20);
    LCD_WR_REG(0xEA);
    LCD_WR_DATA(0x00);
    LCD_WR_DATA(0x00);
    LCD_WR_REG(0xC0);    //电源控制
    LCD_WR_DATA(0x1B);    //VRH[5:0]
    LCD_WR_REG(0xC1);    //电源控制
    LCD_WR_DATA(0x12);    //SAP[2:0];BT[3:0] 0x01
    LCD_WR_REG(0xC5);    //VCM 控制
```

```
LCD_WR_DATA(0x08);    //30
LCD_WR_DATA(0x26);    //30
LCD_WR_REG(0xC7);    //VCM 控制 2
LCD_WR_DATA(0XB7);
LCD_WR_REG(0x36);    // 存储器存取控制
LCD_WR_DATA(0x08);
LCD_WR_REG(0x3A);
LCD_WR_DATA(0x55);
LCD_WR_REG(0xB1);
LCD_WR_DATA(0x00);
LCD_WR_DATA(0x1A);
LCD_WR_REG(0xB6);    // 显示功能控制
LCD_WR_DATA(0x0A);
LCD_WR_DATA(0xA2);
LCD_WR_REG(0xF2);    // 3 伽马功能禁用
LCD_WR_DATA(0x00);
LCD_WR_REG(0x26);    //伽马曲线选择
LCD_WR_DATA(0x01);
LCD_WR_REG(0xE0);    //设置伽马值
LCD_WR_DATA(0x0F);
LCD_WR_DATA(0x1D);
LCD_WR_DATA(0x1A);
LCD_WR_DATA(0x0A);
LCD_WR_DATA(0x0D);
LCD_WR_DATA(0x07);
LCD_WR_DATA(0x49);
LCD_WR_DATA(0X66);
LCD_WR_DATA(0x3B);
LCD_WR_DATA(0x07);
LCD_WR_DATA(0x11);
LCD_WR_DATA(0x01);
LCD_WR_DATA(0x09);
LCD_WR_DATA(0x05);
LCD_WR_DATA(0x04);
LCD_WR_REG(0XE1);    //设置伽马值
LCD_WR_DATA(0x00);
LCD_WR_DATA(0x18);
LCD_WR_DATA(0x1D);
LCD_WR_DATA(0x02);
```

```
    LCD_WR_DATA(0x0F);
    LCD_WR_DATA(0x04);
    LCD_WR_DATA(0x36);
    LCD_WR_DATA(0x13);
    LCD_WR_DATA(0x4C);
    LCD_WR_DATA(0x07);
    LCD_WR_DATA(0x13);
    LCD_WR_DATA(0x0F);
    LCD_WR_DATA(0x2E);
    LCD_WR_DATA(0x2F);
    LCD_WR_DATA(0x05);
    LCD_WR_REG(0x2B);
    LCD_WR_DATA(0x00);
    LCD_WR_DATA(0x00);
    LCD_WR_DATA(0x01);
    LCD_WR_DATA(0x3f);
    LCD_WR_REG(0x2A);
    LCD_WR_DATA(0x00);
    LCD_WR_DATA(0x00);
    LCD_WR_DATA(0x00);
    LCD_WR_DATA(0xef);
    LCD_WR_REG(0x11);   //退出睡眠
    delay_ms(120);
    LCD_WR_REG(0x29);   //显示器打开
    //设置 LCD 属性参数
    LCD_direction(USE_HORIZONTAL);   //设置 LCD 显示方向
}
/***LCD 显示窗口设置***/
void LCD_SetWindows(u16 xStar, u16 yStar,u16 xEnd,u16 yEnd)
{
    LCD_WR_REG(lcddev.setxcmd);
    LCD_WR_DATA((u8)(xStar>>8));
    LCD_WR_DATA((u8)(0x00FF&xStar));
    LCD_WR_DATA((u8)(xEnd>>8));
    LCD_WR_DATA((u8)(0x00FF&xEnd));

    LCD_WR_REG(lcddev.setycmd);
    LCD_WR_DATA((u8)(yStar>>8));
    LCD_WR_DATA((u8)(0x00FF&yStar));
```

```
    LCD_WR_DATA((u8)(yEnd>>8));
    LCD_WR_DATA((u8)(0x00FF&yEnd));

    LCD_WriteRAM_Prepare();   //开始写入 GRAM
}
/***液晶屏显示方向设置***/
void LCD_direction(u8 direction)
{
    lcddev.setxcmd = 0x2A;
    lcddev.setycmd = 0x2B;
    lcddev.wramcmd = 0x2C;
    lcddev.rramcmd = 0x2E;
    switch(direction){
        case 0:
            lcddev.width = LCD_W;
            lcddev.height = LCD_H;
            LCD_WriteReg(0x36,(1<<3));
        break;
        case 1:
            lcddev.width = LCD_H;
            lcddev.height = LCD_W;
            LCD_WriteReg(0x36,(1<<3)|(1<<7)|(1<<5)|(1<<4));
        break;
        case 2:
            lcddev.width = LCD_W;
            lcddev.height = LCD_H;
            LCD_WriteReg(0x36,(1<<3)|(1<<4)|(1<<6)|(1<<7));
        break;
        case 3:
            lcddev.width = LCD_H;
            lcddev.height = LCD_W;
            LCD_WriteReg(0x36,(1<<3)|(1<<5)|(1<<6));
        break;
        default:break;
    }
}
/***显示字符 ***/
void LCD_ShowChar(u16 x,u16 y,u16 fc, u16 bc, u8 num,u8 size,u8 mode)
```

```
{
    u8 temp;
    u8pos,t;
    u16colortemp = POINT_COLOR;
    num = num - ' ';  //得到偏移后的值
    LCD_SetWindows(x,y,x + size/2 - 1,y + size - 1);  //设置单个文字显示窗口
    if(! mode)  //非叠加方式
    {
        for(pos = 0;pos<size;pos ++ )
        {
            if(size == 12)temp = asc2_1206[num][pos];  //调用 1206 字体
            else temp = asc2_1608[num][pos];           //调用 1608 字体
            for(t = 0;t<size/2;t ++ )
            {
                if(temp&0x01)LCD_WR_DATA_16Bit(fc);
                else LCD_WR_DATA_16Bit(bc);
                temp>> = 1;
            }
        }
    }else  //叠加方式
    {
        for(pos = 0;pos<size;pos ++ )
        {
            if(size == 12)temp = asc2_1206[num][pos];  //调用 1206 字体
            else temp = asc2_1608[num][pos];           //调用 1608 字体
            for(t = 0;t<size/2;t ++ )
            {
                POINT_COLOR = fc;
                if(temp&0x01)LCD_DrawPoint(x + t,y + pos);  //画一个点
                temp>> = 1;
            }
        }
    }
    POINT_COLOR = colortemp;
    LCD_SetWindows(0,0,lcddev.width - 1,lcddev.height - 1);  //恢复窗口为全屏
}
/ *** 显示字符串 ***/
```

```
voidShow_Str(u16 x, u16 y, u16 fc, u16 bc, u8 * str,u8 size,u8 mode)
{
    u16 x0 = x;
    u8bHz = 0;        //字符或者中文
    while( * str! = 0)   //数据未结束
    {
        if(! bHz)
        {
            if(x>(lcddev.width - size/2)||y>(lcddev.height - size))
            return;
            if( * str>0x80)bHz = 1;  //中文
            else                     //字符
            {
                if( * str == 0x0D)  //换行符号
                {
                    y+ =size;
                    x = x0;
                    str ++ ;
                }
                else
                {
                    if(size>16)
                     //字库中没有集成12×24、16×32的英文字体,用8×16代替
                    {
                        LCD_ShowChar(x,y,fc,bc, * str,16,mode);
                        x+ =8;  //字符,为全字的一半
                    }
                    else
                    {
                        LCD_ShowChar(x,y,fc,bc, * str,size,mode);
                        x+ =size/2;    //字符,为全字的一半
                    }
                }
                str ++ ;
            }
        }
        Else  //中文
        {
            str+ =2;
```

```
            x+ = size;   //下一个汉字偏移
        }
    }
}
/***DMA 中断 ***/
void LCMIF_DMA_Interrupt(void) interrupt 13
{
    if(LCMIFSTA & 0x01)
    {
        LCMIFSTA = 0x00;
        LcmFlag = 0;
    }
    if(DMA_LCM_STA & 0x01)
    {
        if(DmaFlag)
        {
            DmaFlag = 0;
            DMA_LCM_CR = 0;
        }
        else
        {
            index--;
            if(index == 0)
            {
                DMA_LCM_CR = 0;
                LCD_CS = 1;
            }
            else
            {
                DMA_LCM_CR = 0xa0;     //写入数据
            }
        }
        DMA_LCM_STA = 0;
    }
}
```

10.5　RFID 读卡器测试实验

RFID 技术是无线电射频技术（RFID，radio frequency identification）的英文简称，该技术主要利用磁场或电磁场原理，通过无线射频方式实现设备之间的双向通信，从而实现交换数据的功能，该技术的最大特点就是不用接触就可以获得对方的信息。

RFID 技术依据其标签的供电方式可分为 3 类，即无源 RFID、有源 RFID 和半有源 RFID。

无源 RFID 系统通过电磁感应线圈获取能量来对自身短暂供电，完成信息交换。其结构简单、成本低、故障率低、使用寿命较长。无源 RFID 的有效识别距离通常较短，一般用于近距离的接触式识别。无源 RFID 主要工作在较低频段如 125 kHz、13.56 MHz 等。无源 RFID 系统主要应用于公交卡、二代身份证、门禁卡和食堂餐卡等场合。

有源 RFID 系统通过外接电源或者内置电池供电，主动向阅读器发送信号，拥有较远的传输距离与较快的传输速度。有源 RFID 标签可在 100 m 范围与阅读器建立数据通信，读取率可达 1 700 次/s。有源 RFID 主要工作在 900 MHz、2.45 GHz、5.8 GHz 等超高频段和微波频段，且具有可以同时识别多个标签的功能。有源 RFID 系统的上述特性使其广泛应用于 ETC、车辆管理、航运管理及矿井管理等场合。

半有源 RFID 技术又称为低频激活触发技术。在通常情况下，半有源 RFID 标签处于休眠状态，仅对标签中保持数据的部分进行供电，因此耗电量较小，可维持较长的时间。当标签进入 RFID 阅读器的识别范围后，阅读器先以 125 kHz 的低频信号在小范围内精确激活标签使之进入工作状态，再通过 2.4 GHz 的微波与其进行信息传递。也就是说，在不同位置安置多个低频阅读器用于激活半有源 RFID 产品，由此，既能实现定位，又能实现数据的采集与传输。半有源 RFID 系统主要应用于化学品监控、药品和食品的运输监测等场合。

10.5.1　实验目的

MFRC522 是 13.56 MHz 非接触式读写模块，支持 SPI、I^2C、UART 通信方式。MFRC522 模块可以扫描识别 S50/S70 IC 卡。该卡内部存储区分为 16 个扇区，每个扇区由 4 个块(块 0、块 1、块 2、块 3)组成，一般将 16 个扇区的 64 个块按绝对地址编号为 0～63，相关操作也按绝对地址编号操作。第 0 扇区的块 0，即绝对地址 0 块，存放厂商代码，已经固化不能更改。其余每个扇区的块 0/1/2 为数据块，可以进行读写操作，块 3 为控制块。

参考程序是主程序部分，可以实现单片机控制 MFRC522 读取 IC 卡的序列号，并将卡片序列号通过串口传送到单片机，核对并实现开关操作的基础功能。P0.0 是门控 I/O 端口。

10.5.2　参考程序

```
#include "lpcreg.h"
#include "main.h"
#include "mfrc522.h"
```

```
    unsigned char code data1[16] = {0x12,0x34,0x56,0x78,0xED,0xCB,0xA9,0x87,
0x12,0x34,0x56,0x78,0x01,0xFE,0x01,0xFE};
    / ***M1 卡的某一块作为钱包,写为如下格式,可接收扣款和充值命令,4 字节金额(低
字节在前)+4 字节金额取反+4 字节金额+1 字节块地址+1 字节块地址取反+1 字节块
地址+1 字节块地址取反 ***/
    unsigned char code data2[4]  = {0x12,0,0,0};
    unsigned char codeDefaultKey[6] = {0xFF, 0xFF, 0xFF, 0xFF, 0xFF, 0xFF};
    unsigned char idata Read_Data[16] = {0x00};
    unsigned char g_ucTempbuf[20];
    / ***蜂鸣器 ***/
    sbit beep = P0^2;
    # define LOCK 0;
    # define OPEN 1;
    sbit DOOR = P0^0;
    / ***延迟 ***/
     void delays(void)
    {
        unsigned charm,n;
          for(m = 0;m<200;m++)
           for(n = 0;n<258;n++)
               ;
    }
    /***错误指示灯 ***/
    void flash_ERR()
    {
        LED_ERR = 1;
        delays();
        LED_ERR = 0;
    }
    / ***初始化 RFID-RC522 ***/
    void InitRc522(void)
    {
      PcdReset();
      PcdAntennaOff();
      PcdAntennaOn();
      M500PcdConfigISOType('A');
    }
    /***串口初始化 ***/
```

```
void UsartConfiguration()
{
    SCON = 0X50;      //设置为工作方式 1
    TMOD = 0X20;      //设置计数器工作方式 2
    PCON = 0X80;      //波特率加倍
    TH1 = 0XF3;     //计数器初始值设置,注意波特率是 4800 b/s 的
    TL1 = 0XF3;
    ES = 1;     //打开接收中断
    EA = 1;     //打开总中断
    TR1 = 1;     //打开计数器
}
void Send(unsigned char dat)
{
    SBUF = dat;
    while(TI == 0)
    ;
    TI = 0;
}
void delay(unsigned int i)
{
    char j;
    for(i; i >0; i-- )
        for(j = 150; j>0; j-- );
}
void Usart() interrupt 4
{
    unsigned char receiveData,i = 0;
    receiveData = SBUF;   //出去接收到的数据
    RI = 0;  //清除接收中断标志位
    if(receiveData == 0xff)  //上锁指令
    {
        DOOR = LOCK;
    }
    if(receiveData == 0xf0)//开锁指令
    {
        DOOR = OPEN;
        while(i<240)
```

```
            {
                beep = 1;
                delay(25);
                beep = 0;
                i++;
            }
        }
    }
    void Delay10ms(unsigned int c)    //误差 0μs
    {
        unsigned char a, b;
        /***--c 已经在传递过来的时候已经赋值了,所以在 for 语句第一句就不用赋
值了 ***/
        for(;c>0;c--)
        {
            for (b = 38;b>0;b--)
            {
                for (a = 130;a>0;a--);
            }
        }
    }
    void main()
    {
        unsigned char status;
        unsigned char c = 0;
        InitializeSystem();    //初始化
        while (1)
        {
            status = PcdRequest(PICC_REQALL, g_ucTempbuf);   //寻卡
            if (status != MI_OK)
            {
                continue;
            }
            status = PcdAnticoll(g_ucTempbuf);    //防冲撞-返回  卡片序列号,4 字节
            if (status != MI_OK)
            {
                continue;
```

```
}
for(c = 0;c<4;c ++ )  //向串口发送卡片序列号
{
    LED_GREEN = 0;
    Send(g_ucTempbuf[c]);
    LED_GREEN = 1;
}
PcdHalt();
Delay10ms(300);
status = PcdSelect(g_ucTempbuf);
if (status != MI_OK)
{
  continue;
}
status = PcdAuthState(PICC_AUTHENT1A, 1, DefaultKey, g_ucTempbuf);
if (status != MI_OK)
{
  continue;
}

status = PcdWrite(1, data1);
if (status != MI_OK)
{
  continue;
}

status = PcdValue(PICC_DECREMENT,1,data2);
if (status != MI_OK)
{
  continue;
}

status = PcdBakValue(1, 2);
if (status != MI_OK)
{
  continue;
}

status = PcdRead(2, g_ucTempbuf);
if (status != MI_OK)
{
```

```
            continue;
        }
        LED_GREEN = 1;
    }
}
/***系统初始化***/
void InitializeSystem()
{
    P0M1 = 0x0;
    P0M2 = 0x0;
    P1M1 = 0x0;
    P1M2 = 0x0;
    P3M1 = 0x0;
    P3M2 = 0xFF;
    P0 = 0xFF;
    P1 = 0xFF;
    P3 = 0xFF;
    DOOR = LOCK;
    InitRc522();
    UsartConfiguration();
}
```

第11章　基于傅里叶变换的有效值测量

11.1　常用的有效值测量方法

有效值测量是参数测量中经常遇到的问题，主要的方法可以分为2大类。第一类方法是硬件电路测量法，即均值检波法，将交流信号进行半波或者全波整流，再对整流输出的脉动直流信号进行滤波，得到较为平缓的直流信号，最后再根据被测信号的半波整流平均值或全波整流平均值与有效值的关系，计算出被测信号的有效值。第二类方法是软件计算方法，即对交流信号进行采样，通过两点积算法、导数法、积分和算法、傅里叶变换算法等计算出有效值。

两点积算法和导数法要求信号为单一固定频率的纯正弦信号，对滤波器要求很高。积分和算法常采用半周波积分和算法，其特点是运算量小，具有一定滤除高频分量的能力，缺点是不能抑制直流分量，一般要增加一个差分滤波器来抑制直流分量。傅里叶变换算法具有良好的滤波特性，能够分别计算出信号的直流分量、基波及各次谐波的有效值、相位等，具有广泛的应用。

11.2　离散傅里叶变换(DFT)测量的原理

对于一个周期信号 $u(t)$，可以展开为傅里叶级数：

$$u(t)=\frac{a_0}{2}+\sum_{n=1}^{\infty}[a_n\cos(n\omega t)+b_n\sin(n\omega t)] \tag{11-1}$$

其中，傅里叶系数：

$$a_n=\frac{2}{T}\int_{-\frac{T}{2}}^{\frac{T}{2}}u(t)\cos(n\omega t)dt\ ,\ n=0,1,2,\cdots$$

$$b_n=\frac{2}{T}\int_{-\frac{T}{2}}^{\frac{T}{2}}u(t)\sin(n\omega t)dt\ ,\ n=1,2,\cdots \tag{11-2}$$

将式(11-1)中正弦和余弦分量合并整理后可得：

$$u(t)=\frac{A_0}{2}+\sum_{n=1}^{\infty}A_n\cos(n\omega t+\varphi_n) \tag{11-3}$$

其中，

$$A_0=a_0$$

$$A_n=\sqrt{a_n^2+b_n^2}\ ,\ n=1,2,\cdots$$

$$\varphi_n = -\arctan\left(\frac{b_n}{a_n}\right)$$

由此可知，周期信号 $u(t)$ 由各次谐波组成，通过上述公式可以求得各次谐波的振幅和相位，进而得到有效值。例如，周期方波信号是由各次谐波的正弦信号相加而成，如图 11.1 所示。

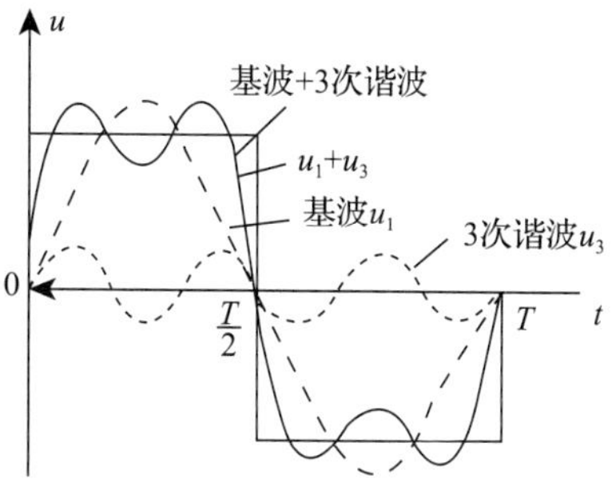

图 11.1　周期方波信号的组成

在式(11-3)中，$\frac{A_0}{2}$ 为直流分量，A_n 为各次谐波的振幅，φ_n 为各次谐波的相位。可以通过计算 a_n 和 b_n，再来求得 A_n 和 φ_n。

由于计算机不能直接进行积分运算，因此可以用求和来代替积分。

对周期为 T 的信号进行采样，假设每个周波采样 N 个点，采样频率为 F_N，则采样周期为 T_N，有 $T = NT_N$，第 k 个采样点的值为 $u(k)$，且 $\omega = \frac{2\pi}{T}$，则

$$a_n = \frac{2}{T}\int_{-\frac{T}{2}}^{\frac{T}{2}} u(t)\cos(n\omega t)dt$$

变为

$$\begin{aligned} a_n &= \frac{2}{NT_N}\sum_{k=0}^{N-1} u(k)\cos\left(n\frac{2\pi}{T}kT_N\right)T_N \\ &= \frac{2}{N}\sum_{k=0}^{N-1} u(k)\cos\left(\frac{2nk\pi}{N}\right) \end{aligned}$$

同理可得：

$$b_n = \frac{2}{N}\sum_{k=0}^{N-1} u(k)\sin\left(\frac{2nk\pi}{N}\right)$$

信号中基波分量可以表示为

$$\begin{aligned} u_1(t) &= a_1\cos(\omega t) + b_1\sin(\omega t) \\ &= A_1\cos(\omega t + \varphi_1) \end{aligned} \tag{11-4}$$

其中：

$$a_1 = \frac{2}{N}\sum_{k=0}^{N-1} u(k)\cos\left(\frac{2k\pi}{N}\right)$$

$$b_1 = \frac{2}{N}\sum_{k=0}^{N-1} u(k)\sin\left(\frac{2k\pi}{N}\right)$$

$$A_1 = \sqrt{a_1^2 + b_1^2}$$

$$\varphi_1 = -\arctan\left(\frac{b_1}{a_1}\right)$$

可以得到基波有效值为

$$U_1 = \frac{A_1}{\sqrt{2}}$$

同理,可以计算出各次谐波的振幅和相位以及有效值。可以看出,DFT 算法具有滤波功能,可以从含有各次谐波的周期信号中提取出直流分量、基波信号及各次谐波信号,计算出直流分量的大小、各次谐波的有效值和相位。

11.3 DFT 算法的应用设计

由于 DFT 算法具有数字滤波功能,为减小信号处理电路带来的误差,前端硬件处理电路设计应尽量简化,如图 11.2 所示。

图 11.2 单片机测量系统结构图

下面以基波有效值测量为例,介绍相关参数及程序设计方法。

通过式(11-4)可以求得 a_1 、b_1 ,进而可以计算出 A_1 和 φ_1,并得到有效值 U_1。为此,首先要知道公式中各个变量的含义。

式(11-4)中,N 为每个周波的采样点数,一般选取为 2^i ,如 16 点、32 点、64 点、128 点等,考虑采样定理并根据测量精度要求、测量速度、运算速度等综合确定采样点数。采样点数确定后,采样周期即定时采样时间间隔就确定了,即 $T_N = \frac{T}{N}$,T 为被测信号周期。定时采样可通过软件定时器实现。式中 $u(k)$ 为 N 个采样点中的第 k 个采样点值。式中 $\cos\left(\frac{2k\pi}{N}\right)$ 和 $\sin\left(\frac{2k\pi}{N}\right)$ 中 k 分别为 0、1、2…、$N-1$,可以事先求出,得到 2 组常数,以数组形式写在程序中,有利于提高程序运行速度。至此,a_1 、b_1 的运算就变成了采样点值与数组中参数相乘求和运算。

在程序设计中启动定时采样时,为保证采样时刻和采样值的精确,降低偏差,提高测量精度,应尽量关闭其他中断。图 11.3 为主程序中的定时器启动、等待程序设计方法,图11.4为定时器采样中断服务程序。

DFT 运算程序为相乘求和运算,相对简单,在此不再给出。

经过上述运算后,还要将所得结果变换为实际值,即:

$$U = \frac{A/D\ \text{转换满度值}}{2^x} \times \text{DFT 运算结果}$$

式中,x 为 A/D 转换器的位数。

前面所给出的是计算基波有效值的计算原理及程序设计方法。实际上傅里叶变换算法还可以计算出各次谐波的有效值,即 $n = 2、3、4、5、\cdots$,但相应的乘法运算量很大,可参考 FFT 算法编程,提高运算速度。

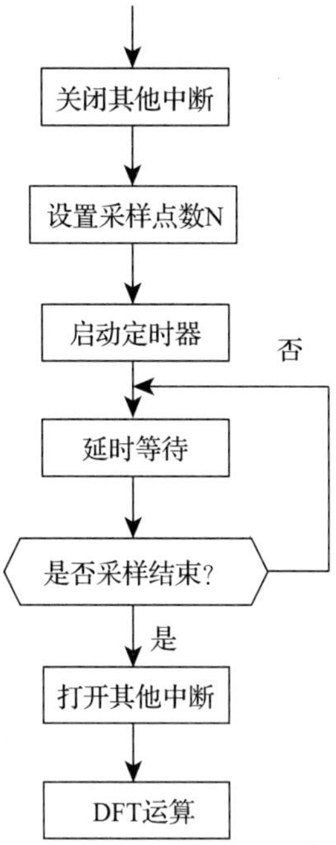

图 11.3　主程序中的定时器启动、等待程序设计方法

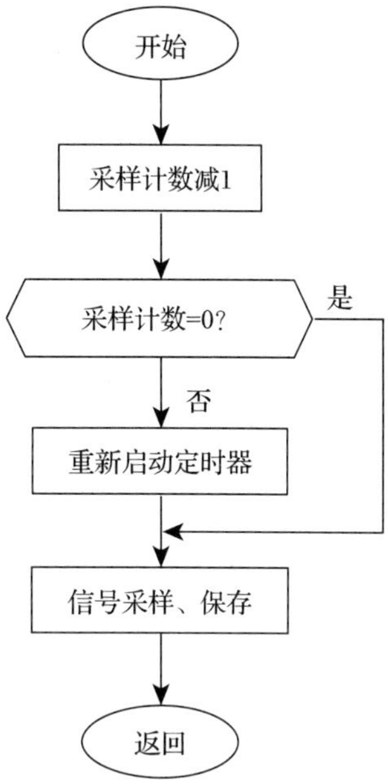

图 11.4　定时器采样中断服务程序

11.4　三相电力参数的测量

11.4.1　基本原理

运用 DFT 算法测量单相或三相电压、电流，进而也可以计算有功功率、无功功率、视在功率、功率因数等。因而，傅里叶变换算法在电力参数测量中具有广泛应用。

下面以三相三线制两表法测量电力参数为例，介绍应用 DFT 算法测量三相电压、三相电流、有功功率、无功功率、视在功率、功率因数等参数方法。

两表法测量三相电力参数的硬件电路结构如图 11.5 所示。首先，选择合适变比的电压互感器和电流互感器，将电压和电流变为 0～100 V 和 0～5 A 的二次侧电压和电流信号，再经过变送器变成与 A/D 转换器相应的电压信号，经 A/D 采样后由单片机进行数据处理和计算。

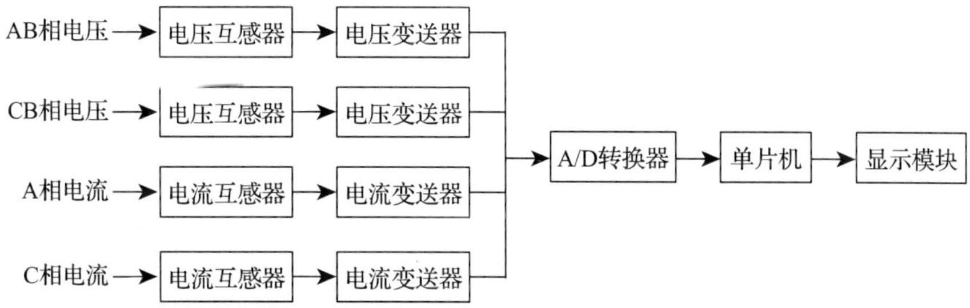

图 11.5　两表法测量三相电力参数的硬件电路结构

将 AB 相电压信号 $u_{AB}(t)$ 展开为傅里叶级数：

$$u_{AB}(t)=\frac{A_0}{2}+\sum_{n=1}^{\infty}A_n\cos(n\omega t+\varphi_n)$$

根据欧拉公式，变换为指数形式：

$$u_{AB}(t)=\frac{1}{2}\sum_{n=-\infty}^{\infty}A_n\,e^{j\varphi_n}\,e^{jn\omega t}$$

令 $A_n\,e^{j\varphi_n}=U_{ABn}$，则

$$u_{AB}(t)=\frac{1}{2}\sum_{n=-\infty}^{\infty}\vec{U}_{ABn}\,e^{jn\omega t}$$

复傅里叶系数：

$$\vec{U}_{ABn}=A_n\,e^{j\varphi_n}=A_n\cos\varphi_n+j\,A_n\sin\varphi_n=a_n-j\,b_n$$

可以看出 a_n 和 b_n 为复数振幅的实部和虚部，令

$$U_{ABRn}=A_n\cos\varphi_n=a_n\ ,\ U_{ABIn}=A_n\sin\varphi_n=-b_n$$

a_n 和 b_n 可由前面的公式求出。

设基波复数振幅的实部和虚部为 U_{ABR}、U_{ABI}，则

$$\vec{U}_{AB}=U_{ABR}+j\,U_{ABI}$$

基波有效值为

$$U_{AB}=\frac{\sqrt{U_{ABR}^2+U_{ABI}^2}}{\sqrt{2}}$$

同理可得 U_{BCR}、U_{BCI}、I_{AR}、I_{AI} 和 I_{CR}、I_{CI}，即

$$\vec{U}_{BC}=U_{BCR}+j\,U_{BCI}$$
$$\vec{I}_A=I_{AR}+j\,I_{AI}$$
$$\vec{I}_C=I_{CR}+j\,I_{CI}$$

进而可以求得：

$$U_{CAR}=-(U_{ABR}+U_{BCR})$$
$$U_{CAI}=-(U_{ABI}+U_{BCI})$$
$$I_{BR}=-(I_{AR}+I_{CR})$$
$$I_{BI}=-(I_{AI}+I_{CI})$$

即

$$\vec{U}_{CA}=U_{CAR}+j\,U_{CAI}$$
$$\vec{I}_B=I_{BR}+j\,I_{BI}$$

视在功率：

$$S=\vec{U}_{AB}\,\widehat{\vec{I}_A}+\vec{U}_{BC}\,\widehat{\vec{I}_C}$$

其中，$\hat{\vec{I}}_A$ 和 $\hat{\vec{I}}_C$ 分别为 $\vec{I}_A$ 和 $\vec{I}_C$ 的共轭。展开可得有功功率(P)和无功功率(Q)：

$$P = U_{ABR} I_{AR} + U_{ABI} I_{AI} + U_{BCR} I_{CR} + U_{BCI} I_{CI}$$

$$Q = U_{ABR} I_{AR} - U_{ABI} I_{AI} + U_{BCR} I_{CR} - U_{BCI} I_{CI}$$

整个回路的功率因数：

$$\cos\varphi = \frac{P}{\sqrt{P^2 + Q^2}}$$

通过上面方法可以测量出三相三线制的电压、电流、有功功率、无功功率、功率因数等，因为傅里叶变换算法具有滤波功能，所以在信号处理电路中省掉了滤波电路，既简化了电路结构，降低了成本，又减小了测量误差。

11.4.2 电力参数测量设计

(1)硬件电路设计　以测量单相电压、电流为例。图 11.6 为电压变换电路，PT 为 2 mA/2 mA 电压互感器，初级串入 110 kΩ 电阻，次级输出变换成 −10～+10 V 电压信号，送入 A/D 转换器。

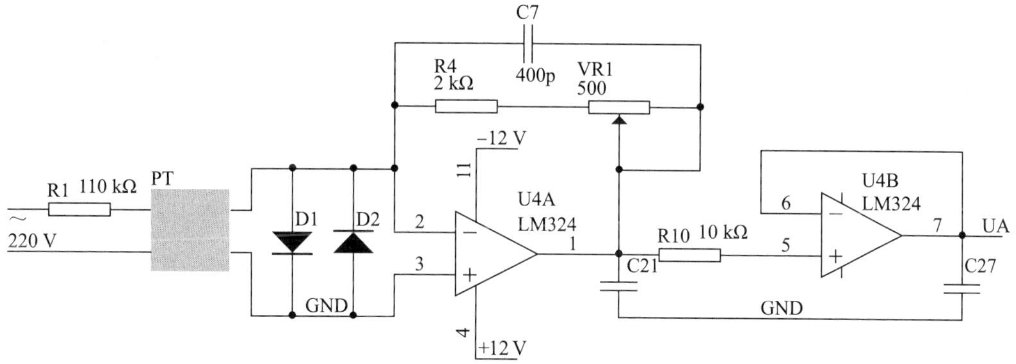

图 11.6　电压变换电路

图 11.7 为电流变换电路，CT 为电流变送器，初级直接穿入，次级输出通过电阻匹配变换成最大电流对应 −10～+10 V 的电压信号，送入 A/D 转换器。

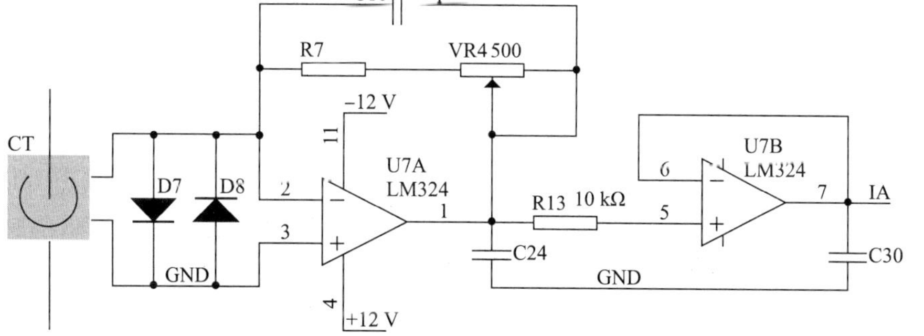

图 11.7　电流变换电路

图 11.8 为单片机系统电路，包括 STC 单片机、A/D 转换芯片 MAX197、液晶显示模块 LCD2004 等。

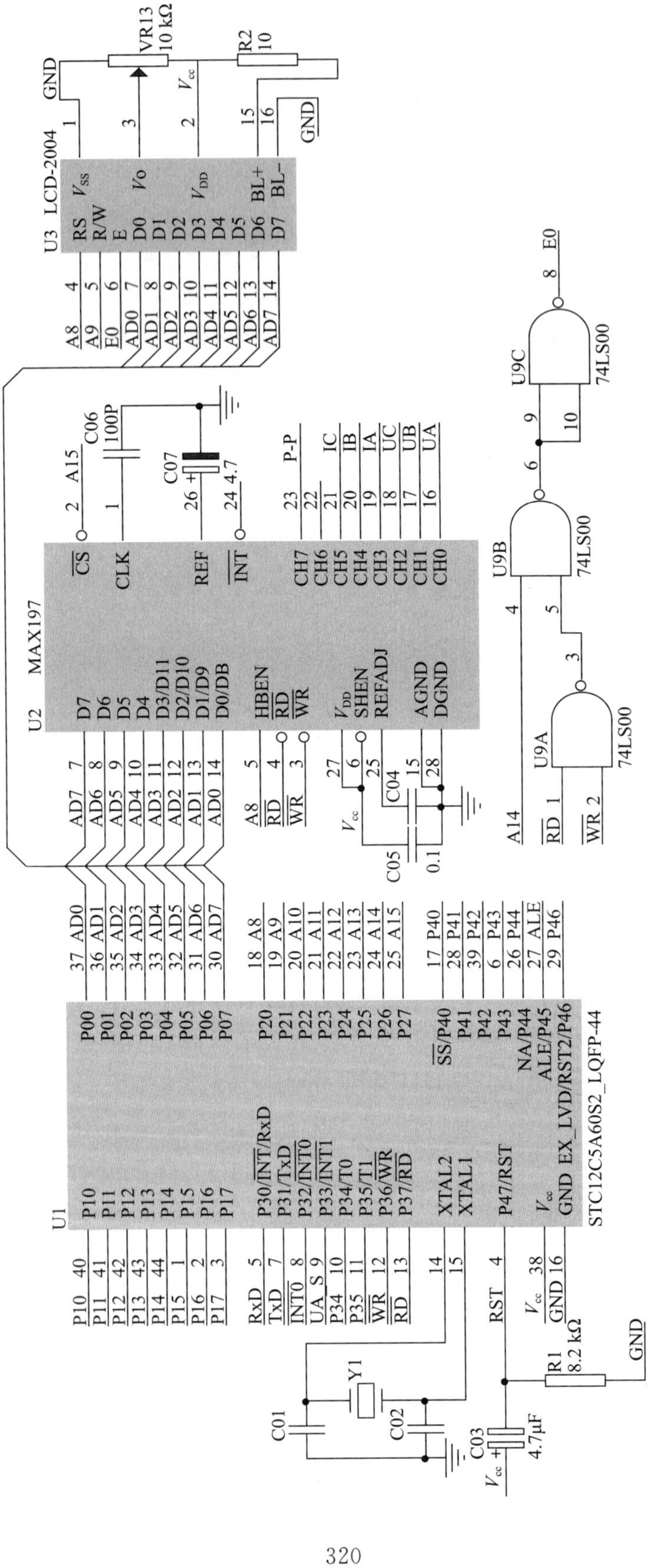

图 11.8 单片机系统电路

(2)程序设计　主程序如下：

```
# include"absacc.h"
# include"stc12c.c"
# include"intrins.h"
# include"math.h"

typedef unsigned char BYTE;
typedef unsigned int  WORD;

/* 液晶 12864 口地址  */
# define  wr_com   XBYTE[0xC000]     //写命令
# define  wr_data   XBYTE[0xC100]     //写数据
# define  rd_com   XBYTE[0xC200]     //读命令
# define  rd_data   XBYTE[0xC300]     //读数据

# define  max_adl   XBYTE[0x3000]
# define  max_adh   XBYTE[0x3100]
BYTE ai,ah,al,adi;
int xdata Ua_AD[32],Ub_AD[32],Uc_AD[32],Ia_AD[32],Ic_AD[32];
                                                    //电压电流 A/D 采样值
float xdata Uar,Uai,Ubr,Ubi,Ucr,Uci,Iar,Iai,Ibr,Ibi,Icr,Ici; //基波实部、虚部
float xdata Ph,Qh,SS,QQ,FF,tt1;
float xdata Uax,Ubx,Ucx,Iax,Ibx,Icx,Phx,Qhx,SSx,QQx,Fx;
BYTES_Ia,S_Ic;

void IintUart();
void InitADC();
void SendData(BYTE dat);
void GetADCResult(BYTE ch);
void Delay(WORD n);
void Delay2(WORD n);
void ShowResult(BYTE ch);

void lcd_init(void);                  // lcd 初始化
void write_cmd(BYTE cmd);       // lcd 写命令
void write_data(BYTE dat) ;      // 写数据
void set_display_place(BYTE line,column);
void write_string_lcd(BYTE line,column,unsigned char * string);
void write_data_lcd(BYTE line,column,dat);
void crti(unsigned long dat);
void crt_r(float x,BYTE N);
```

```
extern void DFT_UI(void);     //DFT 计算(32 点 A/D 值,返回 1、3、5、7、9 次谐波实
部,虚部,有效值)
void LAD(void);
void crt_clr(BYTE line);
/ ***********************************************************************
Function name:     write_cmd
Descriptions:       向 lcd 输入指令
*********************************************************************** /
void write_cmd(BYTE cmd)
{
    BYTE dl;
    do {
        dl = rd_com;
        } while((dl&0x80)! = 0);      //判忙
    wr_com = cmd;
    Delay(1);
}
/ ***********************************************************************
Function name:     write_data
Descriptions:      写入数据
*********************************************************************** /
void write_data(BYTE dat)
{
    BYTE dl;
    do {
        dl = rd_com;
        } while((dl&0x80)! = 0);      //判忙
    wr_data = dat;
    Delay(1);
}
/ ***********************************************************************
Function name:     write_string
Descriptions:      写入字符串
*********************************************************************** /
void write_string(BYTE * s)
{
    while( * s! = '\0')                //'\0'为字符串结束标志
```

```
    {
        write_data( * s);
        s++;
    }
}
/*****************************************************************************
Function name:    set_display_place
Descriptions:     设置字符的显示位置
*****************************************************************************/
void set_display_place(BYTE line,column)
{
    BYTE address;
    if(line == 1)
    {
        address = 0x80 + column;
    }
    else if(line == 2)
    {
        address = 0xc0 + column;
    }
    else if(line == 3)
    {
        address = 0x94 + column;
    }
    else if(line == 4)
    {
        address = 0xd4 + column;
    }
write_cmd(address);
}
/*****************************************************************************
Function name:    将字符串写到指定的位置
Descriptions:     将字符串显示在 lcd 的特定位置
*****************************************************************************/
void write_string_lcd(BYTE line,column,unsigned char * string)
{
    set_display_place(line,column);
    write_string(string);
```

```
    Delay(1);
}
/**********************************************************************
Function name:    将字符写到指定的位置
Descriptions:     将字符串显示在 lcd 的特定位置
**********************************************************************/
void write_data_lcd(BYTE line,column,dat)
{
    set_display_place(line,column);
    write_data(dat);
    Delay(1);
}
/*****************************************************
************液晶模块初始化 ******************************
*****************************************************/
void lcd_init(void)
{
    write_cmd(0x38);//
    write_cmd(0x38);//
    write_cmd(0x06);//
    write_cmd(0x0c);//
    write_cmd(0x01);//
}
/*****************************************************
************显示长整型数据 **************************
*****************************************************/
void crti(unsigned long dat)
{
    BYTE dhi,dli,ddi,dei;
    unsigned longdatah;
    unsigned long datal;
    datah = dat;
    dhi = 0;
    if (datah> = 10)
    {
        do
        {
```

```
            datah/ = 10;
            dhi ++ ;
        }while(datah> = 10);
        datah = dat;
        ddi = dhi;
        for (dli = 0;dli<dhi;dli ++ )
        {
            datal = 1;
            for (dei = 0;dei<ddi;dei ++ )
            {
                datal * = 10;
            }
            datah = dat/datal;
            dat = dat % datal;
            datah + = 0x30;
            write_data(datah);
            ddi -- ;
        }
        dat + = 0x30;
        write_data(dat);
    }
    else
    {
        dat = dat + 0x30;
        write_data(dat);
    }
}
/ ****************************************************
************浮点数显示 ******************************
****************************************************/
void crt_r(float x,unsigned char N)
{
BYTE dli;
    unsigned int  dath;
    unsigned int  datl;
    unsigned int  dat;
    x + = 0.00001;
    if (x>100000.0 | x< - 100000.0)  {write_string("NaN");}
```

```
    else{
    if (x<0.0)
    {
        dat = 0x2d;
        write_data(dat);
        Delay(1);
        x = fabs(x);
    }
    dath = (int)x;
    crti(dath);
    if (N>0)
    {
        dat = 0x2e;
        write_data(dat);
        Delay(1);
        dat = 1;
        for (dli = 0;dli<N;dli ++ )
        {
          dat * = 10;
        }
        dath = (int)(x * dat) - dath * dat;
        for (dli = 1;dli<N;dli ++ )
        {
          dat / = 10;
          datl = dath/dat;
          datl + = 0x30;
          write_data(datl);
          dath % = dat;
        }
        crti(dath);
    }
    write_data(0x20);
    }
}
void crt_clr(BYTE line)
{
    set_display_place(line,0);
    for (ai = 0;ai<20;ai ++ ) write_data(0x20);
}
```

```
void crt_UI(void)
{
        write_string_lcd(1,0,"U:");        //Ua,Ub,Uc
        set_display_place(1,2);
        crt_r(Uax,1);
        set_display_place(1,8);
        crt_r(Ubx,1);
        set_display_place(1,14);
        crt_r(Ucx,1);
        write_string_lcd(1,19,"V");
        write_string_lcd(2,0,"I:");        //Ia,Ib,Ic
        set_display_place(2,2);
        crt_r(Iax,1);
        set_display_place(2,8);
        crt_r(Ibx,1);
        set_display_place(2,14);
        crt_r(Icx,1);
        write_string_lcd(2,19,"A");
        write_string_lcd(3,0,"P:");        //Ph
        set_display_place(3,2);
        //if (fabs(Phx)> = 1000.0)
          {crt_r(Phx/1000.0,1);write_data(0x20);write_string_lcd(3,7,"kw");}
        //else {crt_r(Phx,1);write_data(0x20);write_string_lcd(3,8,"W");}
        write_string_lcd(3,10,"Q:");       //Qh
        set_display_place(3,12);
        //if (fabs(Qhx)> = 1000.0)
          {crt_r(Qhx/1000.0,1);write_data(0x20);write_string_lcd(3,16,"kvar");}
        //else {crt_r(Qhx,1);write_data(0x20);write_string_lcd(3,17,"Var");}

        write_string_lcd(4,0,"Q:");        //功率因数
        set_display_place(4,2);
        crt_r(QQx,2);
        write_string_lcd(4,10,"S:"); //Q
        set_display_place(4,12);
        //if (fabs(SSx)> = 1000.0)
          {crt_r(SSx/1000.0,1);write_data(0x20);write_string_lcd(4,17,"kVa");}
        //else {crt_r(SSx,1);write_data(0x20);write_string_lcd(4,18,"Va");}
```

```
}
void Delay(WORD n)
{
    WORD x;
    while(n--)
    {
        x = 500;
        while(x--);
    }
}
void Delay2(WORD n)
{
    WORD x;
    while(n--)
    {
        x = 5000;
        while(x--);
    }
}
void DelayXus(WORD n)
{
    while(--n);
}
void LAD(void)
{
    adi = 0;
    EA = 0;
    TMOD = 0x11;
    TH1 = 253;   //t_TH1;
    TL1 = 148;   //t_TL1;
    TR1 = 1;     //开定时器 1
    ET1 = 1;     //允许定时器 1
    EA = 1;   //总中断允许
    do
      {
        DelayXus(1);
      }while(adi<32);      //等待 A/D 转换结束
    EA = 0;
```

```
    TR1 = 0;   //关定时器 1
    ET1 = 0;   //禁止定时器 1
    EA = 1;   //总中断允许
}
void T1_int1(void) interrupt 3   //定时采样,采样时间间隔为 20ms/32
{
    TR1 = 0;
    TH1 = 253;
    TL1 = 148;
    TR1 = 1;
    max_adl = 0x58; //Ua
    DelayXus(10);
    Ua_AD[adi] = max_adl + max_adh * 256;
    max_adl = S_Ia; //Ia
    DelayXus(10);
    Ia_AD[adi] = max_adl + max_adh * 256;
    max_adl = 0x59; //Ub
    DelayXus(10);
    Ub_AD[adi] = max_adl + max_adh * 256;
    max_adl = 0x5a; //Uc
    DelayXus(10);
    Uc_AD[adi] = max_adl + max_adh * 256;
    max_adl = S_Ic; //Ic
    DelayXus(10);
    Ic_AD[adi] = max_adl + max_adh * 256;
    adi++;
}
void CPU_ini(void)
{
    ET0 = 0;   //禁止定时器 0
    ET1 = 0;
    TMOD = 0x11;
    TL0 = 0;
    H0 = 0;
    TR0 = 1;   //开定时器 0
    TR1 = 0;   //关定时器 1
```

```
        EA = 1;  //总中断允许
        P4SW = 0x50;
    }
    void main()
    {
        SP = 0x60;
        lcd_init();
        CPU_ini();
        Uax = 0.0,Ubx = 0.0,Ucx = 0.0,Iax = 0.0,Ibx = 0.0,Icx = 0.0;
        S_Ia = 0x5b;S_Ic = 0x5d;
    while(1)
    {
        LAD();
        DFT_UI();
        if (fabs(Iax)<30.0) {S_Ia = 0x4b;S_Ic = 0x4d;}
        else {S_Ia = 0x5b;S_Ic = 0x5d;}
        crt_UI();
        Delay2(20);
    }
}
```

傅里叶变换及计算程序如下：

```
#include"math.h"
typedef unsigned char BYTE;
typedef unsigned int  WORD;
#define  tt_i 0.03  //电流滞后校正
float xdata si[7] = {0.195090322, 0.382683432, 0.555570233, 0.707106781,
0.831469612, 0.923879533, 0.98078528};
extern int xdata Ua_AD[32],Ub_AD[32],Uc_AD[32],Ia_AD[32],Ib_AD[32],Ic_AD[32];
extern float xdata Uax,Ubx,Ucx,Iax,Ibx,Icx;  //有效值
extern float xdata Uar,Uai,Ubr,Ubi,Ucr,Uci,Iar,Iai,Ibr,Ibi,Icr,Ici;  //基波
实部、虚部
extern float xdata Ph,Qh,SS,QQ,FF,tt1;
extern BYTES_Ia,S_Ic;
BYTE fi,fj;
/ ***********傅里叶变换,计算基波实部虚部有效值 **************/
void dft_x(int * data_i,float * data_f1,float * data_f2,float * data_f3,BYTE
n)  //DFT 计算(32 点 A/D 值,返回基波实部、虚部,有效值)
```

```
    {
        intxdata AD_vi[32];
        intxdata sum_r[7],sum_i[7];
        floatxdata Re,Im,Re_tt1,Im_tt1;
        for (fi = 0;fi<32;fi ++ )
        {
            AD_vi[fi] = *data_i;
            data_i ++ ;
        }
        Re = 0.0;Im = 0.0;
        for (fi = 0;fi<7;fi ++ )
        {
            sum_r[fi] = AD_vi[7 - fi] - AD_vi[fi + 9]  - AD_vi[23 - fi] + AD_vi
[fi + 25];
            sum_i[fi] = AD_vi[fi + 1] + AD_vi[15 - fi] - AD_vi[fi + 17] - AD_vi
[31 - fi];
            Re + = si[fi] * (float)sum_r[fi];  //基波
            Im + = si[fi] * (float)sum_i[fi];  //基波
        }
        Re + = (float)(AD_vi[0] - AD_vi[16]);  //基波
        Im + = (float)(AD_vi[8] - AD_vi[24]);  //基波
        tt1 = (float)(n) * FF * 0.00012566370614;   //0.00012566370614 = 20 * 6.2
83185307/1000000.0;
        if (n == 0 | n == 2 | n == 3)
        {
            Re * = 0.009499449;Im * = 0.009499449;
                  /* 220V --- 5V:44,  0.009499449 = (4.096 * 2.4414) / 2047/
16/1.414 * 44, */
            Re_tt1 = Re * cos(tt1) - Im * sin(tt1);
            Im_tt1 = Im * cos(tt1) + Re * sin(tt1);
        }
        elsc
        {
            if (S_Ia == 0x5b)
            {
            Re * = 0.00231352862;Im * = 0.00231352862;
            /* 75A --- 5A,5A --- 7V,(2.4k + 500) 0.00231352862 = (4.096 * 2.4
414)/2047/16/1.414 * 15/7 * 5 */
```

```
        Re_tt1 = Re * cos(tt1 + tt_i) - Im * sin(tt1 + tt_i);
        Im_tt1 = Im * cos(tt1 + tt_i) + Re * sin(tt1 + tt_i);
        }
      else
      {
        Re * = 0.00115676431;Im * = 0.00115676431;
        Re_tt1 = Re * cos(tt1 + tt_i) - Im * sin(tt1 + tt_i);
        Im_tt1 = Im * cos(tt1 + tt_i) + Re * sin(tt1 + tt_i);
      }
}

    * data_f1 = Re_tt1;
    * data_f2 = Im_tt1;
    * data_f3 = sqrt(Re_tt1 * Re_tt1 + Im_tt1 * Im_tt1);
}

    void DFT_UI(void)
                //DFT 计算(三相电压、电流的 1、3、5、7、9 次谐波实部,虚部,有效值)
    {
        dft_x(&Ua_AD[0],&Uar,&Uai,&Uax,0);
        dft_x(&Ia_AD[0],&Iar,&Iai,&Iax,1);
        dft_x(&Ub_AD[0],&Ubr,&Ubi,&Ubx,2);
        dft_x(&Uc_AD[0],&Ucr,&Uci,&Ucx,3);
        dft_x(&Ic_AD[0],&Icr,&Ici,&Icx,4);
        if (Iax<1.0 & Icx<1.0) {Ibx = 0.0;Ph = 0.0;Qh = 0.0;SS = 0.0;QQ = 1.0;}
        else
        {
            Ibr = - Iar - Icr;Ibi = - Iai - Ici;
            Ibx = sqrt(Ibr * Ibr + Ibi * Ibi);
            Ph = (Uar - Ubr) * Iar + (Uai - Ubi) * Iai + (Ucr - Ubr) * Icr + (Uci -
            Ubi) * Ici;
            Qh = (Uar - Ubr) * Iai - (Uai - Ubi) * Iar + (Ucr - Ubr) * Ici - (Uci -
            Ubi) * Icr;
            SS = sqrt(Ph * Ph + Qh * Qh);
            if (fabs(Ph)<10.0) {QQ = 1.0;Qh = 0.0;}
            else QQ = Ph/SS;
        }
}
```

参考文献

[1]STC12C5A60S2 系列单片机器件手册.

[2]张毅刚,赵光权,刘旺.单片机原理及应用[M].3 版.北京:高等教育出版社,2016.

[3]凌志浩,张建正.AT89C52 单片机原理及接口技术[M].北京:高等教育出版社,2011.

[4]闫玉德,俞虹.MCS-51 单片机原理与应用(C 语言版)[M].北京:机械工业出版社,2010.

[5]何立民.MCS-51 单片机应用系统设计[M].北京:北京航空航天大学出版社,1990.

[6]李华.MCS-51 系列单片机实用接口技术[M].北京:北京航空航天大学出版社,1993.

[7]刘毅,孙莹光,杜祥岭.FFT 算法在电力监控计算中的应用[J].辽宁工学院学报,2001,21(4):16-17,24.

[8]徐阳,徐爱钧.单片机原理与应用:基于 Proteus 虚拟仿真技术[M].3 版.北京:机械工业出版社,2021.

[9]张毅刚.单片机原理与应用设计(C51 编程+Proteus 仿真)[M].3 版.北京:电子工业出版社,2020.

附录：实验电路板电路原理图

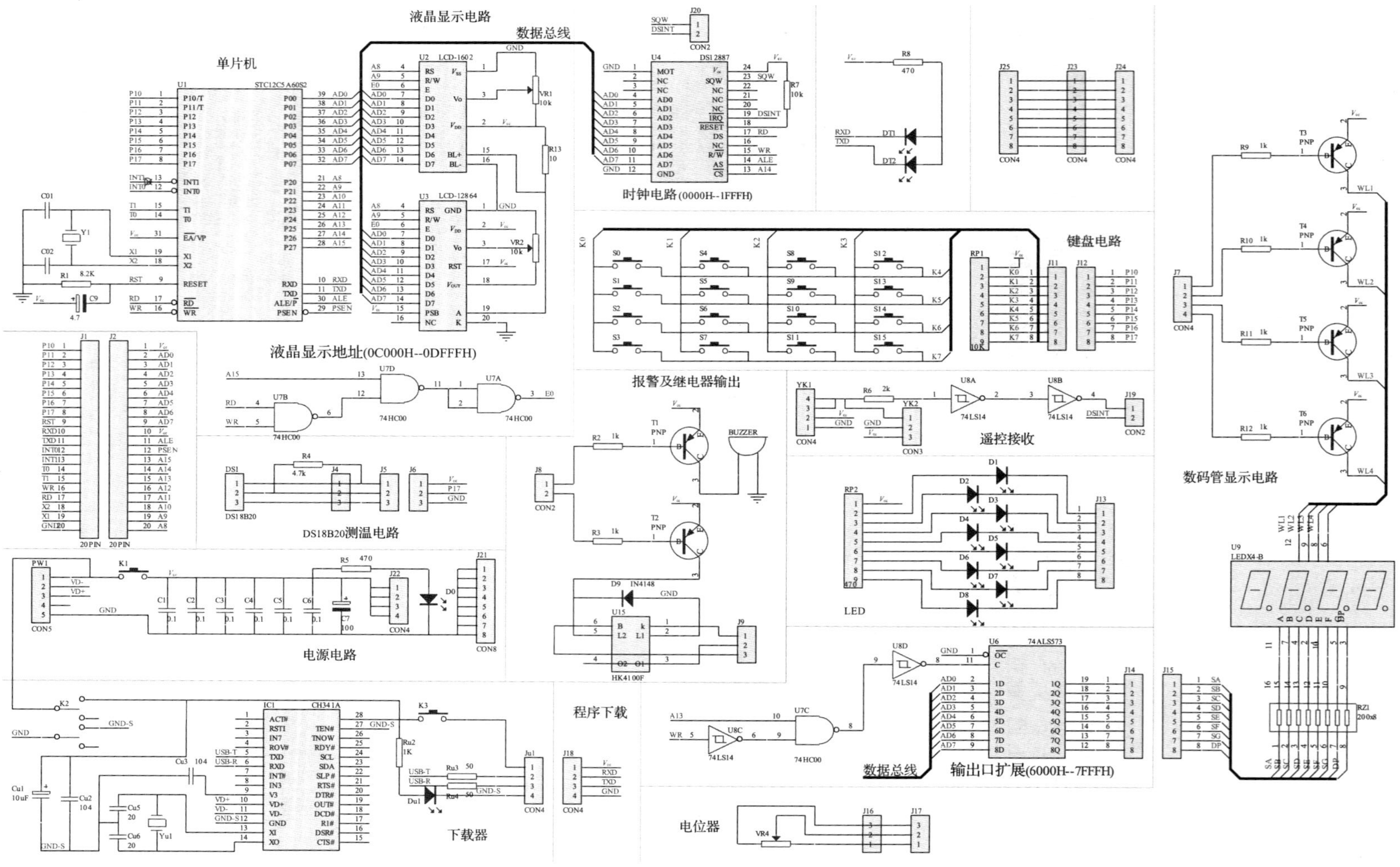